디딤돌 에너지 공학

이원섭 지음

청문각

Preface

최근 에너지 소비의 급격한 증대와 국제 정세의 복잡화에 따라 에너지의 공급불안 및 환경오염의 진행이라는 심각한 사태에 접하고 있다. 자원이 부족한 우리나라 실정에서 경제는 자원의 유용한 이용에 기초를 하여 에너지 자원, 에너지 합리화 대책에 깊은 이해가 필요한 실정이다.

전 세계 에너지 문제의 심각성을 일깨워 탈석유 정책을 위한 대체 에너지 개발이나 에너지 절약에 더욱 노력을 기울여야 한다. 1980년대 유가 하락 및 개발 비용의 상대적 상승으로 그 개발 속도가 다소 늦어지고는 있으나 부존자원이 부족하여 에너지원의 대부분을 수입에 의존하고 있는 우리나라의 경우는 에너지 위기를 극복하기 위하여 에너지 절약 및 효율적 이용과 화석 에너지에 대한 대체 에너지 개발에 관심을 기울여야 할 것이다. 대체 에너지는 태양 에너지, 수력, 풍력, 조력, 지열 에너지 등이 있다. 에너지의 절약 및 효율적 이용이 현실적으로 가장 시급한 문제로서 기존의 에너지를 효율적으로 이용하려는 연구와 신에너지에 대한 연구가 활발히 진행 중이다.

이 책은 대학생들에게 에너지 분야의 이해를 배양하는데 중점을 두어 대학교양 수순에 적합하도록 하였다. 이 책의 기술은 에너지 기초이론과 신재생 에너지에 대한 이해 그리고 에너지 정책 등으로 구성하였다. 아울러 이 책의 출간을 위해 참고한 국내외 여러 도서, 보고서 및 논문, 관련 웹사이트 등을 참고자료로 인용하였으나 일일이 이해를 구하지 못한 점을 이 자리에서 양해를 구하며, 저자들에게 깊은 사의를 표하는 바이다.

끝으로 모든 지원을 아끼지 않으신 청문각 여러분에게 깊은 감사의 말씀을 드린다.

2016년 7월

Contents

01
에너지공학 개요

02
에너지의 기본

03
에너지 법칙

04
태양 에너지

05
자연 에너지

06
유체 에너지

07
핵에너지

08 폐기물 에너지

09 바이오 에너지

10 에너지 저장기술

11 지구환경 문제

12 신재생 에너지 국내외 동향

13 미래 에너지 시스템

14 에너지 정책

부록

Chapter

01

에너지공학 개요

1.1 에너지 일반

에너지(energy)란 그 어원에 의하여 간단히 표현하면 "일(work)을 할 수 있는 능력"이라고 정의할 수 있다. 에너지는 여러 가지 형태로 존재할 수 있지만 크게 나누어 보면 역학적 에너지(mechanical energy), 열에너지(heat energy), 전기 에너지(electric energy), 화학 에너지(chemical energy), 핵에너지(nuclear energy) 등으로 분류할 수 있다. 물론 각 에너지는 상호간에 변환이 가능하며, 기계공학에서는 이러한 에너지 중에서도 역학적 에너지와 열에너지를 주로 다루게 된다. 산업 발달과 함께 각종 기기의 자동화 및 소득 수준의 향상에 따른 쾌적성 추구로 에너지 사용량이 급증하고 있다. 그러나 화석 에너지의 매장량은 한정되어 있고 빠른 속도로 증가하는 에너지의 수요를 충족시키기 어렵다. 예로 1970년대의 두 차례 석유파동은 현재 주에너지원인 석유의 공급에 대한 불확실성 및 고갈을 깨우쳐 주었고, 전 세계 에너지 문제의 심각성을 일깨워 탈석유 정책을 위한 대체 에너지 개발이나 에너지 절약에 더욱 노력을 기울이도록 하였다. 1980년대 유가 하락 및 개발 비용의 상대적 상승으로 그 개발 속도가 다소 늦어지고는 있으나 자원이 부족하여 에너지원의 대부분을 수입에 의존하고 있는 우리나라의 경우는 에너지 위기를 극복하기 위하여 에너지 절약 및 효율적 이용과 화석 에너지에 대한 대체 에너지 개발에 관심을 기울여야 할 것이다. 대체 에너지에는 태양 에너지, 수력, 풍력, 조력, 지열 에너지 등이 있다. 에너지의 절약 및 효율적 이용이 현실적으로 가장 시급한 문제로서 기존의 화석 에너지를 효율적으로 이용하려는 연구가 활발히 진행 중이다. 인류사회의 발전의 원동력은 "움직인다"는 것이다. 예를 들면, 동물의 움직임, 물의 흐름, 식물의 성장, 화살의 날음, 자동차가 굴러가는 것 등이 그것이다. 뿐만 아니라 인류는 식량을 모으기 위해서 움직여야 하고, 생존을 위해서는 기본적인 기능을 수행하여야 한다. 특히 현대사회는 사람과 생활필수품을 이송시키기 위해서 승용차, 항공기, 화물자동차 그리고 기차 등을 이용한다. 이러한 움직이는 장치에는 필히 엔진(engine)이 장착되어 있고 이 엔진에는 에너지의 변환이 필수적이다. 동물은 달리기 위해서 에너지를 변환하고 식물은 태양 에너지의 호의로서 성장하게 되어 있다. 또한 화살은 잡아당긴 활의 잠재 에너지를 변환함으로써 날게 되어 있다. 댐의 상부에서 아래로 흐르는 물은 중력의 잠재 에너지를 운동하는 에너지로 변환한다. 그리고 모터(motor) 수송기 내의 연소기관은 가솔린(gasoline)이고 산소의 화학 에너지를 운동하는 에너지로 변환한다. 태양 에너지는 우리에게 연속적으로 그 빛을 내려 쪼이고 있으며 인류는 이 태양 에너지와 음식물을 생산하는 식물 없이는 생존을 유지할 수가 없다. 사람이 살기 위해서는 석탄, 석유 그리고 천연가스(gas)와 같은 화석연료에 의존할 수밖에 없다. 이 화석연료의 자원은 태양빛과 같이 계속해서 연속적으로 보내주는 것이 아니다. 이 화석연료는 지하에 매장되어 있고 그 매장량이 아무리 풍부하여도 그 양은 한정되어 있으며 분명히

언젠가는 고갈되도록 되어 있다. 그래서 우리는 에너지 자원의 끝을 알기 시작하면서 급히 대체 에너지를 개발하기 시작한 것이다. 대체 에너지의 개발은 고무적이기는 하지만 불확실성으로 가득 차 있다. 이는 사회적, 정치적, 과학적 그리고 경제적 요소가 고려되고 있다. 이와 같은 에너지와 사회의 연구는 에너지를 계획하고 개발하는데 용기를 돋구게 할 것이다. 또한 수용될 수 있는 대체 에너지를 얻을 수 있도록 돕게 될 것이다. 현재 전 세계 에너지 시장은 석탄, 석유, 천연가스 등 화석연료가 35%의 가장 큰 비중을 차지하고 있다. 그러나 화석연료는 기름이나 가스 등을 태워서 에너지를 생산해 환경오염과 기후변화의 주범이 되며, 언제 고갈될지 모른다는 큰 문제를 안고 있다. 물론 화석연료는 인류가 사용하는 에너지의 가장 많은 부분을 차지하는 만큼 앞으로도 중요한 자원이겠지만, 인류는 화석연료를 대체할 청정 에너지를 찾기 위해 지속적인 노력을 기울이고 있다. 그중에서도 가장 큰 주목을 받고 있는 것이 바로 풍력 에너지로 덴마크를 비롯한 여러 선진국에서 풍력 발전 산업에 박차를 가하면서, 세계 에너지 생산량의 14%를 차지하고 있을 만큼 성장했다.

풍력 발전, 태양열 발전과 같은 신재생 에너지는 환경을 오염시키지 않고 자원 고갈의 염려도 없지만, 기후조건의 영향을 받는다는 것이 단점이다. 고른 에너지 생산이 어렵기 때문이다. 빅데이터를 활용해 에너지 수요를 예측하고 날씨에 따른 예상 에너지 생산량을 계산해, 풍력이나 태양열로 에너지를 충당할 수 없는 경우에 가스를 통해 에너지를 조달하는 것이다. 화석 에너지의 사용량을 줄이고 대체 에너지의 사용량을 증가시켜야 한다는 것은 하루 빨리 풀어야 할 세계적인 과제이다. 21세기 전반에 석유자원이 바닥을 드러낼 것이라는 예측이 여기저기서 나오고 있다. 이에 최근에는 많은 전문가들이 모든 에너지를 해결할 수 있는 방안으로 수소가 도입되었다. 원자력 발전은 우라늄에서 토륨 연료를 사용하는 쪽으로 변화가 진행 중이다. 초기에는 핵분열성 물질이 아니고 경제성이 좋지 않아 배제되었지만, 최근에는 안정성이 중시되면서 다시 부각되고 있다. 인공태양은 태양과 같은 방식이라서 붙여진 이름인데, 흡수한 에너지보다 더 많은 에너지를 방출하도록 만드는 것이 기본 이론이다. 일정한 수준 이상으로 핵융합에 성공하면 그 반응이 지속되는 점화 단계가 되는데, 이렇게 되면 무한정한 에너지를 만들어 낼 수 있어 인류의 에너지 문제를 모두 해결하게 될 수 있다. 2013년 국내 온실가스 배출량 중 에너지 비중은 87%다. 그중에서도 산업 · 수송처럼 전환되지 않는 전력과 열 부문 비중은 34%로 가장 많다. 따라서 온실가스 배출량 감소를 위해서는 전력과 열 산업의 구조적인 변화가 필수적이다. 오는 2030년의 부문별 온실가스 배출량 감축률은 올해 확정된다. 신한금융투자에 따르면 지난 2014년 1월 발표된 전환(전력 · 열 등) 26.7% 감소는 2030년 33%로 높아질 가능성이 높다. 따라서 2030년에는 에너지 부문 배출량 BAU 3억 3,310만 톤 대비 1억 970만 톤을 감소해야 할 것으로 보인다.

정부는 에너지 신시장 100조 원 창출을 목표로 신사업을 통해 온실가스 배출량을 줄이려는 계획을 세웠다. 에너지 신산업을 통한 2030년 목표 온실가스 감축량은 5620만 톤으로 배출량 BAU 대비 6.6%다. 이는 에너지 부문 2030년 총 목표 감축량의 17.9%에 해당한다.

정부가 오는 2020년까지 신재생 등 에너지신산업 분야에 42조 원을 투자한다. 산업통상자원부는 에너지신산업 성과확산 및 규제개혁 종합대책을 발표했다. 종합대책에 따라 신재생 에너지 확산을 위해 2020년까지 총 30조 원을 투자해 석탄화력 26개에 해당하는 1,300만 kW 규모의 신재생 발전소를 확충하기로 했다. 이를 위해 발전소가 생산한 전력 가운데 일정 비율을 신재생 에너지로 공급하는 신재생 공급 의무 비율을 2018년 기준 당초 4.5%에서 5.0%로 상향 조정하고, 2020년에는 6.0%에서 7.0%로 확대한다. 이러한 의무 비율 상향으로 신재생 발전설비에 8조 5,000억 원이 추가로 투자되고, 석탄화력 약 6기에 해당하는 300만 kW 규모의 신재생 발전소가 설치된다.

1.2 에너지의 생산과 소비

1차 에너지 소비량의 변화를 보면 1965년 약 40억 톤 정도에 불과했던 세계 에너지 소비량은 2010년 약 120억 톤으로 무려 3배 이상 급증하였다. 현재 가장 많이 사용하는 에너지 자원은 석유이며, 다음으로는 석탄, 천연가스, 수력, 원자력, 신재생 에너지 및 기타 자원 순으로 많이 소비된다. 석탄은 산업혁명 이후 널리 사용된 에너지 자원으로 최근 채굴 비용의 상승과 온실가스 배출에 따른 지구온난화 등의 문제로 과거보다 사용량이 감소하였다. 그럼에도 산업용 및 발전용으로 많이 이용하기 때문에 현재 약 30% 정도의 소비 비중을 나타낸다. 1955년까지만 해도 미국의 경우 자국에서 소비하는 에너지를 자국 내에서 자체 생산하였다. 그 이후 소비가 생산을 능가하게 되어 그 수요를 만족시키는데 외국에 의존할 수밖에 없게 되었다. 생산과 소비의 폭은 1970년대에 현저하게 넓어졌고, 이 격차는 석유의 외국 자원의 의뢰를 필연적으로 증가시킨 결과가 되었다. 만일 어떠한 이유 때문에 외국 자원이 그 생산을 줄이게 되거나 그 원유값을 상승시키게 되면 또 다시 "에너지 위기"가 발생하게 되는 것이다.

1973년의 에너지 위기 때 중동의 기름 선적이 줄게 되고 석유값이 전 세계적으로 상승하는 결과를 야기시킨 때였다. 중동 원유는 제국이 전 세계적으로 알려진 기름 보유의 절반 이상을 조정하기 때문에 세계 각국은 그들 석유 전략에 영향을 받아 왔다. 1973년도의 기름 수출금지를 위한 전제는 1955년에 이미 굳어져 있었다는 것을 인식하는 것은 중요한 일이며, 미국에 있어서 에너지를 외국에 의존시킬 수밖에 없는 한은 그 위기는 상존하고 있었다는 것이다. 에너지 소비 증가가 기름의 소비와 생산의 격차가 점점 벌어지는 이유를 설명하는

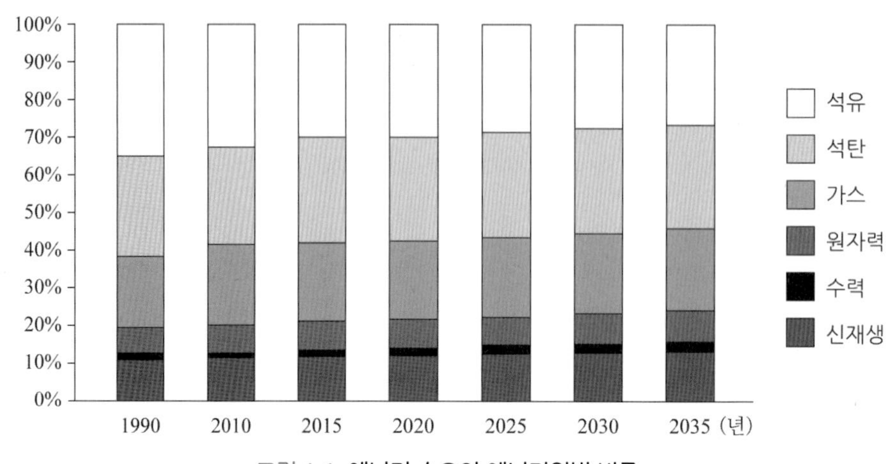

그림 1.1 **에너지 수요의 에너지원별 비중**

것은 쉬운 일은 아니다. 기름의 소비는 대개 정치적 그리고 경제적 이유 때문에 증가되는 수가 많다. 기름값의 구조와 광고가 기름의 사용을 고무시키는 결과가 되고, 고속도로 시스템(system)의 개발과 교외 거주자의 인구 증가로 자동차를 이용하여 왕복 출퇴근하는 경향이 증가하는 것도 큰 이유 중 하나이다. 또한 항공기를 이용한 여행으로 인한 에너지 사용의 확대와 고가화 또한 에너지의 소비를 심각하게 가중시키고 있다. 생산은 정치적, 경제적 그리고 기술적 문제의 복잡한 여러 이유로 지연되는 수가 많다.

따라서 단기적인 문제점을 조금 벗어나 더 좋은 기획과 에너지 저장이라는 측면에서 에너지 문제를 풀려고 노력하여야 할 것이다. 그리고 우리는 비교적 저가의 에너지 자원에 종말의 시작을 곧 알게 된다는 사실을 염두에 두어야 한다. 이는 짧은 시간에 기름의 자원을 고갈시키고 있는 사실을 인식하여야 한다는 것이다. 다른 대체 에너지가 있기는 하지만 그들 자체의 경제적, 정치적, 환경적 그리고 기술적 문제점들을 가지고 있으며 그들 역시 피할 수 없는 교환조건이 있기 마련이다. 무엇보다도 다른 에너지는 개발하는데 시간이 걸리고 자원이 필요하기 때문이다. 에너지 문제의 장기 해결을 설정하는 것이 우리의 모든 에너지 자원의 수용 가능한 개발이며, 그것을 위한 연구만이 해결의 본질이 될 것이다.

전 세계 각국과 온실가스 배출의 직접적 책임을 지고 있는 산업계는 지금까지의 입장을 바꾸어 문제의 실질적 해결을 위해 노력해야 할 것이다.

국내 에너지 생산 현황은 원자력발전을 포함할 경우 2015년 기준 450만 톤이며, 그중 원자력발전을 통한 생산이 총 생산량의 72.6%를 차지한다. 석탄 및 LNG 생산량은 최근 감소하는 추세인데 반해, 신재생 에너지는 꾸준히 증가하는 추세를 보이고 있다. 빠르게 늘어나는 국내 전력 수요에 대응하여 발전량은 연평균 4.9% 수준으로 지속적으로 증가하고 있다. 에너지원별 총 발전량을 살펴보면 원자력 및 신재생 에너지 발전 비중 역시 지속적으로 증가하는 추세이다. 에너지소비 동향을 살펴보면 에너지 중 천연자원 상태에서 공급되는 1차 에너지의 경우 2014년 1차 에너지 공급량(281.9백만 톤)은 전년 대비 0.5% 증가하였으며, 에너지원별로 보면 석유 비중이 37.2%로 가장 크고, 석탄(30.1%), 천연가스(17.0%) 순으로 소비되었다.

1.3 에너지와 환경

1.3.1 지구환경

이상기후의 원인이 되는 지구온난화에 대한 과학적 근거에는 논란이 있으나, 북극 및 남극지대 기온상승, 빙하감소, 홍수, 가뭄 및 해수면 상승 등 이상기후 현상에 대한 자연재해가 현실로 나타나고 있다. 자동차에서 연소되는 가솔린(gasoline), 발전소에서 연소되는 석탄 그리고 핵발전소에서 연소되는 우라늄, 이들 모든 연료들은 보다 더 유용한 에너지 형태로 변환시키는 열을 발생시키며, 이것보다 유리한 에너지라는 것은 전기와 운동 에너지와 같은 것이 될 것이다. 만일 연료가 연소하는 동안에 에너지만이 저장되도록 된다면 우리 사회는 고갈되어가는 에너지만을 해결하면 될 것이다. 그러나 에너지의 보존은 환경과의 도전이라는 스펙트럼을 창조해냈다. 자동차는 인체에 영향을 미치는 가스를 생산하고 태양광선하에서는 광화학 스모그(smog) 형성으로 유도되는 가스도 생산하고 있다. 한편 석탄을 연소시키는 발전소에서는 인체에 영향을 미치는 가스를 발생시키고 산의 낙하형상을 돕기도 한다. 그리고 핵발전소는 폐기물처리 문제에 도전하는 방사성 부산물을 생산한다. 자동차와 석탄연소발전소는 양쪽 모두 가스 형태의 이산화탄소를 생성하며 이 이산화탄소는 인체에 직접적으로는

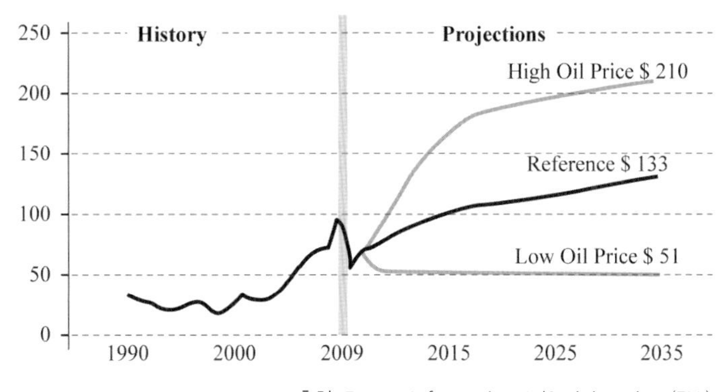

출처: Energy Information Ad0ministration (EIA)

그림 1.2 세계유가전망

생물학적인 영향은 없다. 그러나 대기에서 이산화탄소가 축적되면 지구에 경종이 되며 농산물 생산에 있어서의 변화와 기후 수정이 불가피하게 된다.

1970년대와 1980년대에 약간의 환경적인 변화과정을 인지하게 되었으며 약간의 규제에 의해서 자동차와 생산공장에 대한 공해통제로 효과가 있었다. 그러나 해야 될 것이 너무 많고 보다 더 절박한 규제와 통제가 절박한 실정이다. 광화학의 스모그, 산의 낙하 그리고 이산화탄소의 축적으로부터의 잠재적 문제 등과 같이 특별히 어려운 많은 문제들이 괴롭히고 있다. 뿐만 아니라 최근에는 CFC 문제가 대단한 해결거리로 되어 있으며 프레온가스(CFC)로 인한 오존(ozone)층의 파괴와 지구온실화문제 등 환경에 도전하는 요소들이 도사리고 있다.

(1) 빙하감소

지난 20세기 동안 북극지대 대기온도는 약 5℃ 증가로 인하여 빙하감소, 극지방 호수의 피빙 기간 감소 등 직접적인 영향을 초래하고 있다. 북극지역에 있는 거의 모든 산지 빙하는 지난 20세기 동안 감소하고 있고, 스위스의 산지 빙하는 1/3까지 줄어들었다. 북반구 극지방에서는 1960년대 이후로 눈두께가 10%나 감소하고 있는 한편, 20세기 동안 호수와 강의 연중 피빙기간이 약 2주나 짧아지고 있다(UNFCCC, 2005).

(2) 홍수

지구온난화의 또 다른 영향으로 1966년 및 1997년 라인강 홍수, 1995년 중국 홍수, 1998년 및 2000년 동유럽 홍수, 2000년 모잠비크 및 유럽 홍수 그리고 2004년 방글라데시 우기 홍수(전국토의 60% 침수) 등 전 지구적으로 집중호우와 폭풍우에 의한 홍수가 빈발하고 있다(UNFCCC, 2005). 우리나라에서도 국지성호우로 인한 홍수피해가 매년 증가하고 있다.

(3) 가뭄 및 사막화

홍수와 더불어 가뭄현상도 지구온난화의 중대한 영향 중의 하나인데, 특히 아프리카에서 아주 심각하게 발생하고 있다. 니제르, 챠드호 및 세네갈 지역에서는 전체 이용가능한 물의 양이 40~60%나 감소하고 있고, 남북서부 아프리카에서는 연평균 강수량이 감소함으로써 사막화현상이 가속화되고 있다(UNFCCC,2005).

(4) 해수면 상승

지난 20세기 동안에 해수면은 평균 10~20cm 높아졌으며, 앞으로도 지속적인 해수면 상승이 예상된다. 만약 이같이 해수면이 크게 상승할 경우 방글라데시와 같이 인구가 해변에 밀집되어 있는 국가에서는 바닷물 범람에 의한 심각한 피해가 우려되고, 몰디브와 같은 작은 섬나라는 완전히 사라지게 될 것이다. 따라서 해수면 상승은 수십 억 인구가 사용하는 물을 오염시킬 뿐만 아니라 대규모 인구의 이주를 유발시킬 것이다(UNFCCC, 2005). 이미 투발루란 섬나라는 해수면 상승으로 전 국토가 바다에 잠길 위험에 처해 뉴질랜드로 이주를 진행하고 있다.

(5) 생태계 변화

지구온난화로 인하여 나무의 조기 개화, 새들의 조기 산란, 곤충 식물 및 동물 서식지 변화, 연안 지역의 백화현상 증가, 생물 다양성 감소 등 자연 생태계도 서서히 변화되고 있다. 최근 전력수요의 급증 및 대도시 집중화 그리고 환경문제에 따른 전력입지 선정의 어려움으로 인하여 고효율로 다양한 연료를 사용할 수 있고 환경문제에 있어서 양호한 특성을 갖는 연료전지, 석탄가스화복합발전 및 MHD 발전 방식 등 신발전 방식의 개발이 주목을 받고 있다. 이러한 발전 방식은 고효율 발전 방식일뿐 아니라 도심지 근방에 설치가 가능하고 복합발전 방식의 채택에 따라 에너지의 절약을 도모할 수 있는 등의 장점이 있지만 아직은 기술개발단계에 있다.

1.3.2 에너지 기후변화

유엔기후변화협약(United Nations Framework Convention on Climate Change, UNFCCC)

출처: 기상청 기후정보센터(2012)

그림 1.3 유럽지역한파

출처: 소방방재청/IEA(http://www.iea.org)

그림 1.4 **태국의 태풍재해(이상기류)**

에서는 기후변화를 다음과 같이 정의한 바 있다. 기후변화는 '직접적 또는 간접적으로 전체 대기의 성분을 바꾸는 인간활동에 의한 그리고 비교할 수 있는 시간동안 관철된 자연적 기후 변동을 포함한 기후의 변화'이다. 이는 과거부터 존재해왔던 자연재해뿐 아니라, 인간 활동으로 인해 발생한 기상이변까지 모두 포함하는 포괄적 의미에서의 지구시스템 변화를 의미한다. '기후'라는 개념 자체가 수백만 년을 넘나드는 매우 광범위한 범위이기 때문에 최근의 기상이변만으로 기후가 변했다고 단정지을 수 없지만, 세계적 권위를 자랑하는 IPCC(기후변화에 관한 정부간 패널)의 3차 보고서에서도 '인간의 활동이 기후변화에 영향을 미쳤다는 확실한 증거가 있다'라고 밝힌 바 있다. 지구온난화를 유발하는 이산화탄소는 대기권에서의 체류기간이 1950~2000년쯤 되며, 산업혁명 이전에는 278 ppm였던 이산화탄소 농도가 지난 2000년의 경우 368 ppm로 32% 이상 증가하였다.

석유, 석탄, 가스 등 화석연료에 의존한 산업경제가 엄청난 양의 온실가스를 유발하였고, 이로써 지구는 역사상 어느 때보다 빠르게 더워지고 있다. 지난 만년 동안 지구는 1℃ 이상 변한 적이 없는데 반해, 최근의 100년 동안 0.6℃나 기온이 상승했으며, 특히 한반도의 경우 1.6℃나 상승한 것으로 기상청의 조사 결과 밝혀졌다.

이러한 지구온난화로 인해 지구 전체 담수량의 약 90%를 갖고 있는 빙산이 1년에 약 1조 톤이라는 엄청난 양의 얼음덩어리를 방출하고 있으며, 이러한 얼음 해빙으로 인해 해수면의 높이는 10~25 cm나 상승했다. 따라서 최초의 '환경난민'이라 여겨지는 '투발루'섬과 같이 해수면이 침식되는 지역들이 발생하며, 이 같은 현상들은 점차 증가할 것이다. 이처럼 '지구온난화'에 의한 영향은 사람들이 흔히 생각하는 것처럼, 단순히 빙하가 조금 녹고, 해수면이 조금 침식하는 정도가 아니다. 기상이 변하면 생태계가 변하게 되고, 생태계가 변하면 환경이 변한다. 농업이나 어업 등의 생활권 변화와 갑작스런 환경변화로 인한 건강 문제, 기상이변을 해결하기 위한 정치 · 사회적 문제까지 모두 변할 수밖에 없다. 그리고 이러한 기상이변은 먼 나라 이야기가 아니다. 최근 개구리가 깨어난다는 경칩에 사상 유례없던 폭설이 내려 2,966억 원(중앙재해대책본부 발표자료 인용)의 재산피해가 발생했으며, 2년 동안 연이은 태풍 루사와 매미로 전국적인 피해가 속출된 바 있다. 또 중국의 사막화로 인해 황사가 매해 더 심해지고 있으며, 여름철 집중호우 또한 게릴라성 호우 10년별 강수의 평균 변화를 알아본 결과, 최근 20년 동안 1920년 대비 '강수량 7% 증가, 강수일수 14% 감소, 강수 강도는 18% 증가'하였다. 이는 특정 지역에 집중적으로 내리는 게릴라성 호우가 많아지고 있다는 의미이며, 이처럼 특정 지역에 많은 피해를 가져오고 있다. 따라서 기후변화는 우리의 실생활 이야기인 것이다.

(1) 온실효과(Greenhouse Effect)

온실효과란 자연계의 탄소순환, 인간에 의한 이산화탄소의 증가, 온실효과는 말 그대로 온실이 열을 가둠으로써 보온하는 것을 말한다. 태양에서 방출된 빛에너지는 지구의 대기층을 통과하면서 일부분은 대기에 반사되어 외계로 방출되거나 대기에 직접 흡수된다. 그리하여 약 50% 정도의 햇빛만이 지표에 도달하게 되는데, 이때 지표에 의해 흡수된 빛에너지는 열에너지나 파장이 긴 적외선으로 바뀌어 다시 바깥으로 방출하게 된다.

이 방출되는 적외선은 반 정도는 대기를 뚫고 외계로 빠져나가지만, 나머지는 구름이나 수증기, 이산화탄소 같은 온실효과 기체에 의해 흡수되며, 온실효과 기체들은 다시 지표로 되돌려 보낸다. 이와 같은 작용을 반복하면서 지구를 뜨겁게 하는 것이다.

실제 대기에 의해 일어나는 온실효과는 지구를 항상 일정한 온도로 유지시켜 주는 매우 중요한 현상이다. 만약 대기가 없어 온실효과가 없다면 지구는 화성처럼 낮에는 햇빛을 받아 수십도 이상 올라가지만, 반대로 태양이 없는 밤에는 모든 열이 방출되어 영하 100℃ 이하로 떨어지게 될 것이다. 따라서 현재 환경문제와 관련하여 나쁜 영향으로 많이 거론되는 온실효과는 그 자체가 문제가 아니라, 일부 온실효과를 일으키는 기체들이 과다하게 대기 중에 방출됨으로써 야기될지 모르는 이상 고온에 따른 지구온난화 현상을 이야기하는 것이다. 대기를 구성하는 여러 가지 기체들 가운데 온실효과를 일으키는 기체를 온실가스(GHG)라고 한다. 대표적인 온실가스는 이산화탄소(CO_2), 메탄(CH_4), 아산화질소(N_2O), 수소불화탄소(HFCs), 과불화탄소(PFCs), 6불화황(SF_6) 등이다. 이산화탄소(CO_2), 메탄(CH_4), 아산화질소(N_2O), 수소불화탄소(HFCs), 과불화탄소(PFCs), 6불화황(SF_6)의 직접 온실가스와 일산화탄소, 질소가스(N_2), 비-메탄휘발성 유기물질을 간접 온실가스로 구분할 수 있으며, 이러한 온실가스들은 국가 경제의 원동력인 산업활동 및 우리의 일상생활과 밀접하게 연관되어 배출되고 있다. 온실가스별로 지구온난화에 기여하는 정도가 다르며, 일반적으로 이산화탄소를 기준으로 각 가스별 기여 정도를 명시한 것을 지구온난화 지수(GWP, Global Warming Potentials)라 하고, 각 국가에서는 온실가스 배출량을 산정할 때 가스별 지구온난화 지수를 고려한 이산화탄소 톤단위로 배출량을 산정하고 있다.

이산화탄소는 지구온난화 지수는 낮지만, 규제 가능한 가스(Controllable Gas)로서 전체 온실가스 배출 중 80%를 차지하고 있기 때문에 6대 온실가스 중 가장 중요한 온실가스로 분류되고 있다. 탄소(Carbon) 성분이 포함된 화석연료의 연소 등에 의해 배출되는 이산화탄소는 일반적으로 자연계 흡수원에 의해 균형을 유지하게 된다. 즉, 생물적 · 물리적 과정 등을 통해 바다에 용해되거나 식물의 성장과정에서 흡수된다. 인위적으로 배출된 양이 많지 않을 경우에는 흡수원과의 균형에 의해 대기 중 이산화탄소 농도는 적정 수준을 유지하게 된다. 그러나 연간 인위적 배출량이 자연배출량의 3%만 초과하여도 흡수원과의 균형효과가 파괴되고, 대기 중에 이산화탄소가 축적되어 지구온난화가 발생한다. 온실가스별로 지구온난화에 기여하는 정도가 다르며, 일반적으로 이산화탄소를 기준으로 각 가스별 기여 정도를 명시한 것을 지구온난화 지수(GWP, Global Warming Potentials)라 하고, 각 국가에서는 온실가스 배출량을 산정할 때 가스별 지구온난화 지수를 고려한 이산화탄소 톤 단위로 배출량을 산정하고 있다.

우리나라도 국가 온실가스를 2030년 배출전망치(8.5억 CO2톤) 대비 37%까지 감축해야 한다. 목표대로라면 2030년의 우리나라는 2012년에 배출한 6.8억 CO_2톤보다 1.4억 CO_2톤을 더 줄인 5.45억 CO_2톤만 배출해야 한다. 우리가 온실가스 감축 목표를 달성하기 위해서는 화석연료 위주의 에너지 다소비 경제구조에서 저탄소 경제체제로의 이행을 촉진할 수 있는 장기 비전이 필요하다. 정부는 온실가스 저감을 위해 신재생 에너지의 수익성을 확보를 위한 제도적 인센티브를 마련하고, 에너지 신사업 육성을 위한 정책을 수립했다. 그러나 이러한 노력에도 불구하고 우리나라의 1차 에너지 대비 신재생 에너지 공급 비중(2014년)은 4.1%에 불과하다. 더욱이 신재생 에너지 가운데 폐기물과 바이오 연료가 차지하는 비중이 85%에 가까워 태양광이나 수력 등의 청정 에너지 비중은 매우 낮은 실정이다.

(2) 지구온난화의 영향

급격한 산업화로 인한 이산화탄소 발생량의 증가로 지구온난화 현상이 가중되고 있으며, 이러한 기후변화는 해수면의 상승과 국지성 폭우 및 폭설 등의 기상이변을 가져오며, 육상 및 해양생태계의 변화 그리고 인류 건강에 직 · 간접적인 영향을 끼칠 것으로 전망된다. 한반도의 150년간 기온상승은 1.5도 정도이고 전 세계적인 평균은 0.5도가 상승하였다. 우리나라의 기온상승이 빠른 이유는 중위도와 고위도 지방에 태양 에너지로 인해 눈 녹임현상이 일어나던 곳에 기온이 상승하여 더 이상 녹일 눈이 없어 태양 에너지가 기온상승에 영향을 미치고 있다.

예전에는 기상학자들의 학술적 연구대상에 불과했던 지구온난화나 엘니뇨가 현재 많은 이들의 관심을 끌고 있는 것은 무엇인가? 산업혁명 이후 증가해온 인류의 무절제한 '화석연료'가 이제 인간에게 화살이 되어 돌아오기 때문이다. 석탄, 석유 등의 화석연료 사용은 산업을 비약적으로 발전시키는데 중요한 역할을 했지만, 환경에 대한 고려 없는 산업의 발전은 지구 환경을 계속 바꾸고 있는 것이다. 이에 따라 수백~수천년 단위로 바뀌던 지구의 기후가 인간 활동에 의해서 수십년 단위로 바뀌고 있다. 지난 97년은 근래 600여년 동안 최대의 기온을 기록했다는 연구결과가 발표된 것을 비롯, 이로 인한 남극 빙하의 붕괴, 해수면의 상승들이 일어나고 있다. 이러한 전 세계적인 흐름은 한반도도 예외가 아니어서, 이미 과거 20년(1973~1992년) 사이 한반도의 연평균 기온은 1℃ 정도 변했으며, 이에 따라 우리나라의 남서·남부해안과 동해안 남부지역은 겨울이 없는 아열대 기후로 바뀔 것이며, 중부지방은 현재의 남해안 도서지역과 유사한 기후로 바뀔 것으로 예상되고 있다. 즉, 인간의 활동이 지구의 기후를 바꾸고 있는 것이다. 세계 각국과 산업계는 이 문제 해결에 적극적 입장을 인식하고 있다. 이번 한반도 물난리와 중국을 비롯한 동아시아 지역의 홍수 피해에서 알 수 있듯이 인간의 화석연료 사용으로 인한 온실가스 증가, 이로 인한 지구온난화와 기후변화 문제는 몇

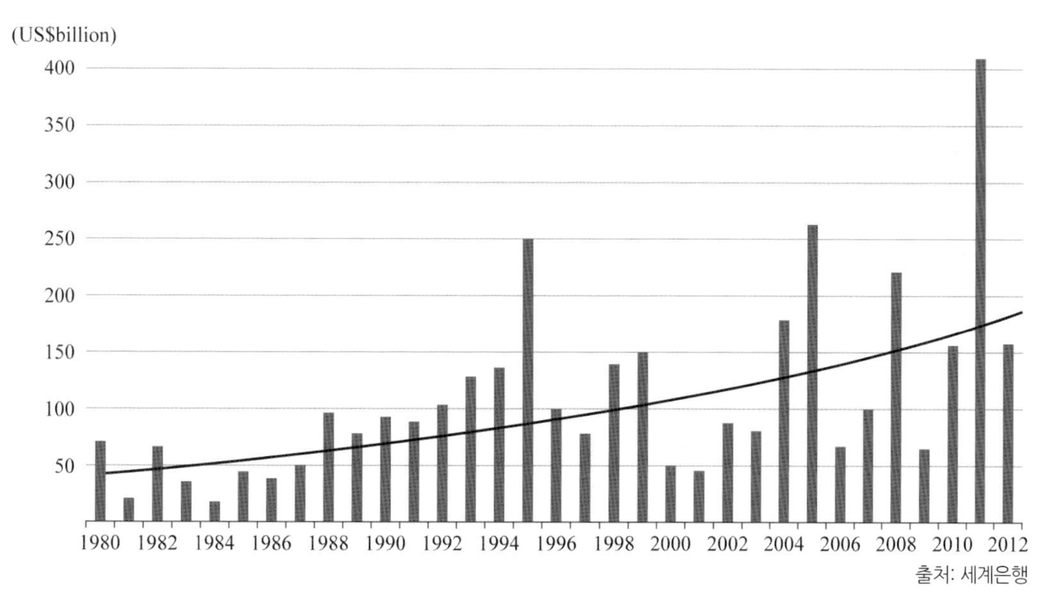

그림 1.5 **전 세계 재산손실 추이**

몇 환경운동가들만의 주장이 아니라, 점점 더 심각해져 가고 있는 지구 환경파괴의 가장 좋은 예가 되고 있다. 온실가스 문제를 해결하기 위해 일본 교토에서 열린 기후변화협약 3차 총회에서 온실가스 감축률을 줄이는 등 자기의 책임을 회피하려고 하는 선진국의 태도나 CO_2 등 온실가스 배출조차도 거래를 통해서 해결하고자 하는 선진국들의 입장들은 현재의 기후변화 문제로 인한 피해를 더욱 가속화시킬 뿐 문제의 본질적 해결에 전혀 도움이 되지 못하고 있다. 이는 우리나라 역시 마찬가지여서 1960~70년대 이후 급속한 경제개발로 국제적으로 온실가스 배출의 많은 책임을 지고 있으나 국내 산업에 미치는 영향들을 이유로 기후변화협약 3차 총회 당시 사실상 무입장, 무대응으로 일관하는 모습들을 보여 왔다. 전 세계 각국과 온실가스 배출의 직접적 책임을 지고 있는 산업계는 문제의 실질적 해결을 위해 더욱 노력해야 할 것이다.

(3) 기후변화 해결을 위한 시도

이산화탄소나 메탄가스 등의 온실가스는 지구의 복사열 방출을 막아 지구의 평균 온도를 높인다. 인간의 몸처럼 평형을 이루고 있는 지구이기에, 이같은 변화에 몸의 이상이 발생하는 것은 무리가 아니다. 기후변화협의회(IPCC)는 지금처럼 온실가스 배출이 일어날 경우, 2100년에는 1990년대에 비해 1.4~5.8℃ 상승할 것으로 예측하고 있다. 특히 북미 북부지역과 북부 · 중앙아시아의 온난화는 더욱 빠르게 진행될 것이다. 이처럼 점차 심각해지는 지구온난화 방지를 위해, 1992년 6월 브라질에서는 '리우환경회의'를 열어 '유엔기후변화협약'을 채택하였다. 1994년에 효력이 발생한 기후변화협약에는 188개국이 참여하였으며, 온실가스 배출에 역사적 책임이 있는 선진국들이 의무감축을 우선하는 것으로 합의하였다. 또 기후변화가 식량 공급, 물 공급, 인간 건강 등에 많은 영향을 끼친다는 발표들이 이어지자, 1997년에는 법적 구속력이 있는 교토의정서가 채택되어 2008년부터 선진국 의무감축이 가능하게 되었다. 이산화탄소를 많이 배출하는 국가가 그만큼의 발언권과 권리를 갖게 된 협약 때문이다. 그러므로 경제적 부담을 이유로 미국이 탈퇴하고, 러시아가 비준하지 않는 교토의정서는 실현되기 어렵다. 배출권 거래, 청정 개발(CDM) 등 '환경'이란 주제로 그럴듯한 피를 빚었지만, '경제'로 속을 꽉 채워버린 기후변화 만두는 먹지 못할 음식이 되고 있다. 녹색연합은 인간이 지구생태계에 가하는 압력을 측정하는 방법으로, 생태파괴지수를 알 수 있는 '생태발자국(Ecological Footprint)'을 조사하여 그 결과를 발표한 바 있다. 국민들의 라이프스타일에 관한 조사를 통해 지수를 지구로 환산하고, 소비생활에 관한 의식조사를 병행한 것이다. 우리나라 국민 1인당 전력사용량은 5800 kwh로, 우리의 경제 규모 2배인 영국을 앞질러 일본, 독일을 뒤쫓고 있다. 게다가 온실가스 배출 세계 9위, 석유수입 세계 4위, 석유소비 세계 6위를 기록하는 에너지 다소비 국가다. 국립산림과학원에 따르면 한 사람이 하루에 배출하는 이산화탄소는 대략 1 kg, 평생 내뿜은 온실가스를 흡수하려면 592그루의 나무를 심어야 할 정도다. 부존자원이 없다고 매번 울상인 정부는 특소세 인하 등 오히려 에너지 소비를 부추기는 정책들로 역행해왔고, 앞으로도 이러한 정책들로 인해 에너지 소비는 더욱더 증가될 전망이다.

우리나라의 기후변화 전망은 2050년까지 3.2℃ 상승하고, 계절 길이도 변화할 것으로 예측된다. 아열대 기후가 현재 남해안 지역에서 내륙을 제외한 전국으로 확산됨에 따라 여름이 길어지고, 제주도, 울릉도에서 겨울이 사라질 것으로 보인다. 2050년까지 강수량은 15.6% 증가, 강수강도는 13% 증가, 집중호우 발생 가능성이 상승할 것으로 보인다. 여름보다 늦봄, 초여름, 초가을에 강수량이 증가하여 봄, 가을에도 호우 피해가 발생할 가능성이 있다. 이러한 기후변화 위험은 기온상승, 폭염, 재난재해 등의 빈도 증가로 인한 사망, 질병 및 전염병을 증가시킨다. 폭염으로 인한 사망자 수는 2030년 4,820명에서 2050년에는 11,637명으로 늘어날 것으로 예상된다. 폭염 및 이상 고온으로 인한 미래 질병 부담은 2010년 530억 원에서 2020년 1,039억 원으로, 2050년에서 14,377억 원으로 증가할 것으로 보인다.

1.4 에너지 변환

자연에는 여러 가지 형태의 에너지가 존재한다. 높은 곳에 있는 물체는 위치 에너지를 가지고, 운동하는 물체는 운동 에너지를 가진다. 이 외에도 에너지는 빛에너지, 열에너지, 화학에너지, 전기 에너지, 핵에너지 등 여러 가지 형태로 존재한다. 여러 가지 형태의 에너지는 서로 전환되기도 한다. 한 에너지는 다른 형태의 에너지로 바뀔 수 있으며, 이러한 과정을 **에너지 전환**이라고 한다.

우리가 사용하는 기계는 에너지를 전환하여 일하는 장치이다. 또 우리는 생명을 유지하기 위해 음식물의 화학 에너지를 다른 형태의 에너지로 전환하여 이용하고, 어두운 곳을 밝히기 위해 전기 에너지를 빛에너지로 전환하여 이용한다. 전기 기구에 공급한 전기 에너지 중에서 필요한 에너지로 전환되는 비율을 %로 나타낸 것을 **에너지 효율**이라고 한다. 예를 들어, 삼파장 전구에서 사용한 전기 에너지는 약 90%가 열로 전환되고, 단지 10%만 빛으로 전환된다. 즉, 삼파장 전구의 에너지 효율은 10%라고 할 수 있다. 효율이 좋은 전기 기구를 사용하면 그만큼 전기 에너지를 절약할 수 있다. 에너지 소비 효율 등급이 1등급에 가까울수록 에너지 절약 효과가 큰 전기 기구이다. 그러므로 가전제품을 구입할 때에는 소비 효율 등급이 높은 제품을 선택하는 것이 좋다. 한국전기연구원의 조사에 따르면, 대기 시간에 버려지는 에너지의 양은 우리나라 전기 에너지 총 사용량의 10%를 넘는다고 한다. 따라서 대기

상태에서 전기를 적게 사용하는 제품을 사용하는 것도 전기를 절약하는 방법 중의 하나이다.

국내의 천연가스 자동차 보급은 대도시 공기 질 개선을 위해 정부 주도로 지난 10년 동안 시내버스를 대상으로 추진되어 왔다. 보급 초기의 어려운 환경 하에서 인프라 구축과 제도 개선을 병행한 결과, 현재는 청소차를 포함해 약 4만 3,000여 대가 보급된 상태다. 보급 효과로 미세먼지 농도가 보급 초기인 2000년 70 $\mu g/m^3$에서 2013년 43 $\mu g/m^3$로 크게 줄어들었고, 오존농도 발생 일수도 꾸준히 줄어드는 등 효과가 입증되고 있다. 또한 천연가스 자동차가 가져다 줄 수 있는 기대 효과로 정책적으로 석유에 편중된 수송 연료 시장을 완화할 수 있고 저탄소 산업구조에 동참하는 기회가 될 수 있다. 또한 제작사 및 부품사에서는 시장 수요에 대응할 수 있는 품목을 준비함으로써 고객요구에 대응할 수 있는 방법으로 활용할 수 있다. 2014년부터 더욱 강화된 EURO6 배출가스 기준으로 인해 천연가스를 연료로 하는 자동차의 경우에도 이 기준을 만족해야 하게 됐다. 이를 만족시키지 못하면 시장에 발붙일 수 없는 현실이다. 문제는 자동차 제작사에서 천연가스자동차를 우선적으로 공급해야 할 의무는 없다는 것이다. 제작사는 배출가스 기준을 만족하는 차종 중 부가가치가 높은 전기차나 크린디젤차 등을 제작 · 판매하면 되기 때문에 연료공급사의 노력이 필요하다. 에너지 공급사에게 수송 시장은 계절별 수요 편차가 적고 안정적인 수요 특성을 가지고 있기 때문에 매우 매력적인 시장이다. 안정적인 수요 특성을 가지고 있어 인프라 투자를 통해 가스 수요를 확대할 수 있는 시장이 될 수 있다. 하지만 투자에 따른 위험을 감수할 수 있는 뒷심과 도전이 필요하며 적극적인 시장 확대 노력이 필요하다.

1.5 에너지 분류

물리학에서는 어떤 물체에 힘을 가하여 일정한 방향으로 물체를 이동시켰을 때 '일을 하였다'고 한다. 이처럼 일을 할 수 있는 능력을 에너지라고 한다. 높은 곳에 있는 물체는 위치에너지를 가지고 있으며, 운동하는 물체는 운동 에너지를, 또 뜨거운 물체는 열에너지를, 밝은 물체는 빛에너지를 가지고 있다. 이처럼 에너지는 여러 가지 형태를 가지고 있다. 그러나 에너지는 한 형태에서 다른 형태로 변할 수가 있다. 예를 들면, 증기 기관차는 열에너지가 운동 에너지로 바뀌는 것이며, 전등은 전기 에너지가 빛에너지로 바뀌는 것이다. 이렇게 에너지는 형태를 바꾸지만 에너지 전체의 양은 변하지 않는다. 이것을 에너지 보존의 법칙이라고 한다.

에너지의 형태는 그 관점에 따라 여러 가지로 달리 분류할 수 있다. 먼저 에너지를 그 본질에 따라 분류하면 외부 에너지, 내부 에너지, 열에너지, 기계적 에너지, 화학 에너지, 핵에너지 등으로 나눠진다. 이들 에너지는 각기 특성을 지니고 있을 뿐만 아니라 서로 변환(conversion)되면서 우리의 실생활에 필요한 열과 전기적, 기계적 에너지를 공급한다.

(1) 외부 에너지(External energy)

외부 에너지란 물체의 운동 및 위치와 관계되는 에너지로, 운동(kinetic) 에너지와 위치(potential) 에너지로 구성되어 있다. 어떤 속도로 운동하고 있는 물체는 다른 물체에 힘을 미쳐서 일을 할 수 있는 운동 에너지($E = 1/2\ mv^2$: m 질량, v 속도)를 가진다. 또 높은 곳에 있는 물체는 그 높이에 상응하는 위치 에너지($E = mph$: m 질량, g 중력의 가속도, h 높이)를 가지고 있고, 이 물체가 지상으로 낙하하는 경우 높이가 점점 줄어들면서 위치 에너지는 감소하는 반면 물체의 낙하속도는 가속되어 운동 에너지가 증가한다. 지상에서 발사된 인공위성이 일정한 고도의 궤도로 진입하는 과정은 운동 에너지가 위치 에너지로 바뀌는 예이다.

(2) 내부 에너지(Internal energy)

내부 에너지란 물체 및 어떤 계(system)를 구성하는 분자들의 에너지를 말한다. 밀폐된 용기(계) 내에 들어있는 공기에 대하여 외부에서 열을 가하면, 공기 분자들의 운동 에너지를 증가시켜 결국 계의 온도가 상승한다. 이 경우 가해진 열에너지는 계 내 공기의 내부 에너지로 변환되면서 온도를 상승시키는 결과를 나타낸다.

(3) 열에너지(Tthermal energy)

열(heat) 또는 열에너지는 온도 차이가 있는 두 물체 사이에서 이동되는 에너지로, 더 뜨거운 물체에서 더 찬 물체로 전달되는 때에만 존재한다. 기체나 수증기의 팽창 특성을 이용하면 열을 기계적 에너지로 변환시킬 수 있다. 가스터빈이나 증기터빈은 열에너지를 더 유익한 기계적 에너지로 변환시키는 장치이다.

(4) 기계적 에너지(Mechanical energy)

기계적 에너지는 기체의 압축-팽창에 의한 일과 축(軸)의 회전에 의한 일로 구분된다. 전자의 예는 자동차 피스톤의 왕복운동에서, 또 후자의 예는 증기터빈의 축회전에서 찾아볼 수 있다. 열기관은 열에너지를 기계적 에너지로 변환시키는 장치로, 자동차, 증기기관, 가스터빈 및 증기터빈은 모두 열기관이다.

(5) 화학 에너지(Chemical energy)

화학 에너지란 화학종을 구성하고 있는 분자 내 원자간의 결합 에너지 및 위치 에너지를 말한다. 석탄, 석유, 천연가스 등을 비롯한 각종 물질은 그 분자를 구성하는 원자의 종류와 결합 구조에 따라서 각기 다른 화학 에너지를 가지고 있다. 화학 에너지는 연소(燃燒) 또는 다른 화학반응을 통하여 에너지 수준이 높은 화학종에서 낮은 화학종으로 변화하면서 그 차이에 해당하는 에너지를 열에너지의 형태로 방출한다. 자동차, 항공기, 로켓 등은 연료의 화학 에너지를 열에너지를 거쳐 우리 생활에 유익한 기계적 에너지로 변환시키는 장치들이다.

(6) 핵에너지(Nuclear energy)

핵에너지는 원자의 핵을 구성하는 양자, 중성자 등 입자간 결합력의 형태로 저장되어 있고, 이는 핵분열 또는 핵융합 과정을 통하여 열에너지의 형태로 변환된다. 무겁고 불안정한 하나의 원자핵이 중성자에 의하여 두 개의 비슷한 원자핵으로 쪼개지면서 수반되는 질량 결손에 해당하는 막대한 열에너지($E = mc^2$: m 질량결손, c 빛의 속도)를 방출하는 것을 핵분열(fission)이라 한다.

반면에 핵융합은 두 개의 가벼운 원자핵이 융합하여 더 무거운 하나의 원자핵으로 변하는 것으로, 이 과정에서 역시 질량결손이 생기면서 막대한 열에너지가 방출된다. 이밖에도 압축된 스프링에 내재된 탄성 에너지, 태양광선 등이 갖고 있는 방사 에너지, 전압 차이에 의한 전기 에너지 등이 있다. 다음에 에너지를 그 자원(resource)면에서 분류하면 고체, 액체, 기체(주로 천연가스) 연료와 수력, 핵, 전기, 태양, 생물(biomass), 풍력, 해양, 지열 에너지 등으로 나누어진다. 특히 고대생물의 지구화학적 변화로 생성된 석탄, 원유, 천연가스 등을 통틀어 화석연료화(fossil fuel)라 한다. 화석 연료나 핵연료처럼 한 번 사용하면 없어지고 마는 고갈성 에너지와 달리 수력, 태양, 생물, 풍력, 해양, 지열 에너지처럼 사용해도 자연적으로 재생되는 것을 재생(再生 : renewable) 에너지라 한다. 또한 에너지를 그 자원으로부터 최종 소비까지의 흐름이란 면에서 분류하면 1차, 2차 및 최종 에너지 등으로 나누어진다. 1차 에너지는 어떤 변환도 하지 않은 에너지로서, 직접 에너지로 쓸 수 있는 것은 그 자체, 일정한 생산과정을 거쳐야 에너지로 사용할 수 있는 것은 그 과정이 완료된 산출물을 뜻하고, 여기에는 화석연료, 즉 석탄, 원유, 천연가스(LNG 포함)와 수력, 핵, 태양, 생물, 풍력, 해양 지열 에너지 등이 포함된다. 2차 에너지는 1차 에너지의 변환으로 생산되는 에너지(전력과 각종 석유제품 등)를 말하고, 최종(final) 에너지는 유용한 에너지(열, 빛, 동력 등)로 사용할 수 있게끔 소비자에게 공급되는 에너지이다.

Chapter

02

에너지의 기본

2.1 일과 에너지

(1) 일(work)과 열(heat)

일은 힘과 변위(displacement)의 곱으로 정의한다. 중력단위계에서는 kgfm을 사용하며, SI 단위계에서는 J(joule)를 사용한다.

$$1\ \mathrm{kgfm} = 9.8\ \mathrm{kgm^2/s^2}$$
$$1\ \mathrm{J} = 1\ \mathrm{Nm} = 1\ \mathrm{kgm/s^2}$$

이므로 $1\ \mathrm{kgfm} = 9.8\ \mathrm{J}$의 관계가 있다.

일은 힘과 변위(displacement)의 곱으로 정의되는 에너지이며, 열은 물체의 온도를 변화시킬 수 있는 성질을 갖는 에너지로 정의할 수 있다. 일과 열은 그 현상은 다르지만 상호변환이 가능한 같은 성질을 갖는 에너지이다.

중력단위계에서는 일의 단위로써 kgf · m를 사용하며 열의 단위로서 kcal를 사용한다.

Joule의 실험에 의하면 이들은 다음과 같은 관계가 있다.

$$1\ \mathrm{kcal} = 427\ \mathrm{kgf \cdot m}$$

그러므로 열의 일당량 J는 $J = 426.8\ \mathrm{kgf \cdot m/kcal}$을 나타낸다.

SI단위계에서는 열과 일은 동일한 에너지의 단위 J(joule)을 사용하며 다음의 관계가 있다.

$$1\ \mathrm{J} = 1\ \mathrm{Nm} = \frac{1}{9.8}\ \mathrm{kgf\ m}$$

(2) 동력(power)

동력(일률, 공률)은 단위 시간당 에너지(일, 열)를 의미한다. 중력단위계에서 동력의 단위는 kgf m/s, Ps를 사용하며, 1 sec에 1 J의 일을 하는 경우 동력 혹은 출력은 [J/s]가 기본단위이다. 이것을 Watt [W]로 정의한다.

$$1\ \mathrm{Ps} = 75\ \mathrm{kgf \cdot m/s} = 75 \times 9.8\ \mathrm{N \cdot m/s}$$
$$= 735.5\ \mathrm{W} = 0.7355\ \mathrm{kW}$$

(3) 운동 에너지(Kinetic energy)

질량 m [kg]의 물체가 속도 v [m/s]로 운동하고 있는 경우 운동 에너지(kinetic energy) E_k는 다음과 같다.

$$E_k = \frac{1}{2} m v^2$$

(4) 위치 에너지(Potential energy)

물체가 어떤 특정한 위치에서 잠재적으로 지니고 있는 에너지

$$E_p = \mathrm{mgz}$$

(5) 압력(pressure) p

힘(외력)은 작용하는 방향에 따라서 수직력(normal force)과 접선력(tangential force)으로 나눌 수 있으며, 압력은 표면에 수직방향으로 작용하는 단위 면적당의 힘을 의미한다.

즉, 면적 A에 작용하는 힘(수직력)이 F일 때 압력 p는 다음과 같다.

$$p = \frac{F}{A}$$

압력의 단위로는 중력단위계에서는 $\mathrm{kgf/m^2}$, $\mathrm{kgf/cm^2}$을 사용하며 SI단위계에서는 Pa(= $\mathrm{N/m^2}$), bar 등을 사용한다.

이외에 압력의 단위에는 여러 가지가 있으며 이들의 관계는 다음과 같다.

표준대기압(standard atmospheric pressure) 1 atm은

$$\begin{aligned} 1\ \mathrm{atm} &= 760\ \mathrm{mmHg}(\text{수은주}) \\ &= 10.3323\ \mathrm{mAq}(\text{수주}) \\ &= 1.03323\ \mathrm{kgf/cm^2} \\ &= 10332.3\ \mathrm{kgf/m^2} \end{aligned}$$

인 관계가 있다.

SI단위계에서 압력의 단위는

$$1\ \mathrm{Pa} = 1\ \mathrm{N/m^2} = 1\ \mathrm{kg/ms^2}$$

$$1\ \mathrm{bar} = 10^5\ \mathrm{Pa} = 10^5\ \mathrm{N/m^2} = 10^5\ \mathrm{kg/ms^2}$$

$$1\ \mathrm{atm} = 1.01325\ \mathrm{bar}$$

이다.

압력계는 일반적으로 대기압을 기준(압력 0)으로 나타내며, 압력계에 나타난 압력을 계기압력(gauge pressure)이라 하고, 완전진공의 압력을 기준(압력 0)으로 나타낸 압력을 절대압력(absolute pressure)이라 한다. 따라서 절대압력을 P_{abs}, 계기압력을 P_g, 대기압을 P_{atm}이라 하면 다음의 관계가 있다.

$$P_{gage} = P_{abs} - P_{atm},\ P_{vac} = P_{atm} - P_{abs}$$

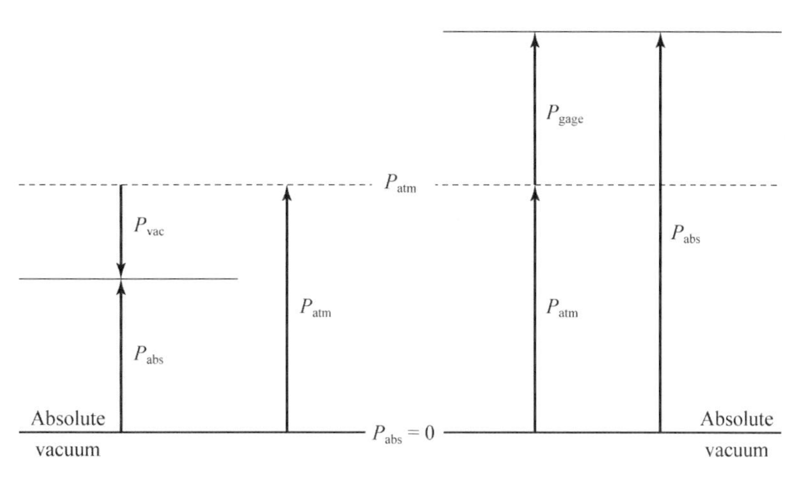

그림 2.1 **절대압력, 계기압력 및 진공압력**

표 2.1 **주요 물리량의 단위**

물리량	절대단위계(CGS단위계)	중력단위계	SI단위계
길이(length)	cm	m	m
시간(time)	s	s	s
질량 (mass)	g	kgf s^2/m	kg
속도(velocity)	cm/s	m/s	m/s
가속도(acceleration)	cm/s^2	m/s^2	m/s^2
각도(angle)	rad	rad	rad
각속도(angle velocity)	rad/s	rad/s	rad/s
밀도(density)	g/cm^3	kgf s^2/m^4	kg/m^3

(계속)

물리량	절대단위계(CGS단위계)	중력단위계	SI단위계
힘(force), 중량(weight)	dyn=gcm/s^2	kgf	N
비중량(specific weight)	g/cm^{2}s^2	kgf/m^3	N/m^3
압력(pressure), 응력(stress)	g/cms^2	kgf/m^2	Pa=N/m^2
일(work), 에너지(energy)	erg=gcm^2/s^2	kgf m	J=Nm
동력(power)	gcm^2/s^3	kgf m/s	W=J/s=Nm/s
체적유량(volume flow rate)	cm^3/s	m^3/s	m^3/s
절대점성계수(absolute viscosity)	g/cms	kgf s/m^2	Pa s=Ns/m^2
동점성계수(kinematic viscosity)	cm^2/s	kgf s/m^2	m^2/s
표면장력(surface tension)	g/s^2	kgf s/m^2	N/m
운동량(momentum)	gcm/s	kgf/s	N/s
각운동량(angular momentum)	gcm^2/s	kgf s/m^2	Nm/s

2.2 에너지의 단위계

종래에 상용되어 온 단위계에는 절대단위계와 공학단위계의 두 종류가 있었으나 현재에는 국제단위계가 설정되어 모두 국제단위계로 통일되어 가고 있다. 우리나라는 미터(meter)계의 공학단위계를 사용하고, 중량의 kgf, 길이의 meter, 시간의 초(sec) 및 온도의 kelvine[K]이 사용된다.

일과 열량의 단위로서 kcal을 사용해 왔다. 따라서 질량은 유도단위(derived unit)로 되어 있고 표준중력가속도 9.8 m/sec^{2}의 값이 단위의 변환과 환산에 붙어다니고 단위계 내에서 일관성이 없었다.

예를 들면, kg으로 표현된 힘에 meter로 표현된 길이를 곱해도 kcal 단위의 일로는 되지 않는다. 또한 CGS단위계를 사용하는 분야와의 정보교환에도 불편이 많았다. 그러나 1960년의 국제단위계(SI단위계)가 채택되어 이것이 본격적으로 사용되게 되었다. 이 책에서는 혼용을 피해서 모두 SI단위로 표시하였다.

2.2.1 ‖ 국제단위계

표 2.2 SI 기본단위

양	명칭	단위기호
길이	meter	m
질량	kilogram	kg
시간	second	s
전류	ampere	A
열역학적 온도	kelvin	K
물질량	mol	mol
광도	candela	cd

표 2.3 SI 보조단위

양	명칭	단위기호
평면각	radian	rad
입체각	steradian	sr

표 2.4 SI 유도단위

양	기호	유도단위	명칭	단위기호
비체적	V	m^3/kg		
밀도	ρ	kg/m^3		
힘	F	$kg\ m/sec^2$	newton	N
압력	P	$kg/(msec^2) = Nm^2$	pascal	Pa

2.2.2 단위(units)

일반적으로 유체역학에서 다루는 물리량(physical quantity)은 길이, 질량, 시간, 온도와 같은 기본물리량(primary quantity)을 조합하여 그 물리량의 성질을 나타낼 수 있다. 유체역학에서는 기본물리량을 힘 F, 질량 M, 길이 L, 시간 T로 나타내며, 이 기본물리량의 차원을 기본차원(primary dimension)이라 하고, 기본차원의 조합으로 이루어진 물리량의 차원을 2차원(secondary dimension)이라 한다.

단위는 기본물리량(primary physical quantity)의 단위인 기본단위(primary units)와 기본단위의 조합으로 이루어지는 유도단위(derived units)로 나눌 수 있다. 어떤 단위를 기본단위로 하는가에 따라서 단위계(system of units)를 구분할 수 있으며, 1970년대 이전까지의 단위계는 이학(理學)에서 주로 사용된 물리단위계(physical system of units) 혹은 절대단위계(absolute system of units)와 공학에서 주로 사용된 공학단위계(engineering system of units) 혹은 중력단위계(gravitational system of units)로 대별할 수 있다.

두 단위계를 통합하기 위하여 1960년 제11차 중량과 계량에 관한 총회(general conference on weights and measures)에서 국제단위계(system international d′unités, SI단위계)를 국제적인 표준단위계로 공식적인 채택을 하였으며, 1974년 미국기계학회(american socirty of mechanical engineers)에서 발표되는 논문에는 SI단위만을 사용할 것을 요구하면서 모든 단위계는 SI단위계로 통일되어 가는 과정에 있다. 그러나 현실적으로는 공학단위계와 SI단위계를 병행하여 사용하고 있으므로 두 단위계에 대한 이해와 단위환산을 위한 지식이 필요하다.

(1) 절대단위계(absolute system of units)

절대단위계(물리단위계)는 길이(length)의 단위 m, 질량(mass)의 단위 g, 시간(time)의 단위 s를 기본단위로 한다.

절대단위계에서 힘(force)의 단위는 dyn이나 N을 사용하며

$$1\ \text{dyn} = 1\ \text{g} \times 1\ \text{cm/s}^2 = 1\ \text{kgf cm/s}^2$$

$$1\ \text{N} = 1\ \text{kg} \times 1\ \text{m/s}^2 = \frac{1}{9.8}\ \text{kgf}$$

을 의미한다.

(2) 중력단위계(gravitational system of units)

중력단위계(공학단위계)는 길이의 단위 m, 힘의 단위 kgf, 시간의 단위 s를 기본단위로 한다. Newton의 제2법칙에 의하여 힘은 질량과 가속도의 곱으로 정의하므로 1 kgf는 1 kg의 질량에 중력가속도의 표준값 $g = 9.81\ \text{m/s}^2$의 곱을 의미한다.

즉,

$$1\ \text{kgf} = 1\ \text{kg} \times 9.81\ \text{m/s}^2 = 9.81\ \text{N}$$

이다.

(3) SI단위계(SI system of unit)

SI단위계는 물리단위계를 확대한 것으로 기본단위로는 길이의 단위 m, 질량의 단위 kg, 시간의 단위 s, 온도의 단위 K(kelvin) 이외에 물질량의 단위 mol, 전류의 단위 A, 광도의

단위 Cd를 사용한다.

SI단위계에서는 힘의 단위로 N(newton), 일(work)이나 열(heat) 등의 에너지(energy)의 단위로 J(joule), 압력(pressure)의 단위로 Pa(pascal)이나 bar, 동력(power)의 단위로 kW를 사용한다.

표 2.5 단위 접두어와 기호

승 인 수	접 두 어	기 호
10^{12}	tera	T
10^{9}	giga	G
10^{6}	mega	M
10^{3}	kilo	k
10^{2}	hecto	h
10^{1}	deka	da
10^{-1}	deci	d
10^{-2}	centi	c
10^{-3}	milli	m
10^{-6}	micro	μ
10^{-9}	nano	n
10^{-12}	pico	p
10^{-15}	femto	f
10^{-18}	atto	a

- 차원과 단위
- 차원 : 질량, 길이, 시간 및 온도(1차 차원 또는 기본차원) 등의 물리적인 양
  2차 차원 또는 유도 차원
- 단위 : 차원에 할당된 측정의 표준으로 기본차원에 붙여진 임의의 이름과 크기 국제단위계(International System); SI(Le Système International d'Unités) System 영미 시스템(English System); 미국관습시스템(United States Customary System, USCS)

2.3 에너지 시스템

2.3.1 시스템과 검사체적

- 시스템(계: system) : 연구를 위해 선정된 일정량의 질량 또는 공간 내의 영역으로 정의하며, 고정되고 동일성을 갖는 물질의 집합

- 주위(surroundings) : 시스템 밖의 질량 또는 영역
- 경계(boundary) : 시스템을 시스템의 주위로부터 분리하는 실제 또는 가상의 표면으로서 경계는 시스템과 주위 모두에 의해 공유되는 접촉 표면이므로 수학적으로 말해서 경계는 두께가 영이며, 어떤 질량을 담거나 공간에서 어떤 부피를 점유할 수 없다.
- 계 해석과 검사체적 해석
- 미분적 접근법(미분형 기본방정식)과 적분적 접근법(적분형 기본방정식)
- 검사체적과 검사표면
- 닫힌 시스템[또는 검사질량(control mass)으로도 알려진] : 일정량의 질량으로 구성되고, 어떤 질량도 그 경계를 지나갈 수 없다. 그러나 열 또는 일의 형태로의 에너지는 경계를 지나갈 수 있으며, 닫힌 시스템의 부피는 일정할 필요가 없다.
- 고립된 시스템 : 특수한 경우로서 에너지조차도 경계를 지나가는 것이 허용되지 않는다면 그러한 시스템을 고립된 시스템이라고 한다.

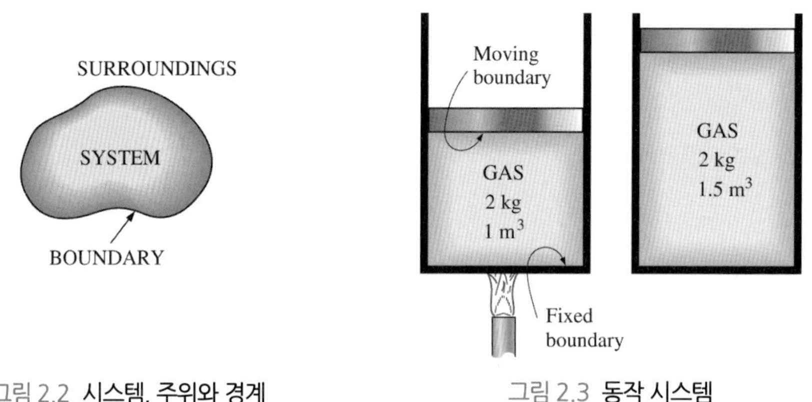

그림 2.2 **시스템, 주위와 경계**

그림 2.3 **동작 시스템**

2.4 에너지 물리량

2.4.1 주요 물리량의 단위

물리적 에너지는 일을 할 수 있는 능력으로 일과 같은 단위를 가진다. 국제단위계(SI)에서는 Joule(J)로 나타낸다. 일의 정의로부터 기본 물리량인 질량, 길이, 시간의 단위를 사용하여 이것을 표현할 수 있다. 일은 힘과 거리의 곱이므로 에너지의 단위도 힘의 단위와 거리의 단위의 곱으로 표현된다.

물체 주위의 공기의 유동을 이해하면 그 물체에 작용하는 힘과 모멘트를 계산할 수 있다.

이러한 공기의 유동과 관련되는 성질로는 속도, 압력, 밀도, 온도 등이 있으며, 이 물리량들을 공간 및 시간의 함수로서 구하는 것이다. 유동장 주위에 제어 체적(control volume)을 정의하고 보존 법칙을 적용하여 이러한 물리량들을 계산하게 된다. 공기역학은 항공기에 대한 과학적 토대를 이루는 학문이며, 여기에는 수학적 해석, 실험적인 근사화 및 풍동 실험 등이 모두 사용된다.

온도 및 기압 조건이 따로 제시되지 않는다면 일반적으로 고체 및 액체에 대해서는 4℃, 1기압의 물, 기체에 대해서는 0℃, 1기압인 공기를 기준으로 한다. 4℃, 대기압 상태에서 공기가 녹아 있지 않을 때 물의 밀도는 0.999972 g/cm³이다. 거의 1.0 g/cm³에 가깝기 때문에 비중과 밀도의 값을 CGS단위계로 나타내면 거의 같은 값이 된다.

밀도와 비중은 혼동되기 쉽지만, 밀도는 질량을 부피로 나눈 양이며, 비중은 기준 물질과 비교되는 물질과의 밀도의 비라는 점에서 다르다. 따라서 물질이 물에 뜨거나 가라앉는다는 것은 비중으로 판단하는 것이 좀 더 용이하다. 비중이 1보다 큰 물질은 물 아래로 가라앉고, 비중이 1보다 작은 물질은 물에 뜬다.

유체에서 자주 사용되고 있는 물리량은 질량, 밀도, 비중량, 비체적, 비중 등이 있으며, 단위 체적당의 유체의 질량을 밀도라 하고, 단위 체적당 중량을 비중량이라 하며, 밀도는 비체적의 역수로 표시할 수 있다. 비중량은 지역적인 중력 가속도의 수치에 따라 좌우되는 값이므로 유체 자체가 가지는 고유한 물성치는 아니다. 밀도는 질량 입자의 농도를 나타내는 척도이며 다음과 같다.

(1) 밀도(density) ρ

밀도는 단위 체적당 질량이므로

중력단위계에서는

$$\rho = \frac{\text{질량}}{\text{체적}} = \frac{\frac{\text{중량}}{\text{중력가속도}}}{\text{체적}} = \frac{W}{gV}\ \mathrm{kgf\ s^2/m^4}$$

이고, SI단위계에서는

$$\rho = \frac{\text{질량}}{\text{체적}} = \frac{m}{V}\ \mathrm{kg/m^3}$$

이다.

(2) 비중량(specific weight) γ

비중량은 단위 체적당 중량이므로
중력단위계에서는

$$\gamma = \frac{\text{중량}}{\text{체적}} = \frac{W}{V} \text{ kgf/m}^3$$

이고, SI단위계에서는

$$\gamma = \frac{W}{V} \text{ N/m}^3$$

이다.

(3) 비중(specific gravity)

물질의 비중 s는 그 물질과 같은 체적의 1기압, 4℃의 물의 무게(또는 질량)에 대한 그 물질의 무게(또는 질량)의 비로 정의한다.

즉,

$$s = \frac{\Delta m}{(\Delta m_w)_{st}} = \frac{\Delta W}{(\Delta W_w)_{st}}$$

이다. 여기서 Δm와 ΔW는 각각 비중을 구하고자 하는 물질의 질량과 무게를, $(\Delta m_w)_{st}$와 $(\Delta W_w)_{st}$는 같은 체적의 1기압(101.3 kPa) 4℃ 물의 질량과 무게이다.

실제 계산할 때에는 밀도와 비중량을 사용하여 다음 식으로 계산한다.

$$s = \frac{\rho}{(\rho_w)_{st}} = \frac{\gamma}{(\gamma_w)_{st}}$$

Chapter

03

에너지 법칙

3.1 열역학 0법칙과 온도

3.1.1 온도 및 열역학 제0법칙

(1) 열역학 제0법칙

어떤 두 개의 계에 대하여 온도가 같은 값을 갖는다면 이들 계들은 서로 접촉 시 평형상태로 된다. 이와 같이 온도가 다른 물질들이 열평형상태로 되고 제3의 물질과도 온도가 같아진다면 이 3개의 물질은 온도가 같고 열평형상태에 있다. 이와 같은 개념을 열역학 제0법칙(the zeroth law of thermodynamics)이라 한다.

(2) 온도(temperature)

온도란 냉온의 정도를 나타내는 것으로서 온도의 표시방법으로는 섭씨온도(℃), 화씨온도(°F) 및 절대온도가 있다. 이 온도를 측정할 수 있는 계기를 온도계라고 한다.

- 섭씨온도와 화씨온도의 관계

$$t_F = \frac{180}{100} t_F + 32 = \frac{9}{5} t_c + 32$$

- 절대온도 및 화씨 절대온도의 관계

$$T_K = t_c + 273.16[K] \simeq t_c + 273[K]$$
$$T_R = t_F + 459.69[R] \simeq t_F + 460[R]$$

3.2 열역학 1법칙

3.2.1 열량과 비열

온도가 서로 다른 두 물체를 접촉시키면 고온의 물체는 냉각되고 저온의 물체는 온도가 상승하다가 마침내 같은 온도로 된다. 이것은 열(熱, heat)이 고온 물체로부터 저온 물체로 이동한 결과이다. 일반적으로 질량 m kg의 물체에 열량 dQ가 가해진 경우 온도 변화를 dt℃라 하면, dt는 dQ에 비례하고 m에 반비례한다.

$$dQ = mCdt$$

여기서 비례상수 C는 물체의 재질에 따른 고유의 상수로서 이것을 비열(比熱, specific heat)이라 한다. 비열은 단위 질량의 물체 온도를 1℃ 상승시키는데 필요한 열량이다. 만일 비열 C가 온도에 무관계한 상수일 경우에는 위 식을 적분하여 물체의 온도를 t_1으로부터 t_2로 올리는 데 요하는 열량 Q_{12}는 다음 식으로 표시된다.

$$Q_{12} = mC(t_2 - t_1)$$

비열 C의 단위는 J/kgK 또는 J/kg℃로 표시된다. 일반적으로 비열은 온도와 압력에 따라서 변화한다.

열량의 단위는 다른 에너지와 같이 J를 사용하며 공학 단위에서는 kcal을 사용한다. 1 kcal은 1 kgf의 물의 온도를 14.5℃로부터 15.5℃로 상승시키는데 요하는 열량을 말하며, 이것을 15℃ 칼로리(15°calorie)라 한다.

표준 대기압하에서 질량 1 kg의 물의 온도를 0℃로부터 100℃까지 상승시키는 데 필요한 열량의 1/100을 1평균 칼로리(mean calorie)라 한다. 또한 물 1 lb의 온도를 1°F 상승시키는 데 필요한 열량을 Btu(영국 열단위, british thermal unit)라 한다. 1 lb는 0.4536 kg이므로

$$1\ \text{Btu} = 0.252\ \text{kcal}$$

가 된다. 비열이 온도와 함수 관계를 가지므로

$$Q_{12} = m\int_{t_1}^{t_2} C\ dt = mC_m(t_2 - t_1)$$

$$C_m = \frac{1}{t_2 - t_1}\int_{t_1}^{t_2} C\,dt$$

로 표시된다. 여기서 C_m은 온도 t_1에서 t_2까지 사이의 평균 비열(mean specific heat)이다. 비열 C을 평균 비열 C_m과 구별하기 위하여 비열 C을 진비열(眞比熱, true specific heat)이라 한다.

3.2.2 열역학 제1법칙의 표현

열역학 제1법칙은 시스템이 사이클 변화를 할 때 전 사이클에 걸친 열전달량의 합은 전 사이클에 걸친 일의 합에 비례한다는 법칙이다. 이러한 관계를 구술적으로 표시하면 다음과

같다.

① 열은 에너지의 한 형태로서 일을 열로 변환하는 것과 역으로 열을 일로 변환하는 것이 가능하다.
② 열을 일로 변환할 때 혹은 일을 열로 변환할 때 에너지의 총량은 변하지 않고 일정하다.
③ 에너지를 소비하지 않고 계속하여 일을 발생시키는 기계인 제1종 영구기관을 만드는 것은 불가능하다. 만약 이와 같은 기계가 존재하면 에너지 보존 법칙은 제1종 영구운동을 위반한 것이다.

열역학 제1법칙은 에너지 보존의 법칙을 나타내는 것으로 열과 일 사이에는 일정한 관계가 성립하며 다음과 같다.

$$Q = W(\text{SI단위})$$
$$Q = AW, \quad W = JQ(\text{공학단위})$$

여기서 비례상수 J를 열의 일당량(열의 단위를 일의 단위로 고치는 상수), A를 일의 열당량(일의 단위를 열의 단위로 고치는 상수)이라 하고 다음과 같다.

$$J = 427\ \mathrm{kgf\,m/kcal}(\text{공학단위}) = 1\ \mathrm{Nm/J}\,(\text{SI단위})$$
$$A = \frac{1}{427}\ \mathrm{kcal/kgf\,m}(\text{공학단위}) = 1\ \mathrm{J/Nm}\,(\text{SI단위})$$

3.2.3 내부 에너지와 엔탈피(Intenal energy and enthalpy)

내부 에너지는 물체가 갖는 운동 에너지와 위치 에너지와는 무관하게 물체의 온도나 압력에 의해 자신의 내부에 갖는 에너지를 말한다. 주어진 물체의 질량이 갖는 내부 에너지를 기호 $U(\mathrm{KJ})$로 표시하며 단위 질량당 내부 에너지는 $u(\mathrm{KJ/kg})$으로 나타낸다. 비체적(specific volume)과 유사하게 비내부 에너지(specific internal energy)라고 부르기도 한다.

일반적으로 온도는 내부 에너지에 비례하여 증가하지만 온도의 측정으로 내부 에너지의 양을 알 수 있는 것은 아니다. 이는 내부 에너지의 일종인 증발열이나 융해열과 같은 잠열은 온도에 비례하지 않는 성질을 가지기 때문이다.

열역학의 에너지 식으로부터 역학적 에너지(운동 에너지, 위치 에너지)는 무시하고 내부 에너지, 계의 열량 및 일량과의 관계를 표시하면 다음과 같다.

$$Q_{12} = (U_2 - U_1) + AW_{12}\ [\text{kcal, 공학단위}]$$

$$Q_{12} = (U_2 - U_1) + W_{12} \text{ [kJ, SI단위]}$$

내부 에너지를 갖는 유체가 유동하면 유체는 일의 에너지를 가진다. 이를 유동 에너지(pV)라 하고 내부 에너지와 유동 에너지의 합으로 정의되고 엔탈피라 한다.

$$H = U + ApV \text{ [kcal, 공학단위]}$$
$$H = U + pV \text{ [kJ, SI단위]}$$
$$H : \text{엔탈피}$$

단위는 J 또는 kcal로 표시하고 유체의 단위질량당 엔탈피를 비엔탈피(specific enthalpy) h(kJ/kg)라 하고 다음 식과 같다.

$$h = u + Apv \text{ [kcal, 공학단위]}$$
$$h = u + pv \text{ [kJ, SI단위]}$$

3.3 열역학 2법칙

3.3.1 열량과 비열

온도가 서로 다른 두 물체를 접촉시키면 고온의 물체는 냉각되고 저온의 물체는 온도가 상승하다가 마침내 같은 온도로 된다. 이것은 열(熱, heat)이 고온 물체로부터 저온 물체로 이동한 결과이다. 일반적으로 질량 mkg의 물체에 열량 dQ가 가해진 경우 온도 변화를 dt℃라 하면, dt는 dQ에 비례하고 m에 반비례한다.

$$dQ = mCdt$$

여기서 비례상수 C는 물체의 재질에 따른 고유의 상수로서 이것을 비열(比熱, specific heat)이라 한다. 비열은 단위 질량의 물체 온도를 1℃ 상승시키는 데 필요한 열량이다. 만일 비열 C가 온도에 무관계한 상수일 경우에는 위 식을 적분하여 물체의 온도를 t_1으로부터 t_2로 올리는 데 요하는 열량 Q_{12}는 다음 식으로 표시된다.

$$Q_{12} = mC(t_2 - t_1)$$

비열 C의 단위는 J/kgK 또는 J/kg℃로 표시된다. 일반적으로 비열은 온도와 압력에 따라서 변화한다.

열량의 단위는 다른 에너지와 같이 J를 사용하며 공학 단위에서는 kcal을 사용한다. 1 kcal은 1 kgf의 물의 온도를 14.5℃로부터 15.5℃로 상승시키는 데 요하는 열량을 말하며, 이것을 15℃ 칼로리(15°calorie)라 한다.

표준 대기압하에서 질량 1 kg의 물의 온도를 0℃로부터 100℃까지 상승시키는 데 필요한 열량의 1/100을 1평균 칼로리(mean calorie)라 한다. 또한 물 1 lb의 온도를 1°F 상승시키는 데 필요한 열량을 Btu(영국 열단위, british thermal unit)라 한다. 1 lb는 0.4536 kg이므로

$$1\ \mathrm{Btu} = 0.252\ \mathrm{kcal}$$

가 된다. 비열이 온도와 함수 관계를 가지므로

$$Q_{12} = m\int_{t_1}^{t_2} C \quad dt = m\,C_m\,(t_2 - t_1)$$

$$C_m = \frac{1}{t_2 - t_1}\int_{t_1}^{t_2} C\,dt$$

로 표시된다. 여기서 C_m은 온도 t_1에서 t_2까지 사이의 평균 비열(mean specific heat)이다. 비열 C을 평균 비열 C_m과 구별하기 위하여 비열 C을 진비열(眞比熱, true specific heat)이라 한다.

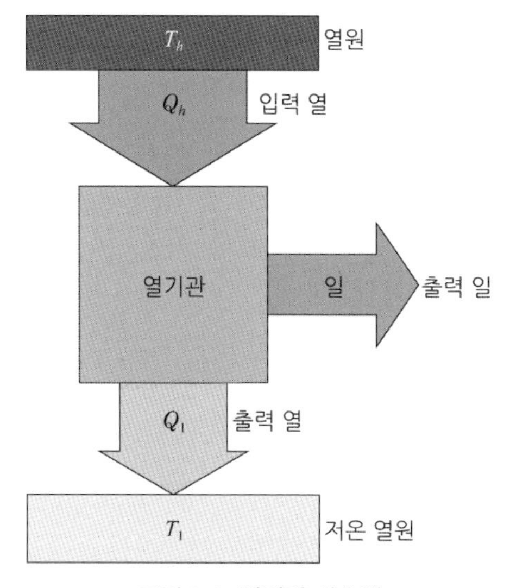

그림 3.1 **열기관 시스템**

3.4 에너지 보존법칙

3.4.1 연속 방정식

연속 방정식은 질량 보존법칙으로부터 얻어지는 유체유량의 기본 방정식이다. 질량 보존의 법칙은 물질이 새로이 생성되거나 소멸되지 않음을 나타내며, 질량 보존의 법칙을 검사체적에 적용하면 검사체적 내에서의 유체의 질량은 어떠한 시점에서도 항상 일정한 조건이 필요하며 이는 검사체적으로 유입되는 일정량의 질량이 검사체적으로 유출하는 질량과 같아야 함을 의미하는 것이다.

(1) 질량유량

자연계에서 존재하는 물질의 질량은 항상 일정하다는 것이 질량 보존의 법칙(conservation law of mass)이며, 이 질량 보존의 법칙을 유체의 유동에 적용하여 표현한 방정식이 연속 방정식(continuity equation)이다.

즉, $m_1 = m_2$이므로

$$\rho_1 A_1 v_1 dt = \rho_2 A_2 v_2 dt$$

이며, 양변을 dt로 나누면 다음과 같이 표시된다.

$$\rho_1 A_1 v_1 = \rho_2 A_2 v_2 \text{ 또는 } \rho A v = \dot{m}$$

어느 단면을 통과하는 단위시간당 질량은 항상 일정하다는 것을 의미하며, 여기서 $\dot{m}$ $(= \rho A v)$를 질량유량(mass flow-rate)이라 한다.

(2) 중량유량

중력가속도 g를 곱하면

$$\gamma_1 A_1 v_1 = \gamma_2 A_2 v_2 \text{ 또는 } \gamma A v = \dot{G}$$

로 표시된다. 여기서 $\dot{G}$ $(= \gamma A v)$를 중량유량(weight flowrate)이라 한다.

(3) 체적유량

비압축성 유동인 경우 $\rho_1 = \rho_2$이므로

$$A_1 v_1 = A_2 v_2 \text{ 또는 } Av = Q$$

로 표시된다. 여기서 $Q(=Av)$를 체적유량(volume flowrate)이라 한다.
1차원 정상유동의 연속 방정식이다.

3.4.2 레이놀즈 수송이론(Reynolds transport theorem)

$$\frac{d}{dt}(B_{system}) = \frac{d}{dt}\left(\int_{CV} \beta \rho dV\right) + \int_{CS} \beta \rho (u \cdot n) dA$$

여기서 B는 유체의 어떤 특정량(에너지, 운동량 등)이며, $\beta = dB/dm$이다.

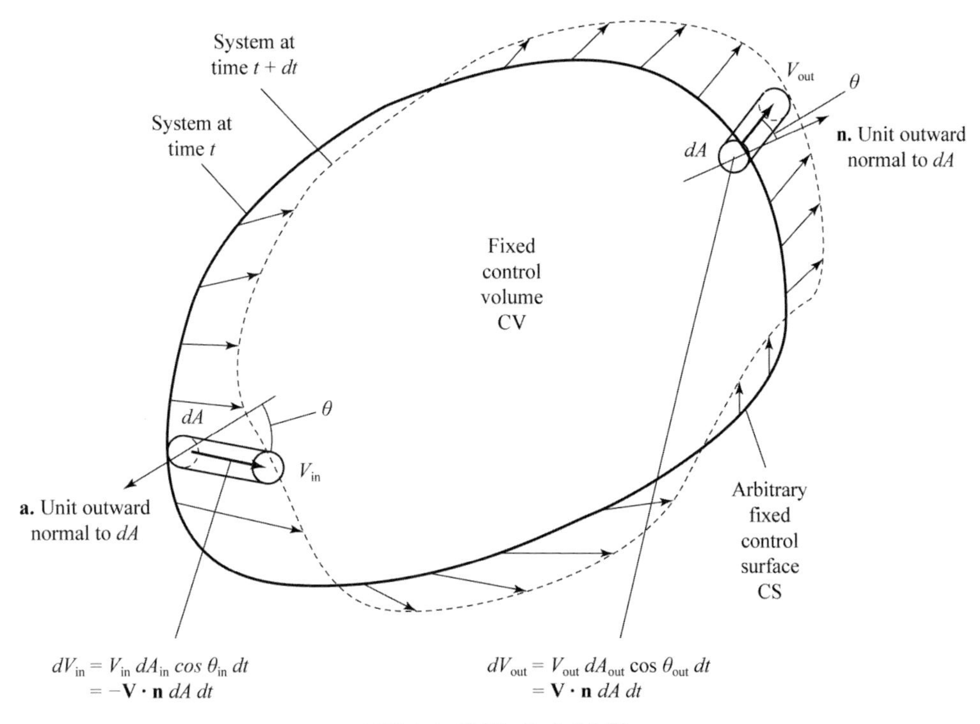

그림 3.2 **레이놀즈 수송이론**

3.4.3 베르누이 방정식(Bernoulli equation)

Newton의 제2법칙(유체역학에서는 선형운동량 보존 관계식)을 유선을 따라 운동하는 입자의 s방향에 적용하면, 미소유관에 대한 힘의 평형 방정식은 다음과 같다.

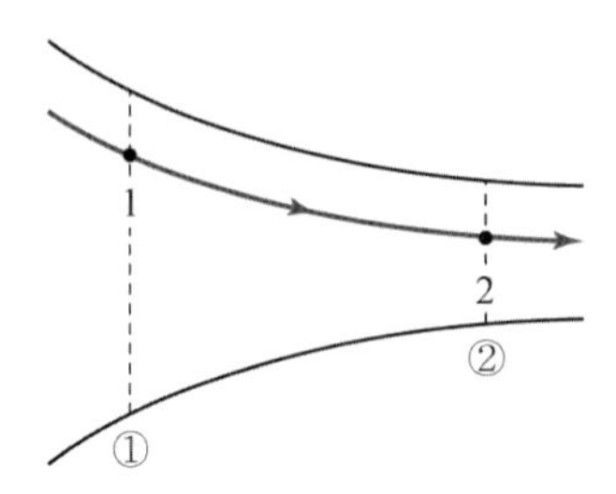

그림 3.3 **관 유동**

$$\sum F_s = dm \cdot a_s$$

미소유관에 작용하는 외력인 압력과 중력을 고려하면

$$\sum F_s = PcdtodA - (P + dP)dA - \gamma ds \cdot dA\left(\frac{dz}{ds}\right)$$
$$= -dP \cdot dA - \gamma dA \cdot dz$$

이 된다. 또한 유관의 질량과 가속도는 다음과 같다.

$$dm = \rho dA \cdot ds = \frac{\gamma}{g} dA \cdot ds$$
$$a_s = \frac{dv}{dt} = \frac{dv}{ds} \cdot \frac{ds}{dt} = v \cdot \frac{dv}{ds}$$

식을 정리하면

$$-dP \cdot dA - \gamma dA \cdot dz = \left(\frac{\gamma}{g} dA \cdot ds\right) \cdot v \frac{dv}{ds}$$
$$\therefore \frac{dP}{\gamma} + d\left(\frac{v^2}{2g}\right) + dz = 0$$

만약 밀도가 일정하면($\rho = \text{const.}$)

$$d\left(\frac{P}{\gamma} + \frac{v^2}{2g} + dz\right) = 0$$

이것이 뉴턴의 제2운동법칙을 적용한 Euler 방정식이다.
베르누이 방정식은 Euler의 운동 방정식을 적분하여 얻어진다.

$$\int \frac{dP}{\gamma} + \int \frac{v}{g} dv + \int dz = \text{const.}$$

비중량과 중력가속도는 상수이며 밀도가 일정하다면,

$$\frac{P}{\gamma}+\frac{v^2}{2g}+z=H\,[\mathrm{m}]$$

이 된다. 이는 단위 중량당 유체가 가지는 에너지의 총합으로 베르누이 방정식이라고 한다.
동일 유선상의 임의의 두 점에 대해 다음과 같이 표시된다.

$$\frac{p_1}{\gamma}+\frac{v_1^2}{2g}+z_1=\frac{p_2}{\gamma}+\frac{v_2^2}{2g}+z_2$$

$$\therefore\ p+\rho\frac{V^2}{2}+\gamma z=p_t$$

3.5 에너지 방정식

실제 베르누이 방정식을 적절하게 적용시키는 방법은 임의의 두 점이 같은 유선상에 있고, 정상류, 비마찰, 비압축성으로 가정하여 베르누이 방정식을 적용한다. 이상유체가 아닌 실제 유체의 흐름에서는 손실수두(H_L)를 고려한 베르누이 방정식(실제유체)을 적용한다. 다음은 수정 베르누이 방정식을 나타낸다.

$$\frac{p_1}{\gamma}+\frac{V_1^2}{2g}+z_1=\frac{p_2}{\gamma}+\frac{V_2^2}{2g}+z_2+H_L$$

펌프가 설치된 경우는 아래와 같이 펌프에너지항을 고려한다.

$$\frac{p_1}{\gamma}+\frac{V_1^2}{2g}+z_1+E_p=\frac{p_2}{\gamma}+\frac{V_2^2}{2g}+z_2+H_L$$

터빈이 설치된 경우, 즉 유체 에너지를 공급받는 경우는 아래와 같이 터빈 에너지를 고려한다.

$$\frac{p_1}{\gamma}+\frac{V_1^2}{2g}+z_1=\frac{p_2}{\gamma}+\frac{V_2^2}{2g}+z_2+E_T+H_L$$

3.6 운동량 방정식

3.6.1 운동량 방정식(Momentum Equation)

운동하는 물체에 작용하는 힘 F는 물체의 질량을 m, 가속도를 a라 하면 Newton의 제2법칙으로부터

$$F = ma = m\frac{dv}{dt}$$

로 표시된다.

질량은 시간에 관계없이 일정하므로(질량 보존의 법칙) 다음과 같이 표시할 수 있다.

$$F = \frac{d}{dt}(mv)$$

질량과 속도의 곱 mv를 운동량(momentum)이라 하며, 물체에 작용하는 힘은 그 물체의 단위 시간당 운동량의 변화량과 같다는 것을 의미하며, 이것을 운동량 정리(momentum theorem)라 한다.

유동하는 유체의 미소시간 dt동안의 운동량 변화량 $d(mv)$는

$$d(mv) = m_2 v_2 - m_1 v_1 = (\rho_2 A_2 v_2 dt)v_2 - (\rho_1 A_1 v_1 dt)v_1$$

이며, 유체에 작용하는 힘 F는 다음 식으로 구할 수 있다.

$$F = \rho_2 A_2 {v_2}^2 - \rho_1 A_1 {v_1}^2$$

연속 방정식으로부터 $\rho_1 A_1 v_1 = \rho_2 A_2 v_2 = \rho Q$로 표시하면

$$F = \rho Q(v_2 - v_1)$$

로 표시할 수 있다.

(1) 질량 보존의 법칙

$$\frac{d}{dt}\int_{CV} \rho dV + \int_{CS} \rho(u \cdot n)dA = 0$$

(2) 운동량 보존 법칙

$$\Sigma F = \frac{d}{dt}\int_{CV} \rho u dV + \int_{CS} \rho u(u \cdot n) dA$$

뉴턴의 제2운동 법칙을 적용하여 운동량의 시간에 대한 변화율을 외력의 합과 같게 하여 이를 수식으로 표시하면 아래와 같으며 이때 질량과 속도의 곱은 운동량이다.

$$\frac{d}{dt}(m\vec{v}) = \sum F$$

속도 V_1과 V_2의 크기가 같더라도 방향이 다르면 외력이 작용하고 위 식을 x, y, z방향의 속도 성분으로 표시하면 다음과 같다.

$$\sum F_x = \rho Q(V_{x2} - V_{x1})$$
$$\sum F_y = \rho Q(V_{y2} - V_{y1})$$
$$\sum F_z = \rho Q(V_{z2} - V_{z1})$$

3.7 열에너지 시스템

(1) 열기관 시스템

- 열기관 : 고온열원으로부터 열을 공급받아서 일부를 일로 변환하고 나머지를 저온부로 방출하는 장치
- 냉동기 : 외부에서 에너지(일)를 주어서 열을 저온부로부터 고온부로 이동시키는 기계
- 일 : $W = Q_h - Q_c$

$$W_t = -\int_1^2 VdP$$

- 열기관 효율 : $\eta = \frac{W}{Q_h} = 1 - \frac{Q_c}{Q_h}$
- 냉동기의 성적계수(COP) : $\epsilon_r = \frac{Q_c}{W} = \frac{Q_c}{Q_h - Q_c}$

- 열펌프의 성적계수(COP) : $\epsilon_h = \dfrac{Q_h}{W} = \dfrac{Q_h}{Q_h - Q_c}$

(2) 카르노(Carnot) 사이클 및 역사이클

- 주어진 고온부와 저온부에서 최대효율을 가지는 열기관 사이클
- 2개의 등온변화(흡열, 방열), 2개의 단열변화(압축, 팽창)
- 효율 : $\eta_c = \dfrac{W}{Q_h} = \dfrac{Q_h - Q_c}{Q_h} = 1 - \dfrac{T_c}{T_h}$
- 역카르노사이클의 성적계수

$$\epsilon_c = \frac{Q_h}{W} = \frac{Q_c}{Q_h - Q_c} = \frac{T_c}{T_h - T_c}$$

(3) 완전가스의 상태변화

$$Pv = RT$$

$$Pv^n = C \qquad Tv^{(n-1)} = C \qquad \frac{T}{P^{\frac{(n-1)}{n}}} = C$$

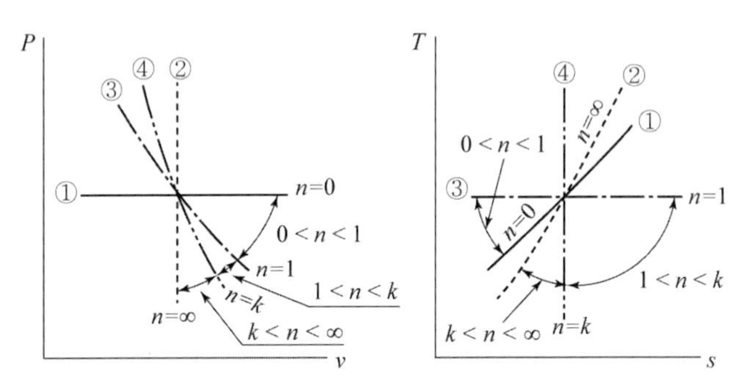

그림 3.4 **완전가스의 상태변화**

(4) 열전달 개요

① 열전도 : 물체의 격자의 진동, 분자운동 및 자유전자의 흐름으로 인한 에너지의 흐름으로 열을 전달하는 것이다.

$$Q = -kA\frac{dT}{dx} \qquad \text{(Fourier 법칙)}$$

② 대류 : 유체와 인접한 고체면에 온도차가 있을 때 유체의 유동에 의해서 열을 전달하는 것이다.

$$Q = hA(T_w - T_f)$$

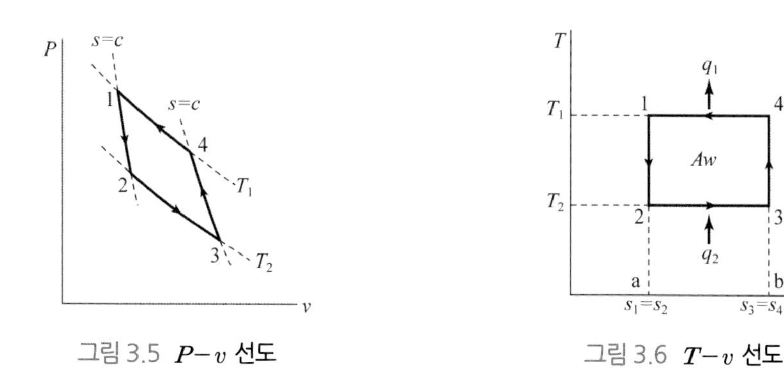

그림 3.5 ***P*−*v* 선도**

그림 3.6 ***T*−*v* 선도**

③ 복사 : 물체가 가지는 표면온도로 인하여 외부로 방출되는 전자기파 형태로 에너지 전달하는 것, 전달매체 불필요하다.

- 흑체(black body) : 복사에 관한 이상적인 물체로서 동일한 온도에서 최대의 복사에너지 방출 또는 흡수한다.
- 흑체의 복사능(전 파장에 걸쳐 단위시간당 단위표면적당 방출하는 복사에너지)

$$E_b = \sigma T^4 \quad \text{(스테판-볼츠만의 법칙)}$$

$$\sigma = 5.67 \times 10^{-8}\, W/m^2 \cdot K^4$$

④ 동결과 융해

$$S = \sqrt{\frac{2kT_f t}{\rho \Delta H}}$$

k : 얼음의 열전도율, T_f : 얼음표면의 온도 t : 경과시간

ρ : 얼음의 밀도, ΔH : 응고잠열

⑤ 응축열전달

- 응축 : 증기가 포화온도보다 낮은 온도인 냉각면상에서 액화하는 현상이다.

- 막응축 : 응축액이 막의 상태로 냉각면을 따라 강하하는 현상이다.
- 액적응축 : 냉각면에 액적의 형태로 응축하고 점차 커지며 이웃한 액적과 합쳐져서 중력의 영향으로 하강하는 현상이다.
- 액적응축이 평균열전달량이 막응축에 비해 크므로 표면처리 등으로 액적응축을 장기간 유지하기 위한 시도한다.

⑥ 비등열전달

- 자연대류 : 고체 표면에서 액체가 가열되지만 포화온도 이하이므로 비등은 일어나지 않고 유체는 밀도차에 의해 자연대류로 순환한다.
- 포화비등 : 액체가 포화온도 이상이 되면 표면에서 연속적으로 기포가 발생하여 유체를 심하게 교란시키며 액면위로 상승한다.

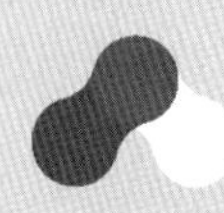

Chapter

04

태양 에너지

4.1 태양열 에너지

4.1.1 태양열 에너지 개요

우리가 살고 있는 지구는 태양으로부터 매시간 전 인류가 1년 동안 소비하는 총에너지의 두 배 만큼 막대한 양의 에너지를 받아들이고 있다. 태양 에너지를 직접 실생활 또는 산업체 동력원으로 사용하기에는 에너지 밀도가 너무 낮고 기상조건에 민감한 문제들이 있긴 하지만, 공해가 전혀 발생하지 않고 영속적이며 우리나라와 같이 에너지 부존자원이 빈약한 나라에서도 유일하게 이용할 수 있는 미래의 유력한 에너지이다. 최근 태양 에너지 관련 기술은 급속도로 발전하여 몇몇 분야에서는 이미 실용화가 이루어졌으며 태양광을 이용한 태양전지발전, 태양열을 이용한 발전 혹은 냉난방기술 등 그 분야가 매우 다양하다. 태양 에너지 이용의 대표적인 태양광발전은 태양의 복사 에너지를 전기 에너지로 변환시키는 기술로 일반적으로 전력시스템을 쉽게 설치할 수 있는 특성을 가지고 있다. 또한 기존 시설의 교체나 증설이 쉬워 이에 많은 시간이 소요되는 화력발전이나 원자력발전과 크게 대조를 이룬다. 발전용으로 사용하는 태양전기는 아직까지 결정질규소를 소재로 한 것이 주류를 이루고 있으나, 비결정질규소를 비롯한 화합물 반도체 소재의 태양전지도 점차 활용영역이 넓어지고 있다.

태양열 에너지란 태양으로부터 지구 표면으로 오는 복사 에너지를 흡수하여 열에너지로 변화시켜 생산하는 에너지이다. 태양이 열을 방사하는 한 무한한 에너지원이라는 점이다. 온실가스 배출 없는 무공해 에너지이며 직접적인 에너지 비용이 들지 않고 다양한 적용 및 이용이 가능하다는 점이다. 태양열 에너지는 지표면에 도달되는 태양복사 에너지로, 이 에너지는 저밀도의 에너지로 주간에만 존재하고 있습니다. 태양열 에너지는 바로 이용하거나 저장하여 필요할 때 이용하는 방법, 복사광선을 고밀도로 집광해서 열발전장치를 통해 전기를 발생하는 방법 등이 있다. 대부분의 경우 태양 에너지를 열에너지로 직접 변환해서 사용하고 있다.

지구가 태양으로부터 받을 수 있는 에너지를 태양 에너지라고 부른다. 태양은 태초부터 지구에 거의 모든 에너지 자원을 직접적으로 혹은 간접적으로 제공해 왔다.

식물을 재배하기 위하여 조절된 기후를 제공하도록 고안된 온실은 기본적으로 유리로 만들어진다. 온실보다 더 간단한 것은 없지만 온실은 태양의 방사 에너지를 열의 모양으로 전달하고 간직하는 가장 효과적인 방법이다. 이것은 보통의 유리가 볼 수 없는 열선의 파동인 더 긴 파장의 통과를 막는 반면에, 동시에 햇빛의 볼 수 있는 부분인 더 짧은 파장을 통과할 수 있기 때문에 가능하다.

태양의 복수 에너지는 전 우주의 곳곳에서 얻을 수 있지만, 그것은 커다란 집열 장소를 요구하는 분산된 형태의 에너지이다. 낮은 집중률을 가진 태양 에너지를 효과적으로 모으려면 밤이나 흐린 날에 사용할 수 있는 열에너지를 저장하는 장치가 조립되어야 한다.

4.1.2 태양열 시스템 구성

(1) 태양열 시스템 구성

태양열 이용기술은 태양광선의 파동성질을 이용하는 태양 에너지 광열학적 이용분야로 태양열의 흡수 · 저장 · 열변환 등을 통하여 건물의 냉난방 및 급탕 등에 활용하는 기술이며, 태양열 이용기술의 핵심은 태양열 집열기술, 축열기술, 시스템 제어 기술, 시스템 설계기술 등이 있으며, 시스템 구성은 아래와 같다.

① 집열부 : 태양으로부터 오는 에너지를 모아서 열로 변환하는 장치
② 축열부 : 집열시점과 집열량 이용시점이 달라 필요한 집열열량을 저장하는 장치
③ 이용부 : 태양열 축열부에 저장된 열량을 효과적으로 공급하고 부족할 경우 보조열원(보일러 등) 사용
④ 제어부 : 태양열을 효과적으로 집열 및 축열하여 필요한 장소에 효과적으로 공급하는 일련의 과정을 제어 및 감시하는 장치
⑤ 모니터링 시스템 : 태양열로 생산된 열량의 데이터화와 시스템 가동상태를 감시(온도, 유량 센서, 제어반, 컴퓨터, 모니터링 프로그램으로 구성)

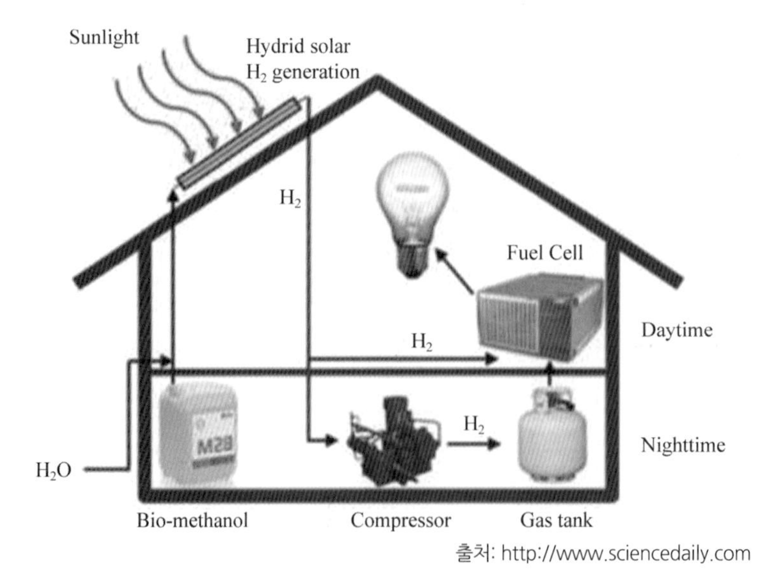

출처: http://www.sciencedaily.com

그림 4.1 **태양열 시스템 개발(하이브리드)**

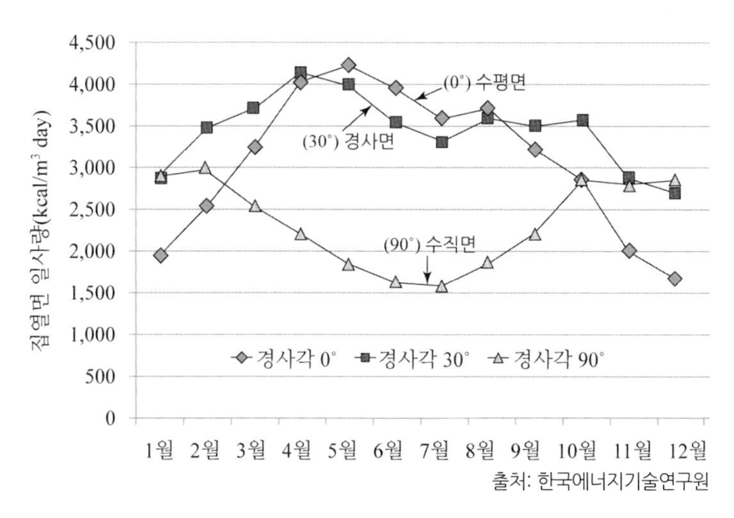

그림 4.2 **경사각 월별집열판 일사량 변화**

(2) 태양열 에너지 활용도에 관한 분류

태양열을 에너지 활용에 따라 분류하면 저열형, 중온형, 고온형으로 분류된다.

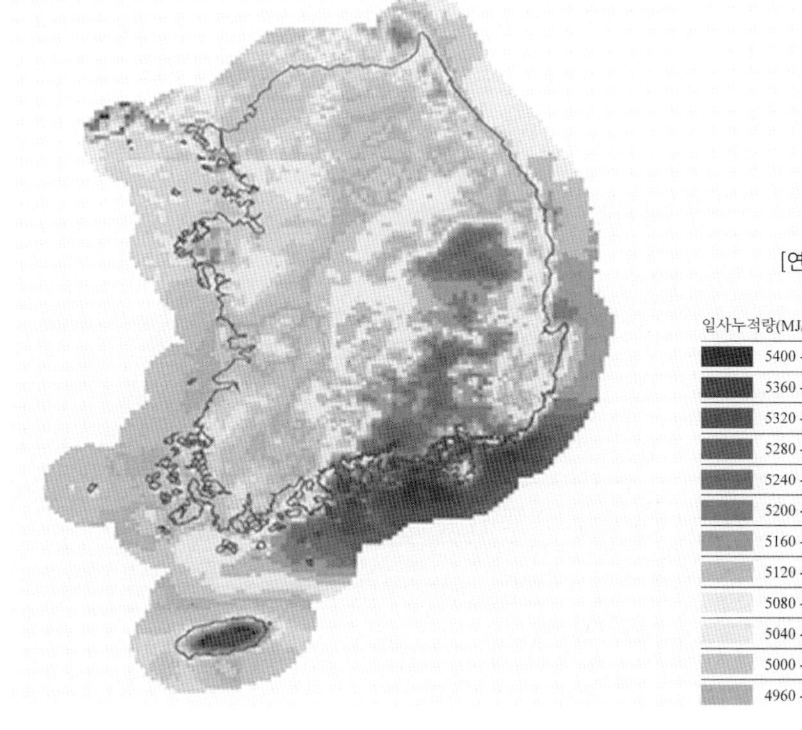

그림 4.3 **일사량 관측자료**

① 저열형
- 활용온도가 100℃ 이하일 때
- 건물의 난방과 급탕, 농산물 건조 등에 국한되어 사용이 가능

② 중온형
- 활용온도가 300℃ 이하일 때
- 건물 및 농수산분야 냉 · 난방, 담수화 산업공정열, 열발전에 사용

③ 고온형
- 활용온도가 300℃ 이상일 때
- 높은 온도로 인해 산업적인 열에너지 응용성이 매우 증가

4.1.3 태양열 온수난방 시스템

청정 에너지원인 태양열을 집열하여 온수를 생산하는 시스템으로 무공해 대체 에너지인 태양열을 이용하므로 환경오염의 우려가 없고 무상의 태양 에너지를 이용하므로 연료비가 들지 않는 차세대 온수시스템으로 태양열 온수난방 시스템은 다음과 같다.

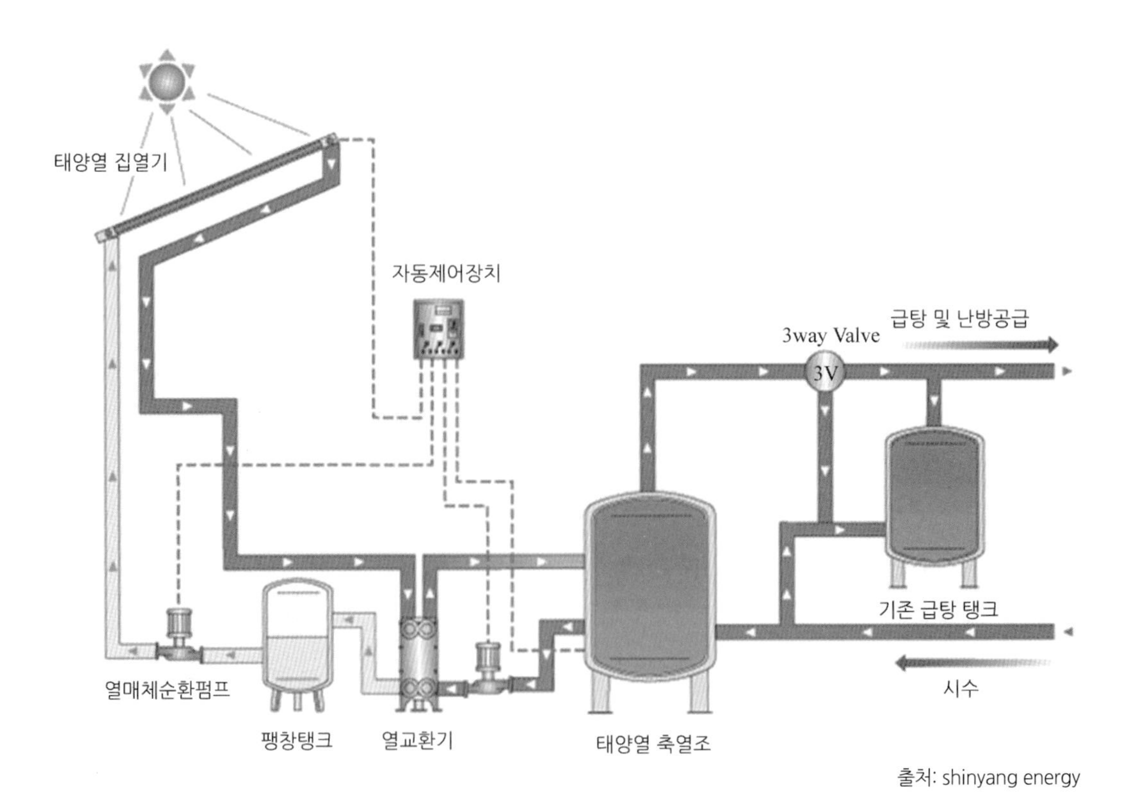

그림 4.4 **태양열 온수시스템**

(1) 진공관

태양열온수기의 중요한 집열부로 태양빛을 받아 열에너지로 빠르게 전환시켜 주는 역할

(2) 보충수탱크

태양열에 의해 생성된 고온의 온수는 팽창하는 성질이 있어 탱크의 압력을 조절해 주는 역할

(3) 온수통

집열부인 진공관에 의해 데워진 물이나 열에너지가 모아져 온수가 보관되는 온수통

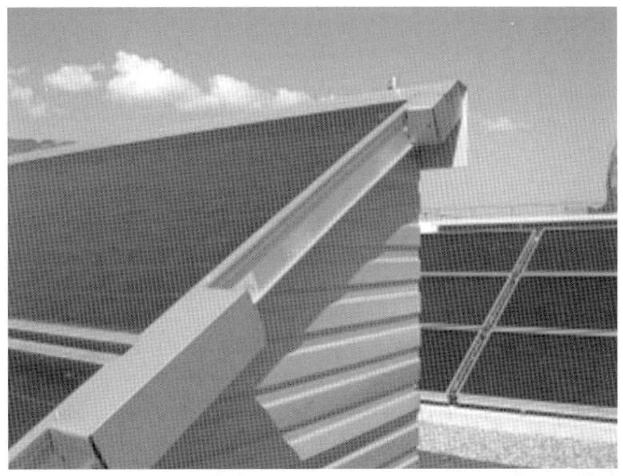

출처: Energies Economies systemes(2ES 프랑스)

그림 4.5 **태양열 집열기 설치**

4.1.4 태양열발전 시스템 구조

태양열발전은 태양의 빛을 모아서 높은 온도(섭씨 300도 이상)를 만들고, 이를 기계적인 일에 사용함으로써 전력을 생산하는 발전 방식이다. 화력발전이나 원자력발전과 같은 발전기를 사용하지만 연료가 태양에서 오는 빛이기 때문에 이를 고온의 에너지화하는 장치가 필요하다. 아무리 뜨거운 한여름의 태양열이라도 바로 300도가 되는 것은 아니다. 열을 모아야(집광) 하는데 이 때문에 태양열발전은 빛을 모으는 집광부와 전력을 생산하는 발전부로 크게 분류된다. 빛을 모으는 방식과 형태에 따라 PTC(Parabolic Trough Concentrator, 구유형), CRS(Central Receiver System, 타워형), Dish(접시형), LFR(Linear Fresnel Reflector, 프레넬형)로 분류한다. 이런 이유로 태양열발전의 영어 명칭이 'CSP(Concentrated Solar Power)',

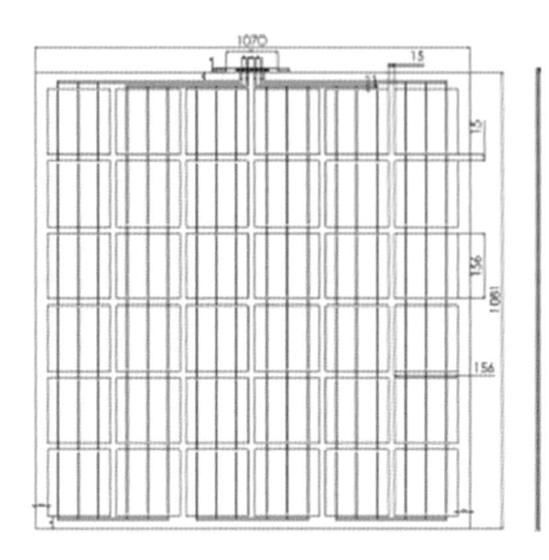

출처: Energies Economies systemes(2ES 프랑스)
웹사이트: www.2es.fr

그림 4.6 **집열판 설계 및 집광부**

즉 집광형 태양발전이라고 한다. 태양열발전 방식은 거울 같은 반사판을 이용해 햇빛을 모아 높은 열을 내도록 하고, 이 열에너지로 물이나 기름을 데운다. 이때 발생하는 증기의 압력으로 발전기의 터빈을 돌리는 것이다. 단 Dish형의 경우는 열에너지를 모아 바로 엔진을 구동하는 방식으로 발전을 한다.

4.1.5 발전시스템

종래 화력발전소의 주류인 보일러/증기터빈 시스템에서는 효율을 개선하기 위해 작동유체인 증기온도를 고온으로 만들려는 노력이 있었지만, 보일러전열관의 사용온도 한계가 제한되어 있어 열효율은 40% 정도가 상한이다. 효율을 더 향상시키기 위해서는 작동유체의 온도가 고온이어도 작동이 가능한 가스터빈으로 기계적 출력을 내고 그 배열로 종래의 증기터빈을 구동하는 방법으로 전기를 생산한다. 공통점은 태양을 통해서 전기를 생산해 낸다는 것이다. 차이점은 태양광발전은 태양의 빛을 전기로 바로 변환시키는 발전을 말하고, 태양열 에너지는 열기관을 사용하여 터빈에 열을 집약시켜 그 에너지로 전기를 만들어내는 것을 말한다. 태양열은 태양으로부터 오는 복사광선을 흡수해서 열에너지로 변환하여 이용하는 방법과 복사광선을 고밀도로 집광해서 열 발전 장치를 통해 전기를 발생하는 방법이 있으며, 건물의 냉난방 및 급탕, 산업 공정열, 열발전 등에 활용된다.

4.1.6 태양열 에너지 특징

태양 에너지 이용분야 중 태양광선의 파동성질을 이용하는 광열학적 분야인 태양열의 직접 이용 분야는 집열온도, 즉 활용온도에 따라 저온(100℃ 이하), 중온(100~300℃), 고온(300℃ 이상) 활용분야로 세분한다. 태양열 에너지는 에너지 밀도가 낮고, 계절별, 시간별 변화가 심한 에너지이기 때문에 태양열의 집열과 축열기술이 가장 기본이 되는 기술이다. 태양열 에너지의 이용분야는 건물의 냉난방 온수급탕 분야부터 농수산업, 산업분야와 발전까지 다양한 활용온도와 더불어 우리 생활과 아주 밀접한 분야이다. 저온 이용분야는 실용화 연구가 경제성에 따라 진행 중이고, 중고온 이용분야는 첨단 핵심기술의 개발이 각국에서 활발히 진행 중이다. 최근에는 태양광선의 입자적 성질을 동시에 이용하는 조명분야 등 광혼합이용 첨단 연구가 진행되고 있다. 태양열 에너지의 특징은 아래와 같다.

(1) 장점

① 무한한 에너지원이라는 점이다.
② 온실가스 배출 없는 무공해 에너지이다.
③ 화석 에너지에 비해 지역적 편중이 적다.
④ 다양한 용도로 활용이 가능하다.

출처: Energies Economies systemes(2ES 프랑스)
웹사이트: www.2es.fr

그림 4.7 태양열 하우스 집열판 지붕

(2) 단점

① 초기 설치비용이 크다.
② 비용대비 에너지 효율이 떨어진다.
③ 발전량이 일정하지 않다.

4.2 태양광 에너지

4.2.1 태양광 에너지

태양열 에너지는 태양의 빛에너지를 광전효과를 이용하여 전기 에너지로 바꿔주는 태양전지를 이용한 에너지를 말한다. 광전효과란 물질에 일정한 진동수 이상의 파장인 짧은 전자기파를 쪼이면, 에너지를 흡수하여 그 물질에서 전자가 방출되는 현상이며 이에 방출되는 전자를 '광전자'라고 한다. 태양광발전은 발전기의 도움 없이 태양전지를 이용하여 태양빛을 직접 전기 에너지로 변환시키는 발전 방식이다. 태양광발전은 태양전지와 축전지, 전력변환장치로 구성되어 있다. 태양빛이 P형 반도체와 N형 반도체를 접합시킨 태양전지에 쪼여지면 태양빛이 가지고 있는 에너지에 의해 태양전지에 정공(hole)과 전자(electron)가 발생한다. 이때 정공은 P형 반도체 쪽으로, 전자는 N형 반도체 쪽으로 모이게 되어 전위차가 발생하면 전류가 흐르게 되는 것이다.

태양광발전은 무한정, 무공해의 태양 에너지를 직접 전기 에너지로 변환시키는 기술이다. 기본 원리는 반도체 pn 접합으로 구성된 태양전지에 태양광이 조사되면 광에너지에 의한 전자-양공쌍이 생겨나고, 전자와 양공이 이동하여 n층과 p층을 가로질러 전류가 흐르게 되는 광기전력효과에 의해 기전력이 발생하여 외부에 접속된 부하에 전류가 흐르게 된다. 이러한

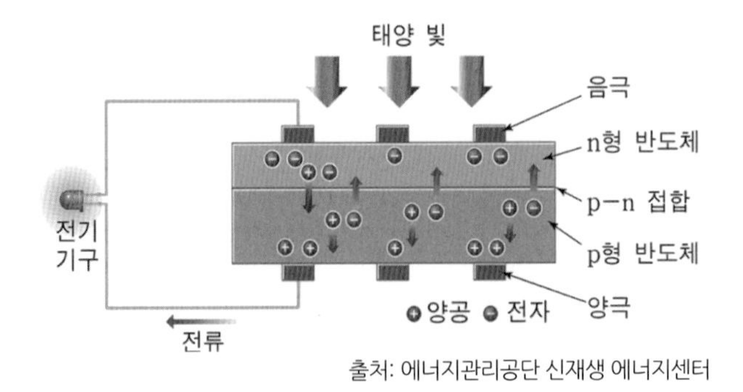

그림 4.8 **태양광 시스템 구성**

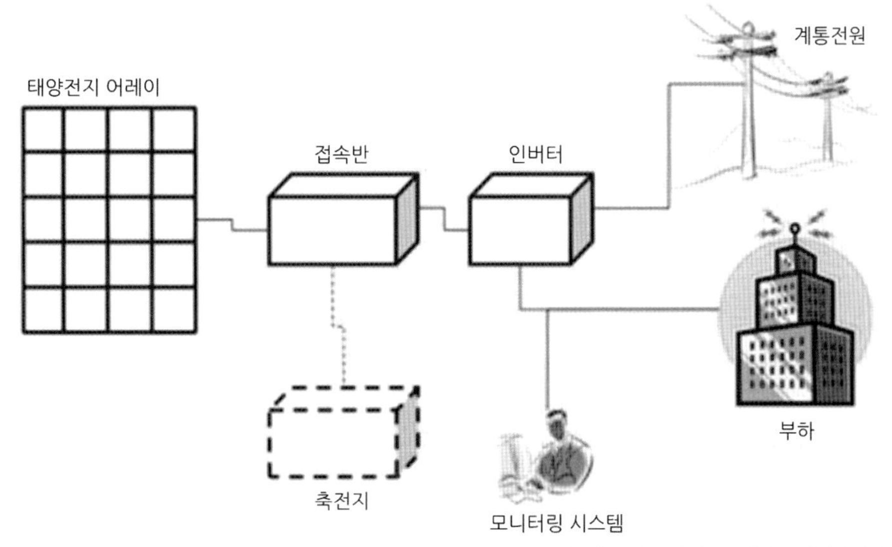

그림 4.9 **태양광발전 취득 시스템**

태양전지는 필요한 단위 용량으로 직·병렬 연결하여 기후에 견디고 단단한 재료와 구조의 만들어진 태양전지 모듈로 제품화되어 태양광발전 취득 시스템이 구성된다.

4.2.2 태양광발전의 원리

태양광발전은 반도체로 만들어진 태양전지에 빛에너지가 투입되면 전자의 이동이 일어나서 전류가 흐르고 전기가 발생하는 원리를 이용하여 태양광발전 시설은 태양전지와 축전지와 전력변환장치로 구성되어 있다. 태양빛이 P형 반도체와 N형 반도체를 접합시킨 태양전지에 쬐면 태양빛이 가지고 있는 에너지에 의하여 정공(hole)과 전자(electron)가 발생한다. 이때 정공은 P형 반도체 쪽으로 모이고 전자는 N형 반도체 쪽으로 모이게 되어 전위차가 생기면서 전류가 흐르게 되는 것이다.

4.2.3 태양광 시스템 분류

① 독립형 시스템

태양광으로 생산한 전기를 그 장소에서 사용하는 방법으로 주로 전기를 공급받기 어려운 외딴 곳에서 이용하며, 전력을 축전지에 저장해두고 필요할 때 사용하는 시스템이다.

② 연계형 시스템

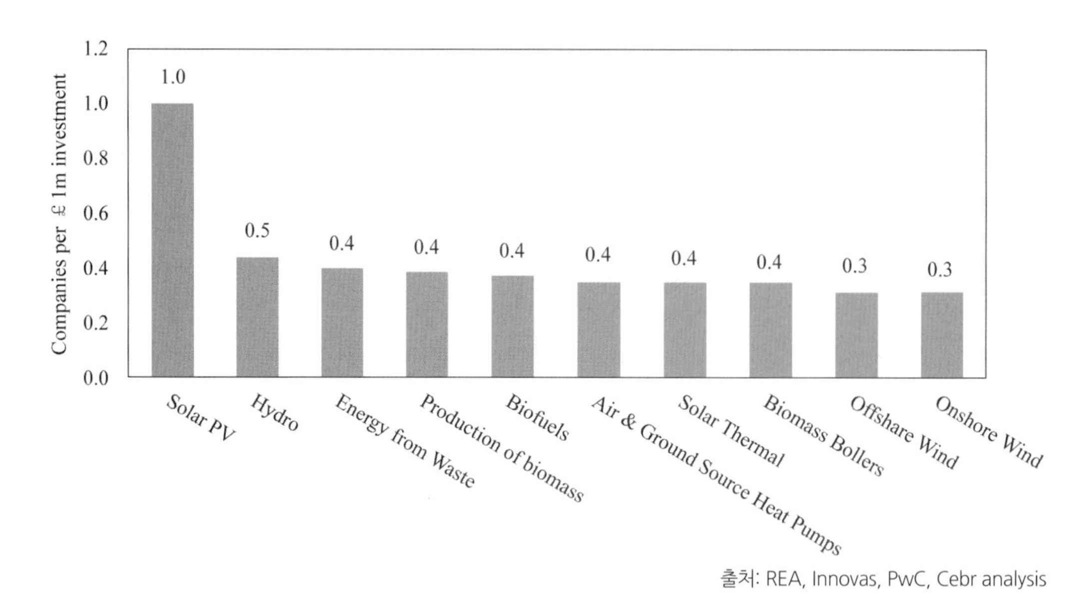

출처: REA, Innovas, PwC, Cebr analysis

그림 4.10 **영국 유럽 태양광 시장 규모 1위로 급부상**

태양광으로 생산한 전력을 한전 계통에 연계하여 사용하는 방법으로 생산한 전력을 한전 계통에 송전하거나 사용한다. 축전지가 필요 없지만 연계하는 비용이 발생하고 주변 태양광 발전 시스템은 대개 연계형 시스템이다.

자료 : New Energy finance

그림 4.11 **도로 태양광 시스템 구성**

4.2.4 태양광 최근 동향

태양광 모듈 가격은 2014년 3월 기준 단결정 실리콘 모듈 $ 0.87/W, 다결정 실리콘 모듈은 $ 0.74/W이고, 2013년 3월 모듈 가격 하락세가 멈추고 $ 0.8/W대에서 안정적인 움직임을 보이고 있으며 2014년 수요 증가에 따른 가격 상승 요인과 기술개발 및 업체 간 가격 경쟁으로 등의 가격 하락 요인이 균형을 이루어 추가 상승이나 하락이 제한적일 전망이다. 중국 모듈 업체들 간 공장가동률 격차가 2013년 12월 이후 커지고 있으며 중국 대형 모듈 업체들의 2013년 12월 기준 공장가동률은 118%로 전달 대비 증가하고 있으나, 소형 업체들의 경우 100%로 전달 대비 감소추세이다.

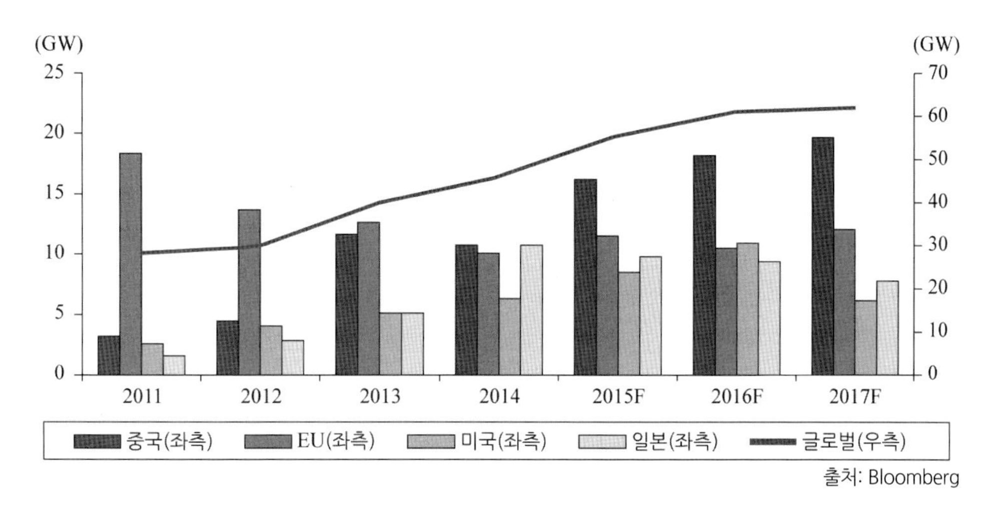

출처: Bloomberg

그림 4.12 **글로벌 태양광 신규설치 추이**

중국 상위 대형 업체로의 주문은 지속적으로 늘어나고 있으나, 경쟁력이 떨어지는 하위 업체들의 경우 물량이 감소하고 있는 상황이다.

표 4.1 **태양광발전 취득 시스템**

구성	설명
태양전지어레이	- 태양 에너지가 입사되어 전류를 생성
접속반	- 모듈에서 발생된 직류(DC) 전력을 모아 인버터로 전달
인버터(inverter)	- 태양전지에서 생산된 직류전기(DC)를 교류전기(AC)로 바꾸는 장치
축전지(battery)	- 낮에 생산된 전기를 밤에 사용할 수 있도록 전기를 저장하는 장치
모니터링 시스템	- 시스템의 상태를 파악하고 고장 및 이상을 진단

출처: 에너지관리공단 신재생 에너지센터

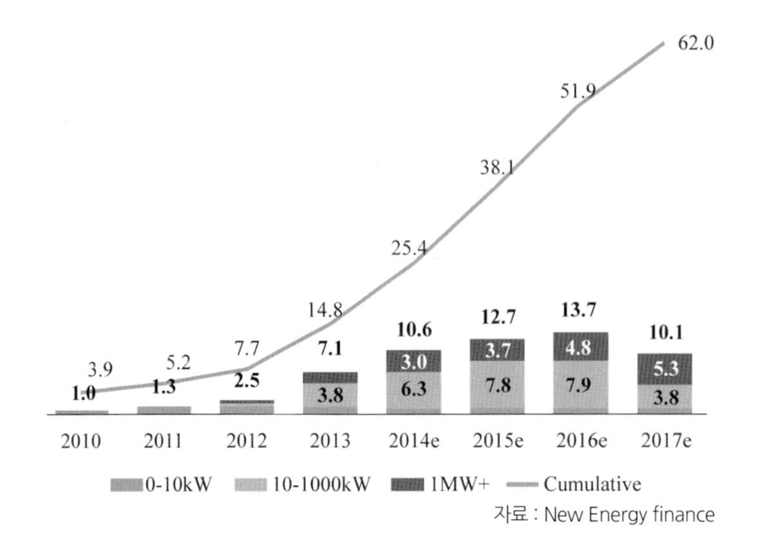

자료 : New Energy finance

그림 4.13 **일본 태양광 시장현황**

2013년 주요 태양광 기업들의 실적은 2012년 대비 개선되었으며, 올해 실적개선 속도는 더욱더 빨라질 전망이며 2013년 Yingli사는 모듈생산량이 3.3 GW으로 3 GW 이상 생산하는 첫 번째 기업이 되었다. 선도기업들의 모듈생산량은 2012년 대비 크게 증가하고 있으며, 넓은 내수시장을 가지고 있는 기업들의 생산량이 큰 폭으로 증가하였다. 후쿠시마 원전 사태 이후 일본 태양광 설치량이 큰 폭으로 증가함에 따라 상위 10위 기업 중 일본 기업들의 약진이 두드러졌고, 선적량 증가에 따라 2012년 대비 주요 태양광 기업들의 매출액은 증가세를 보이고 있으며, 영업이익도 흑자 반전하는 기업들이 늘어나고 있다. 2014년 태양광 기업들의 실적은 양호할 전망이나, 수혜는 원가경쟁력을 가진 상위 기업에게 집중될 전망이다 태양광

출처: Energies Economies systemes(2ES 프랑스)
웹사이트: www.2es.fr

그림 4.14 **태양광 패널전기 케이블용 라우딩 클럽**

출처: 어레이몬드 에너지(ARAYMOND ENERGIES 프랑스)
웹사이트: www.araymond-energies.com

그림 4.15 **태양광 시공**

산업은 여전히 구조조정 중이며, 올해에도 중국 기업들을 중심으로 상당수 기업들이 시장에서 퇴출될 것으로 예상된다.

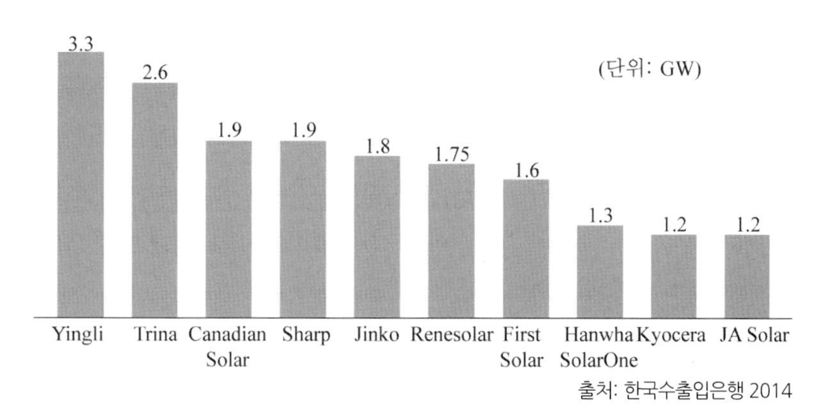

출처: 한국수출입은행 2014

그림 4.16 **태양광 모듈 상위 10개업체 생산량 현황**

4.2.5 태양광 에너지 특징

(1) 태양광 에너지의 장점

① 친환경 무공해 에너지이다.
② 영구적이고 무한 자원이다.
③ 유지보수가 용이하고 저비용이다.
④ 발전설비의 자동화 용이하다.

(2) 태양광 에너지의 단점

① 햇빛이 있는 낮에만 발전 가능한 시간적 제약성이 있다.

② 남향의 평평한 공간이 필요한 공간적 제약성이 있다.

③ 에너지밀도가 낮아 큰 설치면적 필요하다.

참고문헌

1. Canadian Solar annual report- Canadian Solar의 모듈 생산단가
2. New Energy Finance - 그림. 중국 태양광 모듈 업체들의 선적량 및 공장가동률
3. 한국에너지공단 신재생센터 - 태양광발전 취득 시스템
4. 기상청 국가기후센터
5. 수출입은행 - 상위 10개사 모듈 생산량 현황
6. http://blog.naver.com

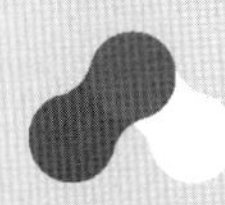

Chapter

05

자연 에너지

5.1 석유 에너지

석유는 지하에서 생성된 액체와 기체 상태의 탄화수소 혼합물을 말하며, 현재 국제 경제를 좌우하는 중요한 자원이다. 석유의 확인 매장량은 7,170억 배럴, 연간 채취량은 208억 배럴로서 가채년은 34년으로 되어 있으나, 최근의 가채년의 최저치는 1979년의 27년, 최고치는 1971년 35년이다. 매장상태는 지역적으로 치우쳐져 있으며, 중동에 54%, 북미에 12%, 남미에 9%로서 세계의 확인 매장량의 4분의 3을 차지한다. 나머지는 소련, 동구권, 아프리카, 극동의 순서로 되어있다.

공기가 없는 상태에서 미세한 바다 유기물이 분해되면서 형성되었을 것으로 추측된다. 정제하지 않은 석유를 원유(原油)라고 하며, 이를 정제하여 휘발유, 경유, 등유 등을 제조한다. 각종 산업에 필수적인 에너지 자원이며 동시에 공업 원료로 사용된다. 석유는 지하의 철탄화물과 물이 반응하여 메탄이 형성됐다는 '비생물기원설'과 퇴적물과 함께 생물체인 유기물이 매몰된 후 열성숙 과정을 거쳐 형성됐다는 '생물기원설'이 있으나, 현재는 생물기원설이 일반적인 학설로 굳어지고 있다. 따라서 어느 시대 어느 곳에 막대한 양의 생물이 매몰됐고, 어느 정도의 열성숙 과정을 거쳤는가에 따라 석유의 존재가능성이 결정된다. 생물기원설에 따르면 유기물은 지하에 매장되어 석유나 석탄으로 변화되는데, 그 유기물의 종류에 따라 석유와 석탄으로 나눠지고, 석유류는 또 다시 유기물의 종류, 지하의 압력과 온도에 의해 석유와 가스로 나누어진다. 일반적으로 해양 대륙붕의 퇴적환경에서 식물성 플랑크톤과 조류 등이 대량으로 집적되어 암석의 변성온도보다 낮은 60~130 정도로 숙성되면 석유가 생성되

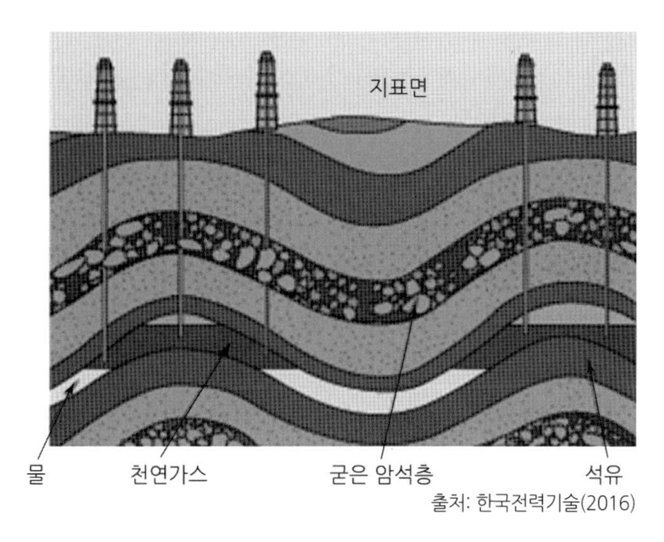

출처: 한국전력기술(2016)

그림 5.1 **석유발전 시스템**

고, 그 이상의 온도에서는 가스가 생성된다. 그리고 육상 퇴적환경에서 육상식물이 대량으로 함몰되어 숙성되면 석탄이 생성된다. 유기물이 퇴적물과 함께 매몰되면 석유를 배태한 암석이 되는데, 이를 근원암이라 한다. 또한 여기에서 만들어진 석유가 이동하여 집적되는 암석을 저류암 그리고 이렇게 집적된 석유가 다른 곳으로 이동하지 못하도록 상부를 막고 있는 암석을 덮개암이라 한다. 석유가 존재하려면 근원암이 있어야 하는데, 전 세계 근원암의 85%는 상부 쥬라기에서 하부 백악기에 걸쳐 형성된 흑색 셰일이 차지하고 있다.

1970년 Moody는 5억 배럴 이상의 거대 유·가스전을 조사한 결과, 거대 유전의 48%가 중생대 쥬라기와 백악기에, 39%가 신생대 3기층에 분포하고 있으며, 배사구조를 이룬 집유장이 대륙붕에 위치하는 경우가 가장 확률이 높다고 발표했다.

5.1.1 | 석유자원

석유자원은 양적으로 제한되어 있어 장기적인 측면에서 수송, 화학연료 및 다른 에너지에 의해 대체되기 어려운 용도에 한정하여 사용하는 것이 바람직한데, 석유자원의 중요성에 비추어 원유의 회수기술, 타르샌드나 오일셸로부터의 원유회수, 원유정제기술의 고도화 등에 의한 기술개발이 진행되고 있다.

원유의 회수기술은 1차 및 2차 오일회수에서 회수되지 않은 50%에 해당하는 원유를 회수하는 3차 회수기술을 말한다. 원유의 점도 또는 표면장력을 낮추어 원유의 유동성과 몰림효율(Sweeping efficiency)을 증가시켜 원유를 회수하는데, 유전에 수증기를 투입하는 열적방법, 고압의 이산화탄소를 투입하는 혼합법, 계면활성제 또는 고분자물질을 고압으로 투입하는 화학적방법 등이 있다. 지금까지 개발된 유전에서 원유회수율을 1% 증가시킬 수 있다면 회수가 가능한 원유의 양이 340억 배럴로 늘게 된다. 따라서 새로운 유전을 개발하는 것보다 기존 유전에서 회수율을 높여 원유를 회수하는 것이 더 경제적일 수도 있다. 타르샌드는 모래와 물과 비튜멘(Bitumen)의 혼합물로 전 세계에 확인 매장량이 2,264조 배럴이며, 경제적인 회수방법이 개발되면 이로부터 얻는 원유의 양이 막대할 것이다. 타르샌드에 포함되어 있는 비튜맨은 수증기를 타르샌드층에 투입하여 호수되고 있는데 생산비를 낮추기 위해서는 매장상태, 매장층의 특성에 따른 회수방법의 개발이 필요하다. 오일셸은 케로진(Kerogen)을 포함하는 퇴적암으로 1톤의 오일셸로부터 42갤론 이상의 기름 생산이 가능한 오일셸의 확인 매장량만도 3,145조 배럴로 추정되고 있다. 오일셸은 통상의 용매를 사용하여서는 유기물질의 회수가 어려운데, 성업 500~550℃에서 열분해를 시키면 케로진이 분해되어 기름이 생성된다. 오일셸에 함유되어 있는 기름의 양이 8~15%이므로 기름을 회수한 후에 남는 많은 양의 오일셸의 처리가 오일셸의 효율적 이용을 위해 해결해야 할 가장 큰 문제이다. 석유제품

간의 소비구조 변화에 효율적으로 대처하기 위해서는 석유제품별 생산수율에서의 유연성 향상 및 생산비율의 절감을 위한 원유 정제기술의 정제화가 필요하다. 이를 위해 인공지능 등을 이용한 첨단 공장제어기술, 분리막을 이용한 분리기술, 선택도 및 활성도가 우수한 촉매기술 등의 새로운 기술에 대한 연구개발이 요구된다. 매장량을 현재의 연간 채취량(생산량)으로 나눈 것을 가채년이라고 하며 안정 공급의 척도가 된다. 석유의 경우는 이것이 30년 정도가 되도록 탐사 노력과 채취 기술이 개량되고 있다. 석탄의 확인 매장량은 7600억 톤(ton)정도이며, 발열량으로 비교해서 석유의 약 5배이나 추정 가채량은 이의 10배 이상, 석유의 23배를 상회한다고도 한다. 확인 매장량을 연간 채취량(28억 톤)으로 나눈 가채년은 270년이다.

5.1.2 석유 에너지 분류

(1) 석유계 연료의 분류

지하에서 채취된 그대로의 석유를 원유라 하며, 산지에 따라 조성과 성질이 크게 다르다. 그럼에도 불구하고 석유계 성질이 일정한 것은 제유소에서 분류, 분해, 혼합 등 복잡한 과정을 거쳐서 규격대로 제품을 만들기 때문이다. 이 점이 채굴한 그대로의 형태로 공급되는 석탄과 다른 점이며, 산지에 무관하게 사용되는 큰 이유이다. 석유계 연료의 주성분은 탄화수소이며, 이것은 파라핀, 나프텐, Aromatic 그리고 올레핀(알킬렌), 아세틸렌(알킨)으로 대별된다. 앞 세 가지는 원유에 포함되어 있고, 뒤의 두 가지는 정제 과정에서 생기는데, 원유가 어떤 탄화수소를 주성분을 하고 있는가에 따라 파라핀 원유, 나프텐 원유(아스팔트 원유), 혼합기 원유 등으로 부른다. 탄소질 성분이 풍부하고 유황 함유량이 적은 원유가 바람직하다. 정제 과정을 거친 석유제품에는 나프타, 가솔린, 등유, 경유, 중유, 아스팔트, 피치, 석유 코크스가 있다.

① 나프타(Naphtha)

240℃에서 96% 이상이 유출하게 되는 경질 성분을 말한다. 가스 제조, 가솔린 및 제트 연료의 제조, 화학공업용 원료용제 제조 등에 사용되며, 110℃ 이상에서 유출하는 중기 가솔린은 저공해 연료로서 발전용에 많이 사용된다. 주로 용매나 희석제, 가솔린으로 전환시키는 원료로 쓰인다.

② 가솔린(Gasoline)

비점범위는 나프타와 동일하지만, 불꽃 점화 기관에 적합하도록 분류성상 및 옥탄가를 조정한 제품이다. 석유에서 추출한 휘발성과 가연성이 있는 액체 탄화수소로 내연기관의 연료 또는 기름이나 지방을 녹이는 용매로 쓰인다. 가솔린은 대부분 포화탄화수소이며, 분자당 4~12개의 탄소 원자를 가지고 있다.

③ 등유(Kerosine)

등유는 1850년대에 처음으로 콜타르와 셰일유에서 만들어졌다. 인화점이 상온(40℃) 이상이 되도록 조정된 경질유이다. 등용, 가열용으로 정제도를 높인 백등유와 동력용으로 Aromatic series의 함유량을 늘인 다등유 등이 있다. 석유에서 얻고, 램프용 기름, 가정용 전열기나 난로, 제트엔진의 연료용제로 사용된다.

④ 경유(Light oil)

대부분 고속 디젤 기관에 사용되며, 세탄가와 유동점에 주의하여 조정된다. 유동점이 높은 쪽으로부터 특 1호, 1호, 2호, 3호, 특 3호로 규정되어 있다. 원유를 상압으로 증류할 때 등유 다음으로 얻어진다. 섭씨 220~320도에서 얻어지는 유분으로 디젤엔진과 같은 내연기관의 연료로 많이 쓰인다.

⑤ 중유(Heavy oil)

안정한 직류잔유와 불안정한 분해잔유를 혼합하고, 경유를 섞어서 점도를 조성한 디젤 기관용과 가열용의 연료이다. 점도가 낮은 쪽으로부터 A중유, B중유, C중유로 분류된다. 원유로부터 LPG, 가솔린, 등유, 경유 등을 증류하고 남은 기름을 말한다. 중유는 등유나 경유에 비해 증발하기 어려워 쉽게 연소되지 않는 단점이 있다. 중유는 원료 이외에도 윤활유의 원료, 도시가스의 원료 등으로 사용된다.

표 5.1 **석유제품의 성질과 용도**

명칭	비등점범위[℃]	비중	고발열량 [MJ/kg]	용도
나프타	<250	0.65~0.75	46.1	화학원료, 가스 제조, 발전, 제트 연료
가솔린	<200	0.65~0.75	46.1	불꽃 점화 기관용 연료
등유	180~300	0.79~0.85	41.9	가정용 연료, 제트/석유 기관용 연료
경유	250~360	0.83~0.88	41.9	고속 디젤 기관용 연료
중유	>350	0.83~0.97	37.7~41.9	디젤 기관용 연료, 일반용 연료, 발전
아스팔트			41.7	보일러, 저속 디젤 기관용 연료
피치			35.6	보일러
석유코크스			32.7~37.5	시멘트 소성, 보일러

(2) 석유와 국제경제

선진 석유수입국들은 유가하락으로 소비부분에서는 일부 긍정적인 혜택을 입은 것이 사실이지만, 그 전체적인 영향은 기대에 미치지 못한다. 세계 석유 생산과 소비에 있어서 또 하나의 큰 변수로 떠오른 나라는 중국이다. 중국의 급속한 경제 발전과 산업화는 석유 소비량을 기하급수적으로 증가시키고 있다. 중국은 워낙 많은 인구로 인해 미국의 석유 소비량을 추월할 단계에 이르고 있다는 것이다. 특히 중국은 아프리카에 적극 진출하여 상당한 분량의 지하자원 개발권을 확보해 나가고 있어 미국의 심기를 불편하게 만들고 있다. 중국의 이와 같은 석유 소비량은 당분간 계속 증가 추세를 유지할 것이며, 그 분량이 걷잡을 수 없이 확대될 조짐이다.

이와 관련하여 우리가 고려해야 할 중요한 문제는 석유가 고갈될 것이라는 예측과 함께 석유 부족 현상이 현실적으로 나타나기 시작할 때 발생하게 될 심리적 불안감과 정치적 이슈에 관한 것이다. 현재 미국에 석유를 공급하고 있는 주요 국가 중 미국의 "확고한 동맹"이라고 할 만한 곳은 캐나다 밖에 없다. 사우디아라비아와 멕시코도 상당히 우호적인 관계이긴 하나 국민들의 반미 감정은 점차 높아지고 있는 실정이다. 이미 1973년 중동전쟁에서 미국이 이스라엘을 지원했을 때 사우디아라비아를 비롯한 모든 아랍 국가는 미국에 석유 수출 금지 조치를 취했고, 미국은 치명적인 석유 파동을 겪었다. 특히 미국 석유 공급의 총 25%를 담당하고 있는 베네수엘라, 나이지리아, 이라크는 미국에게 더 이상 불안할 수 없는 석유 공급지이다. 베네수엘라는 최근 민족주의 정치 노선을 표방하는 차베스 대통령의 득세로 베네수엘라 내에서 활동 중인 미국 석유 회사들이 큰 위기를 맞고 있으며, 나이지리아는 무수한 군사 쿠데타와 민족 간 갈등, 그리고 현재 비동맹중립정책과 아프리카 중심주의를 표방하는 정권이 들어서는 등 미국과의 관계를 위협하고 있다.

세계 3위의 석유 매장량을 자랑하는 이란의 경우 1978년 이란 혁명을 계기로 미국에 석유 공급을 전면 중단한 상태이며, 이라크는 최근 친이란 정권이 정권을 장악, 이란의 반미 정치 노선에 영향을 받을 것으로 예상되고 있다. 미국 석유 수입의 15%를 차지하고 있으며, 세계 6위의 석유 매장량을 자랑하는 베네수엘라의 지도자가 된 우고 차베스는 최근 "미국 식민주의"에 대항하는 남미 국가 연합을 시도하고 있다. 문제는 이런 국제 정세에만 그치지 않는다. 기본적으로 전 세계 석유 생산량은 한계점에 도달하고 있다는 분석이 세계 곳곳에서 나타나고 있다.

(3) 세계에서 가장 많은 석유를 매장한 국가 순위

세계적으로 1조 7,000억 배럴의 원유가 매장되어 있고, 2014년 연간 생산량은 324억 배럴이므로, 이런 속도로 생산이 이루어진다면 지구의 석유가 완전히 고갈되는데는 52년이 걸린다. 전 세계적으로 매장량 순위는 다음과 같다.

① 사우디아라비아 : 2,610억 배럴
② 이란 : 1,258억 배럴
③ 이라크 : 1,150억 배럴
④ 쿠웨이트 : 990억 배럴
⑤ 아랍에미레이트 : 978억 배럴
⑥ 베네수엘라 : 778억 배럴
⑦ 러시아 : 600억 배럴

5.1.3 석유 에너지 특징

휘발유, 경유, LPG는 연료의 형태에 따라 사용하는 엔진이 다를 뿐만 아니라 차량을 고를 때 고민하게 되는 장단점들도 존재하는데, 서로 다른 엔진구동방식을 사용하기 때문에 각각이 가지고 있는 장단점에도 차이가 있으니 꼭 확인한 후 차량을 구매하는 것이 중요하다.

석유 제품에는 휘발유, 경유, LPG 등이 있으므로 각 특징은 다음과 같다.

(1) 휘발유 특징

① 진동과 소음이 적다.
② 승차감이 좋다.
③ 가속이 부드럽다.
④ 연비가 나쁘다.
⑤ 점화 장치 고장이 잦다.
⑥ 탄소배출량이 높다.

(2) 경유 특징

① 연비가 좋다.
② 힘(토크)이 좋다.
③ 진동과 소음이 크다.
④ 차량 가격이 비싸다.

(3) LPG 특징

① 연료가 저렴하다.
② 연료계통의 수명이 길다.
③ 친환경적이다.
④ 충전소가 적다.
⑤ 힘이 좋지 않다.
⑥ 연비가 좋지 않다.

5.2 석탄 에너지

석탄은 그리스로마 때부터 사용된 기록이 있고, 영국에서 석탄 이용이 조직적으로 시작된 것은 14세기초부터이다. 18세기 후반부터 19세기 전반까지에 이룩한 산업혁명 기간 중에 석탄산업이 확립되었다. 현재 세계 주요 석탄 생산국은 미국, 러시아, 중국, 폴란드, 인도 등이며, 세계 총 석탄 매장량은 약 7조 ton으로 추산된다.

오래 전 고생대 무렵에 살았던 식물들이 땅에 파묻혀서 오랜 세월동안 숙성되어 검은 돌과 같이 된 것으로, 성분은 대부분이 탄소 덩어리이며 가연성이 좋아 연료 등으로 쓰인다. 석탄이라고 하는 것은 무연탄에서 갈탄까지 있지만, 좁은 의미에서 석탄이라고 하면 역청탄과 아역청탄만을 가리킨다. 석탄은 용도에 따라 연료탄과 원료탄으로 나누어지며, 전자는 연료용으로 취급되는 비점결탄, 후자는 코코스의 원료용을 사용되는 점결탄이다. 매장량에는 지질학적으로 지구상에 존재하는 것으로 추정되는 원시 매장량과 기술적, 경제적으로 채취가 가능한 가채 매장량이 있으며, 후자 중에서 시추 등에 의해 확인된 양을 확인 매장량이라고 한다. 확인 매장량은 탐사 노력과 기술적 · 경제적 환경 추이에 의해서 해마다 변한다. 확인 매장량을 현재의 연간 채취량(생산량)으로 나눈 것을 **가채년**이라고 하며, 안정 공급의 척도가 된다. 석유의 경우는 이것이 30년 정도가 되도록 탐사 노력과 채취 기술이 개량되고 있다. 난방용으로는 그냥 덩어리를 삽으로 퍼다가 난로에 넣어서 쓰기도 하고, 연탄으로 만들어서 조금 더 편하게 쓰기도 한다. 그러나 태워보면 알지만 빛이 적게 나고 그을음도 나는데다가 결정적으로 유독가스(특히 일산화탄소)가 발생하기 때문에 조명용으로는 별로 쓸모가 없다는 정도를 넘어서 위험하다. 또한 예전에는 산업의 원동력으로 각광받았지만 요즘은 석유에 밀려서 그렇지도 못하다. 연료로써의 효율성이 낮은 편이고 에너지 생산량에 비해 나오는 온갖 공해물질들로 인하여 환경오염의 원인이 되기도 하였다.

석탄을 대기 중에 방치하면 점차로 산화되어 표면의 광택이 없어지고 변색 · 분화됨과 동시에 발열량과 점결성이 저하되며 이러한 현상을 풍화라고 한다. 또 저장법이 나쁘며 완만 산화에 의해 발생하는 열이 내부에 축척되어 온도가 상승됨으로써 발화하는 수가 있는데, 이것이 자연발화라고 한다. 자연발화를 피하기 위해서는 저장을 건조한 곳으로 택하고, 퇴적을 가능한 한 낮게 한다. 석기 및 입도가 다른 것의 혼합을 피하고, 정기적으로 탄층 내부 온도를 측정하는 등의 주의가 필요하다.

표 5.2 **고체연료의 발열량과 용도**

분류	명칭	고발열량 [MJ/Kg]	용도
1차 연료	석 탄 류		
	무 연 탄	34~35.5	일반용 연료, 보일러, 철도
	역 청 탄	31~37	일반용 연료, 보일러, 코크스 제조, 가스 제조, 화학원료용, 철도
	갈 탄	23~31.5	일반용 연료, 보일러, 철도
	아 탄	23~31.5	일반용 연료
	이탄(초탄)	<24	가정용 연료
	장 작	17~21	가정용 연료

갈탄 및 아탄은 자연발화의 위험성이 높고 수송이 곤란하다. 석탄액화기술의 장점은 원료의 안정적인 공급이 가능하고 전환단계에서 황과 질소를 제거할 수 있다는 점이다. 대표적인 액화방법으로는 석탄을 고온고압 반응기에 주입하여 액화시키는 직접액화법과 석탄을 먼저 가스화한 후 이 가스를 수소와 함께 촉매가 있는 고온고압 반응기에서 반응시켜 메탄올과 같은 액체연료를 제조하는 간접액화법이 있다.

표 5.3 **고체연료의 성분**

(중량: %)

종류 \ 성분	탄소(C)	수소(H)	유황(S)	산소(O)	질소(N)	회분	수분
무연탄	80~90	2~4	0.5~1	1~4	약 1	2~10	1~4
유연탄	65~80	4~5	약 1	5~10	1~2	4~12	2~10
갈탄	45~65	4~6.5	0.5~2	12~20	1~2	5~15	10~25
코크스로 코크스	80~85	~0.5	0.5~1	~1	~	10~18	~3
가스코크스	약 75	~0.5	약 1	0.5~1	~	15~20	2~5

석탄액화기술로 생산되는 원유가격은 공정에 따라 배럴당 $ 30~40이어서 현재는 경제성

이 없다. 석탄가스화의 경우 석탄을 우선 물과 반응시켜 일산화탄소 및 수소가스를 생성시키고 생성된 이산화탄소를 다시 수증기와 반응시켜 수소와 일산화탄소를 만든 후 고온고압 하에서 메탄가스를 생성한다. 세계적으로 석탄가스화를 대표할만한 공정은 약 37개에 이르며 이 중 약 180여개의 상이한 석탄가스화기술이 알려져 있는데, 석탄과 가스화제의 접촉방법에 따라 크게 4가지로 분류된다. 즉, 석탄을 일정한 Bed에 충진시킨 후 여기에 수증기와 가스화제의 혼합물을 투입하여 가스화시키는 고정층방법, 유동층연소와 같은 방식에 의한 가스화방법, 석탄과 가스화제를 동시에 병립시켜 가스화시키는 분류층방법 그리고 용융철 또는 용융탄산염 등을 이용하는 용융층 가스화방법이다.

5.2.1 석탄의 분류

(1) 아탄

갈탄에 속하는 것 중에서 석탄화도가 특히 낮고, 갈색 또는 흑갈색인 것을 아탄이라 하며, 석탄과는 구별하여 취급하다. 채굴 시에는 40% 정도의 수분을 함유하지만 대기 중에서 건조시키면 수분이 15% 정도로 된다. 건조 후에 발열량은 17∼29 MJ/kg이고, 회분은 10∼40%이며 화염 온도는 낮다. 휘발분이 많으므로 착화가 용이하고, 연소 속도가 크다. 저온 건류하여 아탄 코크스를 만드는 경우도 있다.

(2) 이탄(초탄)

이탄(초탄)은 채굴 시에 40∼70%의 수분을 함유하여 연료로 사용할 수 없으나, 대기 중에서 1∼2개월 건조시키면 수분은 20∼30%로 감소하여 연료로 사용이 가능해진다. 공업용 연료로 사용하기 위해서는 압착하여 수분을 제거함과 동시에 체적을 줄이든가, 가압 성형을 할 필요가 있다. 재의 융점이 낮고 악취와 매연이 난다.

(3) 코크스

원료탄을 1000℃ 내외의 온도로 건류시킨 것으로, 연료로서는 거의 사용할 수 없고 야금, 제철, 주조의 목적으로 사용된다. 석탄에 비하면 휘발분이 매우 낮고, 연료비가 높음에 비하면 회분은 거의 변함이 없다. 코크스의 강도는 낙하 시험 또는 회전 시험에 의하여 측정된다. 전자는 주물용 코크스에, 후자는 제철용 코크스에 이용되고, 모든 강도지수 90 이상이 요구된다. 또 야금, 제철용 코크스에서는 반응성이 문제가 되며, 이것은 일정 조건하에서 코크스층에 CO_2를 흘렸을 때 CO로 환원되는 비율로 나타낸다.

(4) 반성 코크스

원료탄을 600℃ 전후의 온도로 건류시켜 얻어진 코크스로서 10% 정도의 휘발분을 보유하고 있으므로 착화가 용이하고, 불꽃을 내면서 연소한다. 수분은 2~5%, 회분은 15~30%, 휘발분은 2~12%, 고발열량은 25.1~29.3 MJ/kg이다. 부가가치에 비하여 제조 코스트가 높으므로 현재로서는 거의 제조하지 않고 있다.

(5) 석유 코크스

원유를 감압하에서 분류시킨 후의 나머지를 열분해 · 접촉 분해, 수소화 분해하여 경질유를 제조하고, 분쇄하여 미분탄 연소시키는 것도 가능하며, 휘발분이 13% 이하로서 무연탄 정도로 낮기 때문에 주의가 필요하다. 휘발분이 낮은 Fluid coke는 중유와 섞어서 연소시키는 것이 무난하다. 이때 버너에 공급하기 전에 미분탄을 중유와 혼합해 두는 습식조연법과 중유를 석탄과 별도의 분무기로 로내에 분사시키는 건식조연법이 있다. 석유 코크스는 S1.2~7%, N0.2~3%인 고공해 연료이므로, 시멘트 소성로에 많이 사용된다. 회분은 0.2~5%(대부분은 <1%), 고발열량은 32.7~37.5MJ/kg이다.

(6) 연탄

목탄 · 무연탄 · 코크스분 등의 탄소질 연료의 분말을 압축 성형한 가공탄으로, 점결제를 사용하는 점결제련탄과 사용하지 않은 무점결 제련탄으로 나누어진다. 또한 발연의 유무에 따라 유연연탄과 무연연탄으로 나누어지는데 전자는 공업용으로, 후자는 가정용으로 사용된

표 5.4 **연료의 점화 온도, 발열량, 이론 공기량**

연료	점화온도	저위발열량	이론공기량
무연탄	440~500 ℃	7,300~8,000 kcal/kg	8.0~9.0 Nm^3/kg
역청탄	300~400 ℃	5,200~7,800 kcal/kg	6.0~8.5 Nm^3/kg
갈탄	250~450 ℃	3,500~5,900 kcal/kg	4.5~6.0 Nm^3/kg
코크스	500~600 ℃	6,000~7,200 kcal/kg	8.0~9.0 Nm^3/kg
중유	530~580 ℃	10,000~10,500 kcal/kg	10.0~11.5 Nm^3/kg
타알(tar)유	580~650 ℃	9,100 kcal/kg	9.8 Nm^3/kg
석탄가스	650~750 ℃	4,000~5,000 kcal/Nm^3	4.0~5.5 Nm^3/Nm^3
코크스로가스	650~750 ℃	5,000 kcal/Nm^3	5.0 Nm^3/Nm^3
용광로가스	700~800 ℃	880 kcal/Nm^3	0.7 Nm^3/Nm^3
발생로가스	700~800 ℃	1,100~1,300 kcal/Nm^3	1.0~1.3 Nm^3/Nm^3

다. 발열량은 21.8~31.4 MJ/kg 정도이다. 발열량당의 단가가 높고, 일산화탄소 중독의 위험성이 있으므로 제조량은 격감하고 있다.

5.2.2 석탄 특성

① 가격이 저렴하다.
② 매장량 크다.
③ 석탄가스화로 대체가 가능하다.
④ 환경오염이 있다.
⑤ 채굴이 불리하다.

표 5.5 석탄의 분류

명 칭	연료비	고정탄소 [중량%]	휘발분 [중량%]	연 소 상 태	점 결 성
무연탄	12 이상	92.3 이상	7.7 이하	청색 짧은 화염	비점결
반무연탄	7~12	87.5~92.3	7.7~12.5	매연이 적은 짧은 화염	비점결
반역청탄	4~7	75.0~87.5	12.5~25	빛이 있는 짧은 화염	점결~비점결
고도 역청탄	1.8~4	67.7~75.0	25~34.3	매연 있는 긴 화염	대개는 점결
저도 역청탄	1~1.8	50.0~65.7	34.3~50	매연 있는 긴 화염	점결~비점결
흑색갈탄	1 이하	50 이하	50 이상	-	비점결
갈색갈탄	1 이하	50 이하	50 이상	-	비점결

5.3 석탄 가스화

5.3.1 석탄(중질잔사유) 가스화

석탄 가스화 복합발전(IGCC : Integrated Gadification Combined Cycle)

① 석탄을 가스화한 후 이를 이용하여 복합발전소를 운전하는 발전기술이다.

② 석탄을 고온, 고압 아래에서 수소와 일산화탄소를 주성분으로 한 합성가스로 전환한 뒤 합성가스 중에 포함된 분진과 황 화합물 등 유해물질을 제거하고 천연가스와 유사한 수준으로 정제하여 전기를 생산하는 친환경 발전 기술로, 가스화 복합발전기술은 석탄, 중질잔사

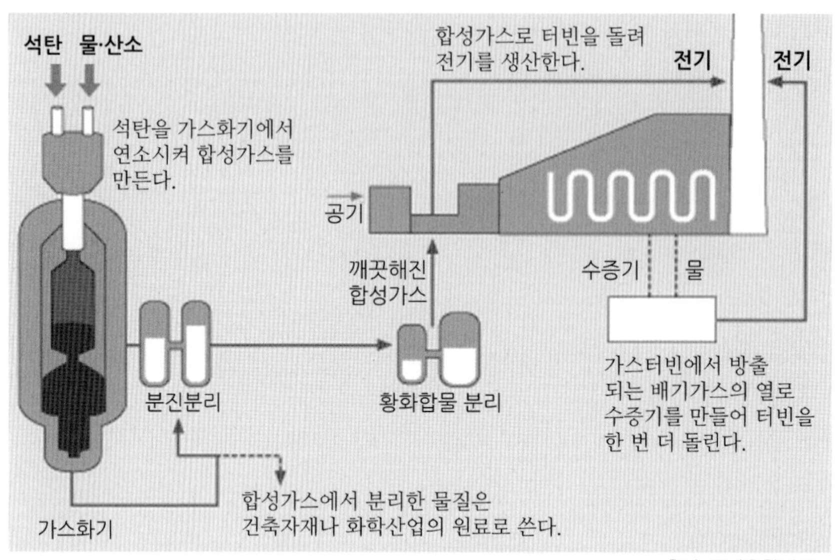

출처: 국가융합연구소

그림 5.2 **가스화 복합시스템**

유 등이 저급원료를 고온, 고압의 가스화기에서 수증기와 함께 한정된 산소로 불완전연소 및 가스화 일산화탄소와 수소가 주성분인 합성가스를 만들어 정제공정을 거친 후 가스터빈 및 증기터빈 등을 구동하여 발전하는 신기술이다. 석탄가스화 복합발전(IGCC)기술은 석탄가스화기술과 가스터빈 발전기술을 통합한 기술이다. 즉, 석탄을 고온에서 부분 연소시켜 가스화해 일산화탄소 50%와 수소 30%로 구성된 합성가스로 전환하고, 부식성 가스 및 분진을 제거한 후 가스터빈의 연료로 사용한다. 또한 석탄이 가스화되는 과정에서 발생한 열과 가스터빈 배기가스 열을 회수해 배열회수보일러에서 증기를 생산, 증기터빈을 구동하는 복합발전 방식이다. IGCC 발전소는 플랜트 열효율이 기존 미분탄 발전소보다 약 5% 정도 높으며, 대기오염 물질 저감 및 고효율에 의한 이산화탄소배출량 감소 등 환경보전성이 매우 우수한 발전기술이다. 연료로는 석탄뿐만 아니라 잔사유, 바이오매스, 폐기물 등을 사용할 수 있다. 그러나 다수의 공정을 통합함에 따라 설비가 복잡하고 초기투자비가 높은 단점이 있다.

IGCC를 구성하는 설비로는 석탄전처리설비, 산소분리설비, 가스화기, 제진설비, 정제설비, 배열회수보일러, 가스터빈, 증기터빈 등이 있다. 일반적으로 가스터빈이 총 출력의 65%, 증기터빈이 35%의 전력을 생산한다. 아울러 IGCC가 가스화설비, 정제설비, 복합발전설비 등 여러 설비들로 구성되어 있는 만큼 이들 설비들을 적절히 연계시키는 것이 매우 중요하다.

5.3.2 석탄 액화

고체 연료인 석탄을 휘발유 및 디젤유 등의 액체 연료로 전환시키는 기술로 고온 고압의 상태에서 용매를 사용하여 전환시키는 직접 액화 방식과 석탄가스화 후 촉매상에서 액체 연료로 전환시키는 간접 액화 기술이 있다. 석탄 액화 기술이 새롭게 조명을 받고 있다. 그러나 최근의 동향에 따르면 석탄을 직접 액체 연료로 전환하는 직접 석탄 액화가 아닌 친환경 공정으로 인식되고 있는 석탄 가스화 공정과 피셔 트롭쉬 공정이 결합된 간접 석탄 액화 공정이 더욱 각광을 받고 있다. 예로서 헤드워터즈사는 이산화탄소를 포획하면서 연료들을 생산하는 기술을 개발하고 있다. 또한 DKRW사는 널리 알려진 GE사의 가스화 기술과 렉텍사의 피셔 트롭쉬 공정을 결합한 석탄 액화 플랜트를 개발한다고 발표하기도 하였다. 이같이 석탄 액화 플랜트에 대한 관심이 증가하였지만 지구온난화 가스 등의 환경문제들은 기존과 다른 새로운 공정을 요구하고 있다. 또한 액체 연료만을 생산하는 공정은 비용 대비 이익률이 낮거나 심지어는 경제성을 확보하기도 어려울 수 있다. 이에 따라 열, 전기, 액체 연료, 기초 화학제품 등의 다양한 제품들을 생산하는 복합 액화 공정이 석탄 이용에 언급된 문제들을 해결할 수 있는 공정으로 많은 기관 및 회사들이 고려하고 있다.

표 5.6 기체 연료의 성분

(부피 : %)

종류 \ 성분	산화탄소	수소	메탄	에틸렌	탄산가스	산소	질소
석탄가스	8	50	30	3	2.5	0.5	6
코크스로가스	6	52	30	3	1.5	0.5	7
용광로가스	27	2	–	–	11	–	60
발생로가스	24	13	3	–	5	–	55

표 5.7 액화석유가스의 종류 및 조성

<table>
<tr><th rowspan="2" colspan="2">항목
종류</th><th colspan="4">조성 [mol%]</th><th rowspan="2">황분
[wt%]</th><th rowspan="2">증기압(40℃)
[kgf/cm²(MPa)]</th><th rowspan="2">비중</th><th rowspan="2">주용도</th></tr>
<tr><th>에탄+
에틸렌</th><th>프로판 +
프로필렌</th><th>부탄 +
부틸렌</th><th>부타디엔</th></tr>
<tr><td rowspan="3">1종</td><td>1호</td><td rowspan="3">5 이하</td><td>80 이상</td><td>20 이하</td><td rowspan="3">0.5 이하</td><td rowspan="3">0.015
이하</td><td rowspan="3">15.6(1.53) 이하</td><td rowspan="7">0.50~
0.63</td><td rowspan="3">가정용
연료,
업무용 연료</td></tr>
<tr><td>2호</td><td>60 이상
80 미만</td><td>40 이하</td></tr>
<tr><td>3호</td><td>60 미만</td><td>30 이상</td></tr>
<tr><td rowspan="4">2종</td><td>1호</td><td rowspan="4">–</td><td>90 이상</td><td>10 이하</td><td rowspan="4">–</td><td rowspan="4">0.02
이하</td><td rowspan="2">15.8)1.53) 이하</td><td rowspan="4">공업용 연료
및 원료,
자동차용
연료</td></tr>
<tr><td>2호</td><td>50 이상
90 미만</td><td>50 이하</td></tr>
<tr><td>3호</td><td>50 미만</td><td>50 이상
90 미만</td><td>12.7(1.25) 이하</td></tr>
<tr><td>4호</td><td>10 이하</td><td>90 이상</td><td>5.3(0.52) 이하</td></tr>
</table>

5.3.3 석탄 액화 에너지의 특징

(1) 석탄 액화 에너지의 장점

① 고효율
② 환경친화기술
③ 석탄, 폐기물 등 다양한 연료를 활용하여 전기, 화학연료, 액화플랜트 등 다양한 형태의 에너지를 생산하는 친환경 에너지

(2) 석탄액화 에너지의 단점

① 취급의 불편
② 재의 처리문제

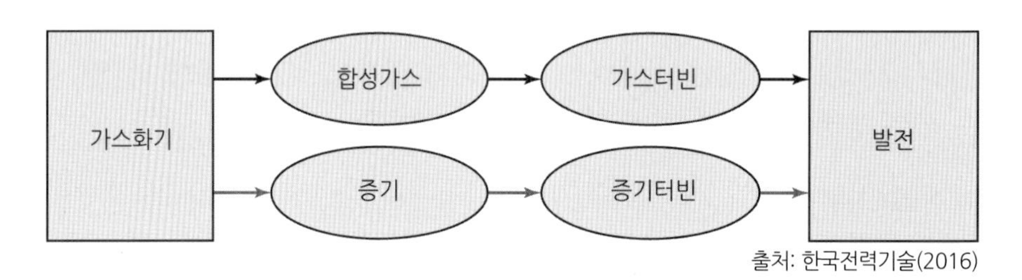

그림 5.3 **복합발전시스템 계통 구성도**

5.4 지열 에너지

5.4.1 지열시스템 개요

(1) 지열 에너지 현황

오늘날 세계에는 총 3,800 MW 규모의 지열발전장치가 가동 중에 있다. 이 중에서도 발전용량 1,400 MW급인 미국 캘리포니아 Geysers 지역발전소가 가장 큰 규모인 것으로 알려져 있다. 일본에서도 총 215 MW 용량의 지열 발전설비가 가동되고 있으며, 이 밖에 이탈리아, 아이슬란드, 뉴질랜드 등도 소규모 발전설비를 보유하고 있다.

그러나 이들 대부분은 지표면 가까이에 있는 고온증기를 이용한 것으로 장차 지열 에너지 자원을 획기적으로 활용하기 위해서는 보다 깊은 지층에 존재하는 막대한 열수에너지의 추출기술과 이를 이용한 발전기술 및 지역난방용 열수공급시스템의 개발이 필요하다. 선진국의

경우 그동안 축적된 실용화기술을 바탕으로 2000년대 초반에는 고온암체 발전기술 분야까지 실용화할 계획을 가지고 있다. 마그마가 지표 근처까지 상승하고 있는 지역은 과열증기나 높은 온도의 증기를 얻을 수 있는 경우가 많고 이들은 비점이 낮은 유체를 이용, 열교환시켜 발전이 가능하다. 또한 지하 수천 m에 존재하는 열수를 포함하고 있지 않은 고온암체에서는 인공적으로 물을 순환시켜 발전하는 방법도 고려되고 있다. 현재 전 세계적으로는 총 500만 KW 규모의 발전장치가 가동 중인데, 미국의 경우 약 260만 KW로 발전비용이 KW당 5센트 정도이고, 일본의 경우도 약 210만 KW가 운전되고 있다. 그 외 프랑스를 비롯한 몇몇 국가는 지열을 지역난방 및 급탕에도 이용하고 있다. 땅속의 뜨거운 기운으로 물이나 다른 액체를 끓여서 그 증기로 발전터빈을 회전시켜 전기를 얻는다. 암반층의 에너지를 끌어올려 지역난방 시설을 통해 난방용으로 공급하기도 하며, 다른 형태로 열펌프를 땅속에 묻어서 땅속 에너지를 끌어올리는 것도 있다. 이때는 땅속에 관을 묻고 관속에 액체를 통과시켜서 에너지를 흡수하거나 방출하게 만든다. 땅속에 마그마의 활동, 방사성 동위원소의 붕괴, 태양 에너지의 축적에 의해 모인 에너지로 오래 전부터 온천의 형태로 이용되어 오고 있다. 20세기 들어 난방이나 급탕용으로 이용되기 시작 20세기 후반기부터 전기 생산용으로 이용되었으며, 땅속의 뜨거운 기운으로 물이나 다른 액체를 끓여서 그 증기로 발전터빈을 회전시켜 전기를 얻는다. 암반층의 에너지를 끌어올려 지역난방 시설을 통해 난방용으로 공급하기도 한다. 다른 형태로 열펌프를 땅속에 묻어서 땅속 에너지를 끌어올리는 것도 있다. 이때는 땅속에 관을 묻고 관속에 액체를 통과시켜서 에너지를 흡수하거나 방출하게 만든다.

① 온도 : 지하 10 m 이하부터 12～17℃로 일정한 온도를 유지
② 방법 : 지열교환기를 지중에 매설하여 히트펌프와 지중의 열을 교환
③ 구성 : 지열히트펌프, 지중열교환기, 실내 냉난방배관 또는 실내기(팬코일유닛 등)

(2) 지열시스템 원리

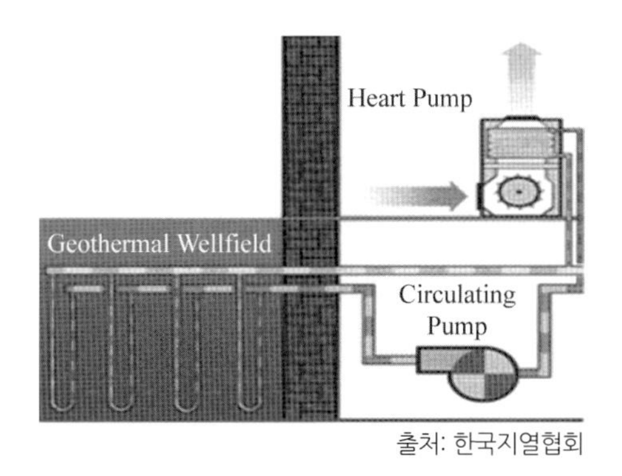

출처: 한국지열협회

그림 5.4 **지열시스템**

(3) 지열발전의 방식

천연건조증기를 생산정에서 추출하여 직접터빈에 주입하고 배기는 대기 중에 방출하는 가장 간단한 발전방식이다. 국내는 제주도에 지열발전소 건립을 추진 중에 있다. 현재 한국동서발전과 지열개발 전문기술업체인 이노지오테크놀로지, 그리고 친환경 건설업체인 휴스콘 건설이 2015년까지 5 MW 규모의 지열발전소 건립을 추진 중이다. 제주도청은 올해부터 본격적인 건립에 들어갈 것이라고 밝혔다. 제주도가 지열발전소에 관심을 갖게 된 것은 제주 혁신도시의 주요 전력 공급원으로 삼을 수 있기 때문. 제주도는 '탄소없는 섬' 정책에 따라 태양광과 풍력 등 신재생 에너지를 적극 개발하고 있다. 그러나 태양광과 풍력은 낮과 밤에 따라, 날씨에 따라 발전량이 달라진다. 따라서 혁신도시에 안정적인 전력을 공급하려면 24시간 일정량의 발전이 가능한 지열발전소가 필요하다는 것이다. 휴스콘 건설은 초기 자금은 국내에서, 중장기 자금은 해외에서 조달한다는 계획이다. 제주도는 이를 계기로 2020년까지 20 MW 규모의 지열발전 능력을 갖춰 안정적인 전력을 확보할 예정이다. 그렇게 되면 제주도는 더 전력공급이 원활해지고 싼 가격에 전력공급이 가능해질 전망이다.

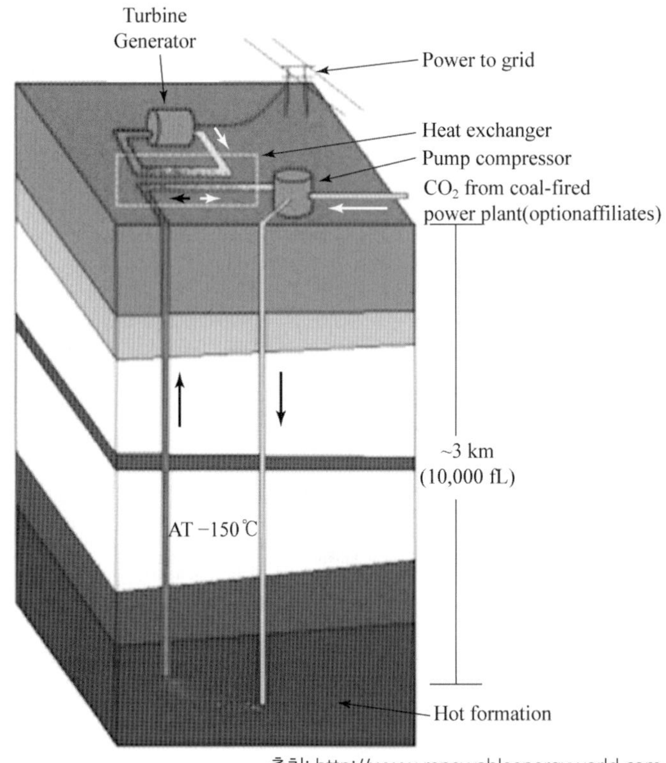

출처: http://www.renewableenergyworld.com

그림 5.5 지열발전 방식

5.4.2 | 지열시스템 종류

(1) 냉난방 사이클

① 난방 사이클

히트펌프 내부의 열교환기(증발기)를 지나는 차가운 액냉매는 부동액(지중열교환기 내의 순환유체)으로부터 열을 흡수하고 증기냉매로 상변화를 하게 된다. 증발과정 후 온도가 강하된 부동액은 지열 열교환기를 순환하면서 다시 온도를 회복하게 된다. 이러한 원리로 지중은 열원인 히트소스(Heat Source)의 역할을 수행하며 난방 사이클을 구성한다.

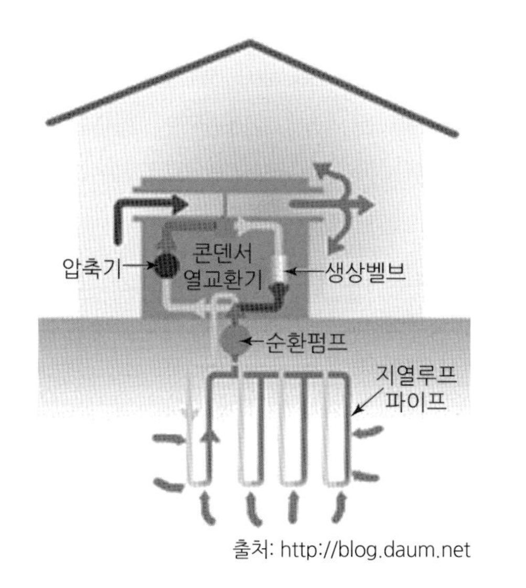

그림 5.6 **지열 난방 시스템**

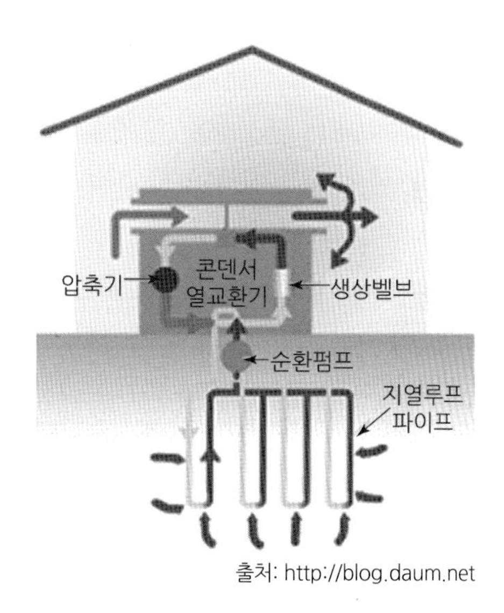

그림 5.7 **지열 냉방 시스템**

② 냉방 사이클

난방 사이클과는 반대로 히트펌프 내부의 열교환기(응축기)를 지나는 뜨거운 기체냉매는 부동액(지중열교환기 내의 순환유체)으로 열을 방출하고 액체냉매로 상변화를 하게 된다. 응축과정 후 온도가 상승된 부동액은 지중열교환기를 순환하면서 온도가 하강하게 된다. 이러한 원리로 지중은 열을 방출하는 히트싱크(Heat Sink)의 역할을 수행하며, 냉방 사이클을 구성한다.

(2) 지열시스템 분류

① 폐회로 수직형

폐회로 수직형은 대지 사용면적이 제한적인 경우 적합하고 병렬시공으로 용량이 증대되고 초기 투자비가 많이 소요된다. 폐회로 수직형 매설 깊이는 약 100～150 m에 위치한다.

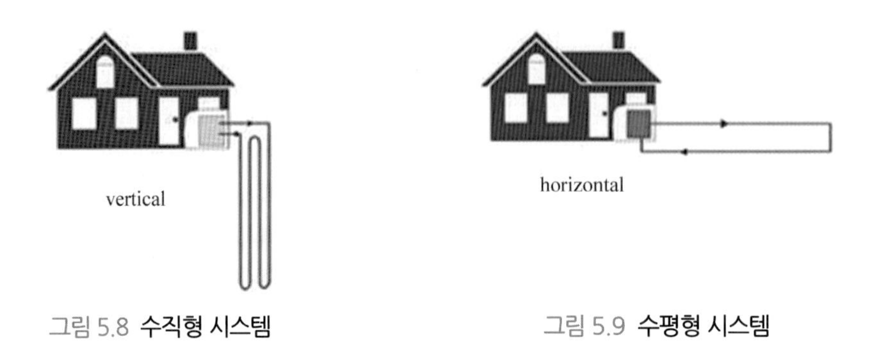

그림 5.8 **수직형 시스템**　　그림 5.9 **수평형 시스템**

② 폐회로 수평형

폐회로 수평형은 대지사용 면적이 충분한 경우 적합하고 병렬시공으로 용량이 증대되고 초기 투자비가 저렴하며, 효율이 수직형보다 낮다. 폐회로 수평형 매설 깊이는 약 1.5～1.8 m에 위치한다.

③ 폐회로 복합형

폐회로 복합형은 대지사용 면적이 제한적인 경우 적합하고 주로 고층건물, 대용량부하에 적용하는 방식으로 냉각탑, 보일러를 보조설치해야 하고 지열교환기 설치비를 최소화시킬 수 있다.

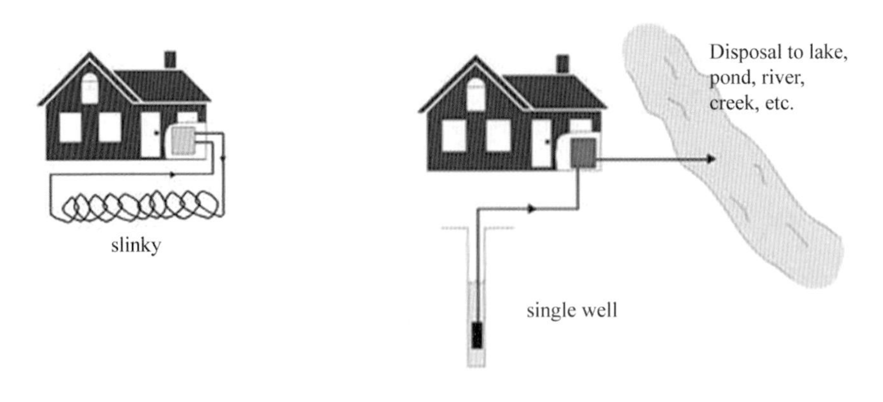

그림 5.10 **폐회로 복합형**　　그림 5.11 **개회로 우물형**

④ 개회로 우물형

개회로 우물형은 지하수, 호수 등의 가용수가 풍부한 경우 적합하고, 수질관리가 필요하며 초기 투자비가 저렴하다. 또한 설치면적이 적고 지역에 따라 제약이 있다.

5.4.3 지열 열원 이용 기술

바이너리 발전 기술 적용을 위해 최소 100℃를 요구하므로 대부분 지열 이용 바이너리 발전 설비는 열원 온도가 200℃ 이상인 지역으로, 주로 화산 또는 지진 활동이 활발한 환태평양 조산대에 위치한다. 열원 150℃ 이상의 적용 바이너리 발전 설비는 CHP 형태로 발전설비가 구성되어 있으며, 냉매의 응축온도는 약 60℃ 정도 수준이며, 응축기를 냉각하는데 사용된 열은 난방용으로 사용 가능하다. 지열 이용 바이너리 발전 설비는 미국의 Ormat사 및 Pratt & Whitney사, 독일의 GMK사, 이탈리아의 Turboden사가 제작 및 운전 경험이 있으며, 전기 에너지 발전 용량은 수십 kW에서 수십 MW로 다양하게 운전 중이고, 지열 에너지 산업은 2005년부터 2010년 사이 4.25%나 성장했다. 굴착기술의 계속되는 발전은 지열 에너지의 사용을 미서부에서 동부로 넓히는 역할을 하고 있다. 지열 에너지 사용은 선진국들이 주도했으나 최근에 필리핀에서는 이미 국가 전체 전력 사용량의 23%를 지열 에너지로 해결하고 있으며, 2013년까지는 이를 60%까지 늘릴 계획이다. 아프리카의 케냐도 지열 에너지 발전소 건설을 검토 중에 있으며, 지열 에너지가 밝은 미래를 가져다 줄 수 있는 에너지 중 하나이다. 수력발전과는 달리 지열발전은 수로를 파괴하거나 주변 생태계를 크게 파괴하지 않는다. 땅 아래의 열을 이용하는 지열발전은 사용된 온수를 재사용할 수 있다. 지열발전은 95~99%까지 스스로 돌아간다. 화석연료를 사용하는 발전소의 경우 75% 정도의 자립성을 가지고 있는 것에 비교하면 지열발전소는 안정적인 에너지 공급을 의미한다.

5.4.4 지열 에너지 특징

(1) 경제성

지열 발전의 비용은 대부분을 지열 발전소의 건설비용과 지열점의 굴착비가 차지하며, 지열자원의 질과 발전 형식에 따라서도 달라진다. 지열 발전은 원자력에 비해 발전소 규모는 작지만, 경제성을 지니고 있는 게 장점이고, 소규모 분산형의 지열 에너지 자원으로서의 특성이 있다.

① 장비의 효율이 좋다.
② 혹한기, 혹서기에도 성능 저하가 없고 효율이 일정하다.
③ 별도의 관리인이 필요 없어 유지비용이 절감된다.

(2) 편리성

① 냉난방 전환이 쉽다.

② 냉 · 난방 1대의 장비로 가능하다.
③ 실외에 장비가 없어 건물 효용성이 제고된다.

(3) 안전성

① 화석연료의 사용이 없어 화재나 폭발의 위험이 없다.
② 장비외부 고압가스 배관이 없고 인허가가 필요치 않다.
③ 냉각탑이 필요 없어 세균번식 등의 우려가 없다.
④ 장비가 간단하고 고장이 적다.

(4) 친환경적

① 전기 소비가 적어 발전설비를 줄이고 화석연료 사용을 줄일 수 있다.
② 연소가스(CO_2) 발생을 줄일 수 있다.
③ 연료의 불완전 연소로 인한 유해가스 및 분진 발생이 없다.
④ 냉각탑 소음 및 열 방출이 없다.
⑤ R-410A 등 친환경 냉매의 적용이 가능하다.

(5) 기타

① 설치비가 고가이다.
② 지열 파이프 누수 시 보수가 어렵다.

5.5 가스 에너지

5.5.1 가스 에너지 개요

오랜 세월 모래와 진흙이 쌓이면서 단단하게 굳은 탄화수소가 퇴적암 속에 매장된 가스를 셰일(퇴적암) 가스(Shale gas)라고 하고 퇴적으로 이루어진 암석층에 매장된 천연가스이다. 셰일가스 역시 매장 형태가 다를 뿐 화학 성분상으로는 천연가스이므로 난방용 연료나 석유화학 원료로 사용할 수 있으면서도 석유, 석탄보다 온실가스를 적게 배출하는 친환경적인 자원이다.

1998년 이후 '수압파쇄공법'으로 셰일가스 채굴이 가능해졌다. 하지만 보통 천연가스는 이

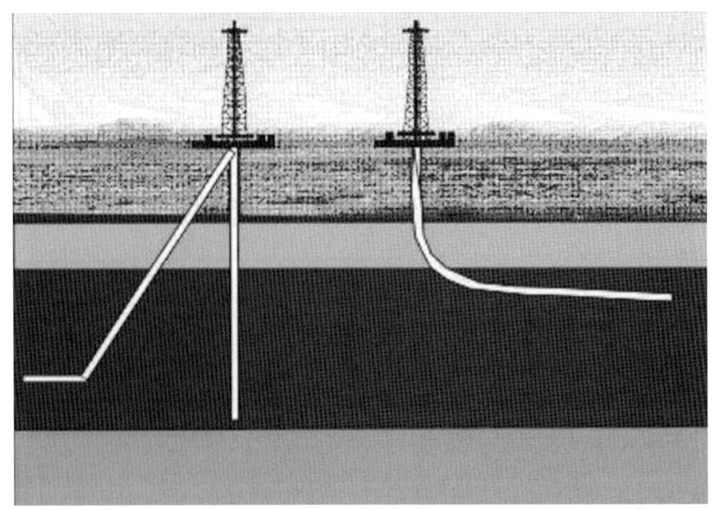

출처: http://www.energy.alberta.ca

그림 5.12 **셰일가스 채굴법**

판암층에서 생성된 후, 지표면으로 이동해 한 군데에 고여 있는 것이지만, 셰일가스는 가스가 투과하지 못하는 암석층에 막혀 이동하지 못한 채 이판암층에 갇혀 있는 것이다. 일반 천연가스보다 더 깊은 곳에 그리고 넓은 지역에 걸쳐 연속적인 형태로 분포되어 있어 기존 천연가스를 추출하는 방식으로는 기술 한계로 개발에 제약이 있었다. 그래서 셰일가스는 1800년대에 이미 발견되었음에도 이용을 하지 못했으나, 1998년 미국인 채굴업자 조지 미첼이 '수압파쇄 공법'을 통해 상용화에 성공하면서 셰일가스가 상용화되었다.

수압파쇄 공법은 모래와 화학 첨가물을 섞은 물을 시추관을 통해 지하 2~4 km 밑의 바위에 500~1,000기압으로 분사, 바위 속에 갇혀 있던 천연가스가 바위 틈새로 모이면 장비를 이용해 이를 뽑아내는 방식으로 셰일가스를 채굴하는 방법이다.

셰일가스는 미국, 중국, 중동, 러시아 등 세계 31개국에 약 187조 4,000억 m^3가 매장되어 있는 것으로 추정되는데, 이는 전 세계가 앞으로 60년 동안 사용할 수 있는 양이다. 셰일가스는 상용화 성공 이후 2000년대 들어 생산량이 증가하여 2010년 북미 지역의 셰일가스 생산량은 2000년에 비해 15.3배나 확대되었다. 미국도 셰일가스 개발에 적극적인데, 버락 오바마 미국 대통령이 "미국이 100년 쓸 에너지가 새로 나왔다"라고 말했을 정도로 큰 관심을 기울이고 있다. 미국 에너지국의 발표에 따르면 지난 1년간 석탄발전은 19% 줄어든 반면 가스발전은 38% 늘었는데, 전기를 얻기 위해 가스를 태울 때 배출되는 이산화탄소량은 석탄의 절반 수준이다. 미국이 셰일가스를 개발하면서 천연가스 1위 생산국이 되었고 온실가스 줄이기에 도움이 되고 있다. 우리나라에서도 새 정부가 원전 확대에 부정적인 견해를 보였던 만큼, 상대적으로 천연가스 및 신재생 에너지 등의 비중이 높아질 것으로 보인다. 작년에 이미 미

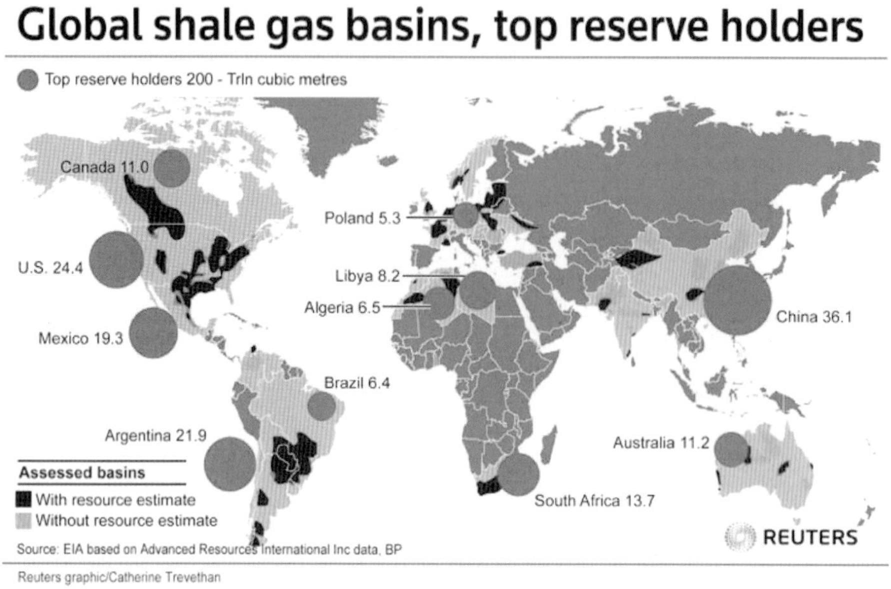

출처: http://www.forbes.com

그림 5.13 **세계의 셰일가스 매장분포도**

국과 셰일가스 투자협력을 강화하기로 하여 2017년부터 북미산 셰일가스를 수입하기로 결정하였다. 앞으로도 점차 기존 천연가스 대비 가격경쟁력이 높은 셰일가스 도입이 추진될 것으로 보인다.

5.5.2 천연가스의 분류

천연가스는 지질학적으로 수용성 가스, 석탄계 가스, 석유계 가스로 나누어지며, 석유 가스(C_2 이상의 성분)를 많이 포함했는지의 여부에 따라 습성가스와 건습가스로 나누어진다. 수용성 가스는 지하수에 용해되어 있고, 가연 성분은 거의 순수한 메탄이며 건성가스에 속한다. 탄계가스는 석탄층과 공존하는 건성가스로서 천연가스의 대부분을 차지한다. 석유계 가스는 유전지대에서 나는 가스로 구조성 가스와 석유수반 가스로 나누어진다.

지하에서 직접 채취되는 가스로서 주성분은 메탄이다. 청정하며 석유가스 다음으로 발열량이 높으며, 화염의 안전성 및 점화성이 약간 나빠서 다른 연료를 사용하다가 이 연료를 사용할 때에는 주의를 요한다.

매장 상태는 석유만큼은 아니지만 상당히 편중되어 있어서 중동, 아메리카 대륙, 유럽이 세계의 확인 매장량의 45%를 차지한다. LNG의 생산은 알제리아, 리비아, 인도네시아, 보르네오, 말레이시아, 미국, 오스트레일리아 등에서 많이 하고 있으며, LNG 기지의 반수 가까이

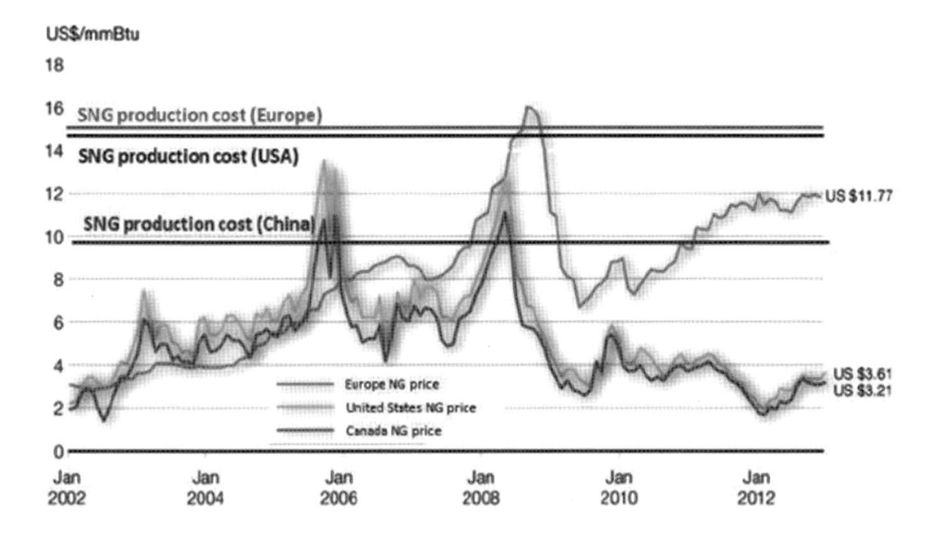

출처 : Domenichini, R.M., Gasification and CFB technology integration for combined power and chemical production, 2013 Gasification Technology Conference, Colorado Spring, 2013

출처: http://www.forbes.com

그림 5.14 **외국 천연가스 비교(유럽 북미)**

가 일본을 상대로 가동되고 있고, 세계 무역량의 4분의 3을 일본이 수입하고 있다.

5.5.3 천연가스 에너지 특징

(1) 무공해 에너지

천연가스는 액화과정에서 분진, 황, 질소 등의 제거되어 연소 시 공해물질을 거의 발생하지 않는 무공해 청정연료로서 환경보전에 큰 기여를 하는 최적의 에너지이다.

(2) 안전한 에너지

천연가스는 공기보다 가벼워 누출되어도 쉽게 날아가며 발화온도가 높아 폭발의 위험이 적어 안전하다.

(3) 경제적인 에너지

천연가스는 연탄, 석유 등 타연료에 비해 열효율이 높고 냉난방은 물론 자동차, 유리, 전자, 섬유 및 금속처리 산업 등에 다양하게 이용된다. 특히 대형건물의 냉난방으로 사용할 경우 상당한 에너지 절약을 기대할 수 있다.

(4) 편리한 에너지

천연가스는 배관으로 공급되므로 별도 수송 수단이나 저장공간이 필요 없고 모든 가스기구에 다용도로 사용되어 편리하다.

참고문헌

1. http://blog.skenergy.com
2. 석탄액화 에너지 - 한국전력기술(2016)
3. IGCC공정도 - 신재생 에너지센터
4. 에너지와 석유 자원의 한계
5. 석유의 생성원리
6. 석유의 정의 생성원인- WildCat
7. 상업용 석탄 액화 복합 공정의 가능성 평가 결과 발표

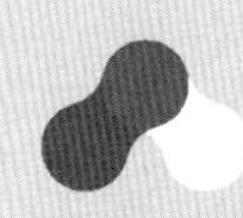

Chapter

06

유체 에너지

6.1 수력 에너지

소수력발전은 초기 시설투자비가 높은 단점이 있지만 수명기간(30년 이상)동안 유지보수비가 적게 든다는 이점이 있다. 수력과 소수력에 대한 구분은 나라에 따라 다른데 미국의 경우는 15,000 KW급 이하를, 우리나라는 3,000 KW급 이하를 일컫는다. 우리나라의 소수력 자원은 비교적 풍부한 편으로 2,605개소에 발전 가능량이 총 94만 KW에 달하는 것으로 알려져 있다. 1978년 450 KW급의 안흥 소수력 발전소가 건설된 이래 현재까지 총 25,000 KW의 발전용량에 달하는 12개의 소수력발전소가 개발 가동되고 있다. 수차의 작용 원리는 에너지 평형의 관점에서는 펌프의 원리와 반대이다. 따라서 펌프를 역회전시키고 토출 방향을 동시에 역전시키면 펌프는 수차가 된다. 이러한 의미에서 프란시스 수차는 원심펌프에, 프로펠러 수차는 축류펌프에 각각 대응하며 유사하다. 수차는 물이 가지고 있는 위치 에너지를 기계적 에너지로 변환시키는 수력 기계이다. 물의 위치 에너지는 수차에 유입될 때 운동 에너지로 변환되며 수차는 이것을 기계적 에너지로 변환시킨다. 수차는 일반적으로 발전기와 연결되어 있으므로 다시 전기적 에너지로 변환되는데 이와 같은 시설을 수력발전소라 한다. 물의 위치 에너지를 이용하기 위하여서는 표고가 높은 곳에 있는 하천이나 호수의 물을 필요한 양만큼 수차로 유도하지 않으면 안 된다.

수력 발전소는 낙차, 유량 등에 따라서 여러 형식이 있으며 그 낙차에 의해 50 m 이하의 저낙차, 50∼200 m까지의 중낙차, 200 m 이상의 고낙차로 분류할 수 있다. 이러한 낙차를 이용하는 방법에는 수로식, 댐식, 댐-수로식, 양수식 등이 있다. 수차의 입구에서 출구까지 압력 강하를 고려할 때 러너(runner)까지의 압력이 이미 대기압까지 강하하여 러너에서는 압력의 변화가 없는 형식과 러너에서 압력 강하가 발생하는 형식이 있다. 전자를 충격 터빈이라 하고 펠톤 수차가 여기에 속한다. 그 외의 수차는 후자의 경우가 되고 이를 반동 터빈이라 한다. 수로식은 유량은 적으나 경사가 급한 하천을 이용하는 경우이고, 댐식은 하천의 하류 지형상 적당한 곳에 댐을 만들어 물을 저장하고 수위를 높여 수압관을 통하여 수차에 유입시키는 발전설비이다. 양수식은 여유있는 전력으로 펌프를 돌려 저수지에 물을 올려 놓았다가 전력을 필요로 할 때 다시 발전하여 사용하는 방식이다.

6.1.1 수력 발전

수력은 물의 낙차와 양을 이용하며 댐식, 수로 변경식, 양수식, 낙차식이 있다. 물을 낙하시키면 그 힘은 운동 에너지로 전환되어, 그 에너지가 발전기에 연결된 터빈을 회전시켜서 전기를 생산한다.

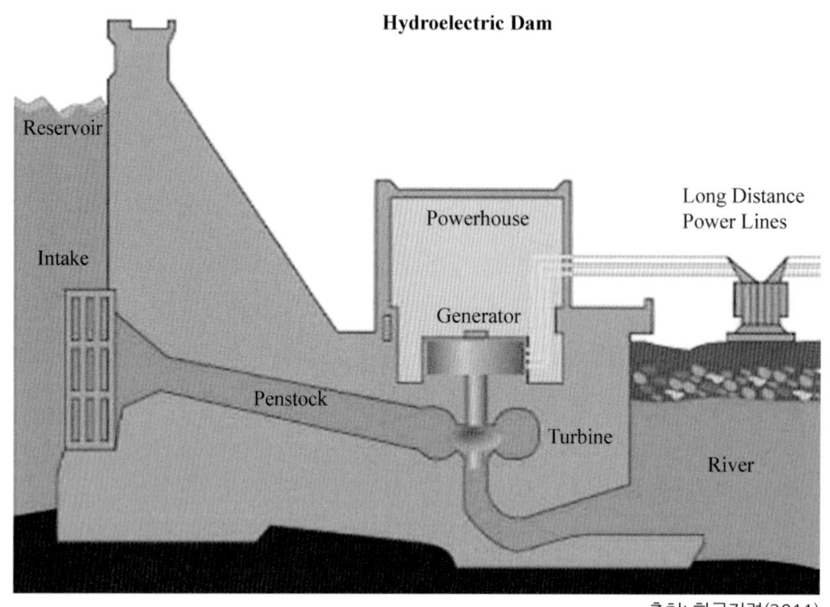

출처: 한국전력(2011)

그림 6.1 **수력발전소**

(1) 수력 에너지의 발전 방식

① 유역변경식 수력발전

유역 변경식발전은 2개의 접근한 하천이 있을 경우에 그 고저차를 이용해서, 높은 쪽 하천의 수량의 일부를 낮은 하천으로 끌어들이는 방식 그리고 같은 하천이라도 굴곡되어 있는 기점을 선정하여, 비교적 단거리에서 낙차를 얻는 방법이다.

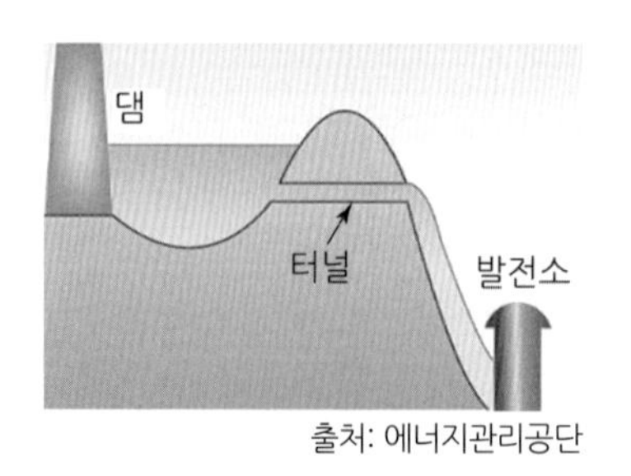

출처: 에너지관리공단

그림 6.2 **유역변경식 발전**

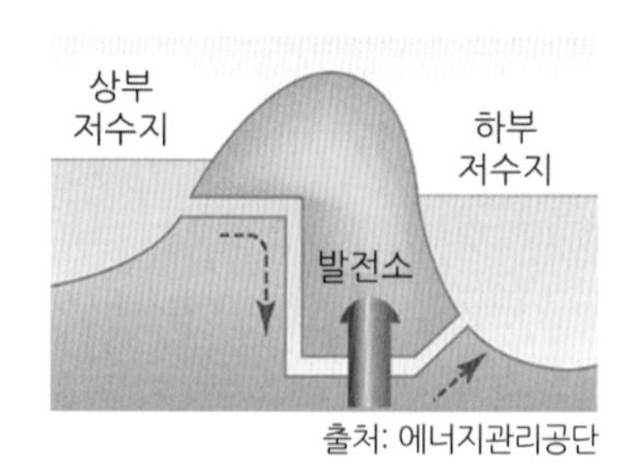

출처: 에너지관리공단

그림 6.3 **양수식 발전소**

② 양수식 발전

하천에 수량이 많은 시기거나 밤에 남은 전력을 이용하는 방법, 펌프로 물을 끌어 올려서 가뭄으로 물이 부족한 곳 또는 최대 수요 전력 때에 물을 사용하는 방법이다.

③ 댐수로식 발전

댐식과 수로식의 기능을 혼합한 것으로 하천의 중상류지역에 적합하다. 하천이 완만한 경사로부터 급한 경사로 또한 굴곡이 많은 하천 유로로 바뀌어지는 지점에 설치되는 댐으로부터 수로로써 물을 취수하여 댐과 수로의 낙차를 함께 이용하여 발전하는 방식이다. 운전 중인 발전소에는 화천, 소양강, 안흥, 강릉수력이 있다.

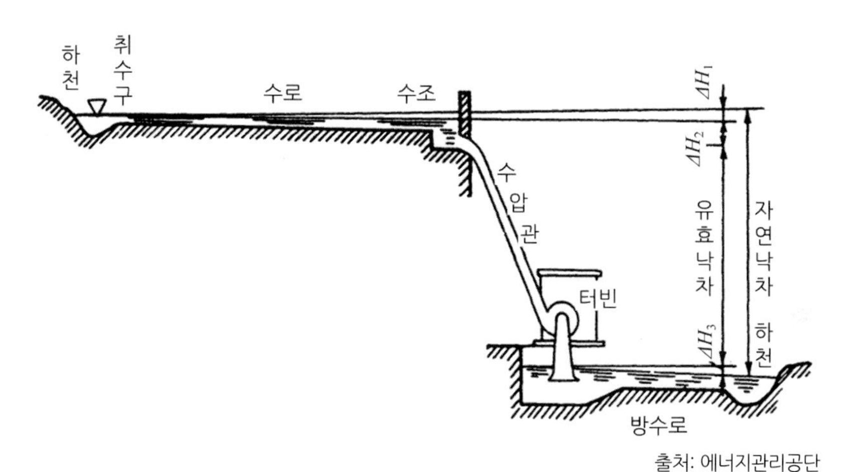

그림 6.4 **댐수로식 발전**

6.1.2 ▌발전소 분류

① 초저낙차
- 규모 : 낙차 20 [m] 이하
- 사용수차 : 수평축 원통(bulb)형 수차, 튜뷸러(tubular) 수차
- 특징 : 하천의 하류 지역에 적합(우리나라 의암, 남강, 팔당 등)

② 중낙차
- 규모 : 낙차 30～250 [m] 정도
- 사용수차 : 프랜시스(Francis) 수차, 사류(diagonal flow) 수차
- 특징 : 하천의 중 · 상류에 건설, 댐의 높이에 의하지 않고 취수된 물을 높은 낙차를 얻을 수 있는 곳까지 유도하여 발전하는 방식(화천, 소양강, 충주, 대청, 섬진강 등)이다.

③ 고낙차
- 규모 : 낙차 250 [m] 이상

- 사용수차 : 프랜시스(Francis) 수차, 펠턴(Pelton) 수차
- 특징 : 하천의 상류에 건설, 하천의 상류에서 댐과 수로를 이용하여 고낙차를 얻으며, 우리나라 지형에서는 유역변경방식을 이용한다(유역 변경방식 : 강릉 수력). 오른쪽 그림은 고낙차 발전소에 해당되는 소양강 댐을 나타낸 것이다.

6.1.3 수차의 종류

수차에는 여러 형식이 있으나 수차에 작용하는 물의 에너지 종류에 따라 중력 수차, 충격 수차, 반동 수차로 나눌 수 있다.

$$H = H_1 - H_2 = h + \frac{v_1^2 - v_2^2}{2g} + \frac{p_1 - p_2}{\gamma}$$

(1) 중력 수차

위 식에서 좌변의 첫째항 h, 즉 위치 에너지를 수차가 주로 이용하는 것으로써 물레방아가 여기에 속한다. 이러한 형태는 예전에 많이 사용되어 오고 있으나 효율이 낮고 회전속도가 빠르지 못해 발전기의 운전에 적당치 못하여 현대적인 규모의 수차로는 사용하지 않고 있다.

(2) 충격 수차

이 수차는 위 식에서 2번째 항이 전수두의 대부분을 차지하는 경우로써 대부분의 에너지가 물의 속도 에너지에 의하여 발생된다. 펠톤 수차가 대표적인 충격 수차에 속한다. 펠톤 수차는 200~2,000 m의 고낙차에서 수량이 비교적 적은 곳에 사용된다. 노즐 부분에서 물이 갖는 에너지를 전부 운동 에너지, 즉 물을 분출시켜 회전차에 회전력을 발생시킨다. 노즐에는 니들밸브가 설치되어 있어 노즐로 분출되는 수량을 조절할 수 있다. 이와 같은 노즐이 회전차의 주위에 여러 개 부착되어 있어 수차의 부하에 대하여 노즐수를 조절함으로써 수량을 새로운 부하에 응하여 변화할 수 있다.

(3) 반동 수차

물이 수차의 회전차속을 유동하는 사이에 압력과 속도가 감소하면서 이때 반동에 의하여 회전차를 구동시킨다. 프란시스 수차와 프로펠러 수차가 여기에 속한다. 프란시스 수차는 중낙차에 사용된다. 물은 안내 깃에 유도되어 회전차를 통과하는 사이에 물이 가지고 있는 에너지는 감소되고 회전차를 회전시킨다. 회전차에서 나온 물은 흡출관에 의해 방수로까지 유

설치사례

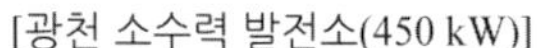

[광천 소수력 발전소(450 kW)]

[안동 소수력 발전소(1,500 kW)]

출처: 한국전력

그림 6.5 **소수력발전**

도되고 유효낙차는 높아진다. 이 흡출관은 프로펠러 수차에도 설치되어 있다. 수차의 부하가 변화되면 그에 따라 안내깃의 각도도 변화되고 유량은 새로운 부하에 따라 변화된다. 프로펠러 수차는 저낙차에서 비교적 유량이 많은 장소에 사용된다. 물은 와류실을 통하여 안내깃으로 유도되어 회전차의 축방향으로 방출된다. 그 사이에 물이 가지고 있는 에너지로 회전차를 회전시킨다. 프로펠러 수차도 낙차와 부하변화에 유리한 가동익을 많이 사용한다. 가동깃 프로펠러 수차를 카플란 수차라 한다. 수차의 부하가 변화되면 먼저 안내깃의 각도 및 회전차 각도가 변화하여 항상 최고의 효율로써 운전된다.

6.1.4 수차의 출력

저수지 또는 하천에서 물은 도수로를 통하여 헤드탱크로 유도된다. 헤드탱크는 수차로 송수하는 유량을 조절할 목적으로 도수로 끝에 설치된다. 헤드탱크를 나온 물은 수압관을 통하여 수차로 유도되고 유도된 물은 수차를 회전시켜 발전기를 회전시킨다. 수차에서 나온 물은 방수로를 지나 하천으로 유출된다.

수차에 발생되는 이론상의 출력 L_{th}는 다음과 같다.

$$L_{th} = \gamma QH\,[\mathrm{kgf\,m/s}]$$
$$= \frac{\gamma QH}{75}\,[\mathrm{PS}] = \frac{\gamma QH}{102}\,[\mathrm{kW}]$$

물의 비중량은 $1000\,\mathrm{kg_f/m^3}$이므로 이론 출력은 다음과 같다.

출처: ANDRITZ HYDRO

그림 6.6 **수차**

$$L_{th} = 1000HQ\,[\mathrm{kg_f m/s}] = 9.8QH\,[\mathrm{kW}]$$

그러나 실제의 경우 유체마찰이나 충돌 등에 의한 수력손실, 축베어링 등의 마찰에 의한 기계손실, 누설에 의한 누설손실 때문에 수차의 실제 출력, 즉 정미 출력 또는 제동 출력은 이론 출력보다 적으며 수차의 전효율을 η라 하면

$$L = \eta \cdot L_{th}$$

가 된다.

6.1.5 ‖ 수차의 효율

케이싱, 회전차, 흡수관 및 송출관 내의 수력손실, 회전차 내의 충동손실 등을 Δh라 하면 수력효율은 아래와 같이 나타낼 수 있다.

$$\eta_h = \frac{H - \Delta h}{H}$$

회전차와 케이싱 사이의 누설손실을 Δq라 하면 체적 효율은 다음과 같다.

$$\eta_v = \frac{Q - \Delta q}{Q}$$

기계효율은 기계손실, 즉 베어링과 축 및 패킹 등의 장소에서 마찰저항, 회전부분의 공기저항, 회전차와 물의 마찰저항의 손실에 관한 효율이다.

$$\eta_m = \frac{L}{\gamma(H - \Delta h)(Q - \Delta q)}$$

수차의 전효율은 다음과 같다.

$$\eta = \eta_h \cdot \eta_v \cdot \eta_m = \frac{L}{\gamma HQ} = \frac{L}{L_{th}}$$

6.1.6 ‖ 펠톤 수차(Pelton turbine)

(1) 구조와 특징

펠톤 수차는 200~2000 m의 고낙차에서 수량이 비교적 적은 곳에 사용되는 충동 수차(impulse turbine)이다. 수압관에서 나온 고압의 물은 노즐에서 가속되어 대기압의 고속제트 형태로 분출된다. 이 분출류는 회전차(runner)의 바깥부분에 설치되어 있는 15~25개의 버킷(bucket)으로 분출시켜 충격 에너지를 전달한 후 하부의 방수로로 낙하되어 흘러간다. 버킷에서 유출된 물은 그대로 하부 방수면으로 자연 낙하하기 때문에 버킷으로부터 방수면까지의 높이에 해당하는 에너지는 이용되지 않는다. 이 높이를 적게 하면 유효낙차는 증가하지만 이 높이를 너무 적게 하면 유량이 많은 경우 회전차가 물에 잠겨 효율이 저하되는 문제점이 있다. 버킷은 주강 또는 특수강으로 만들어지며 그림에서와 같이 바가지 모양으로 된 용기인데 분출되는 물은 중앙의 물 끊기에서 양분되어 버킷 내면을 흘러 그 주변에서 유출한다. 노즐에서 나오는 분출류의 속도는 보통 60~180 m/s 정도의 고속이기 때문에 버킷 내면에서 마찰손실이 생긴다. 따라서 이것을 줄이기 위하여 버킷의 내면을 매끈하게 연마하고, 형상도 정밀하게 가공하여야 한다. 수압관의 선단에서는 70~90°로 좁아진 노즐이 설치되어 있고, 노즐의 중심선에 따라서 니들밸브(needle valve)가 설치되어 있다.

발전용 수차는 일정한 속도로 회전해야 하므로 수차에 걸리는 부하에 따라 버킷에 공급하는 유량을 조절할 필요가 있다. 이 조절은 노즐에 설치된 니들밸브에 의해 행하여진다. 이 니들밸브는 서보모터(servo-motor)의 유압기구에 의해 구동되고, 부하에 따라서 유량조절이 가능하다. 이와 같은 노즐이 여러 개가 설치되어 있고 수차의 요구되는 부하에 따라서 사용 노즐의 수를 가감할 수 있다. 부하가 급격히 감소할 때 니들밸브를 급격히 닫으면 수압관 내에 수격현상을 발생시킬 수 있다. 이것을 방지하기 위하여 노즐과 버킷 사이에 디플렉터(deflector)를 설치하여 일시 여분의 물이 버킷에 분출되지 않도록 제트(jet)의 방향을 옆으로 빗나가게 하여 그 사이에 니들밸브를 서서히 닫음으로써 수격작용에 의한 압력상승을 방지

출처: ANDRITZ HYDRO

그림 6.7 **펠톤 수차**

한다. 그리고 니들밸브가 새로운 위치에 왔을 때 디플렉터는 본래의 위치로 되돌아가도록 되어있다. 한편 펠톤 수차에는 제동용 제트 브레이크가 설치되어 있어서 수차를 빠르게 정지시키도록 하는것이 가능하다. 펠톤 수차에서는 노즐을 줄여 유량을 감소시켜도 버킷에서의 속도 삼각형에는 변화가 거의 없으며 효율의 변화도 적다. 따라서 펠톤 수차는 설계점에서 다른 수차에 비하여 효율이 다소 낮으나 넓은 범위에서 높은 효율을 나타낸다. 특히 노즐의 수가 많은 펠톤 수차에서는 사용하는 노즐의 수를 줄여서 최대 출력의 10%까지도 효율의 저하가 적으며, 이는 다른 수차에서 볼 수 없는 특징이다.

6.1.7 프란시스 수차(Francis turbine)

(1) 구조와 특징

프란시스 수차는 낙차 30~600 m정도의 중낙차에 사용되는 반동 수차의 일종이다. 현재 가동 중인 10만 kW급 이상의 수차의 대부분은 프란시스 수차이다.

프란시스 수차는 수압관으로 유입되어 들어온 고압의 물은 케이싱에 들어가서 고정깃(stationary vane) 사이를 통하여 안내깃(guide vane)으로 유도된다. 안내깃은 회전차(runner) 바깥쪽에 배치되어 유입되는 물을 가속과 함께 선회속도성분을 주는 역활을 한다. 안내깃을 통과한 물은 회전차에 유입되고 유입된 물은 회전차를 통과하는 사이에 압력의 감소와 함께 선회속도성분이 감소되면서 축방향으로 송출된다. 즉, 물이 회전차 중에서 잃은 선회속도 성분만큼의 각운동량이 회전차의 구동토크로 된다. 프란시스 수차는 낙차 및 용량을 광범위하게 적용할 수 있기 때문에 많은 형태가 그동안 개발되었다. 프란시스 수차는 15 m 이하의 소형 저낙차용의 노출형과 대유량, 낙차 30 m 이하용의 드럼형태가 있으나 안내깃(guide vane)의 개폐기구가 물속에 노출되어 있고 흐르는 물속의 모래나 진흙이 유입하므로 고장이 나기 쉽고 효율도 떨어져 현재는 거의 사용하지 않고 있다. 현재 대표적인 수차로 널리 사용

출처: ANDRITZ HYDRO

그림 6.8 **프란시스 수차**

되고 있는 것은 스파이럴형(spiral casing type)으로써 회전차의 축방향, 축에 설치된 회전차의 깃수, 회전차로부터 유출되는 방향, 케이싱의 유무에 따라 여러 가지 형식으로 나누어진다. 어느 종류나 물은 케이싱으로 들어오고 안내깃에서 가속된 다음 회전차로 유입하며 회전차 내를 흐르는 사이에 동력을 전달한다. 축방향으로 나온 물은 흡출관을 지나 방수로로 배출되는데 반동 수차는 흡출관 입구에서 방수로 수면까지의 낙차도 유효하게 회수할 수 있다. 프란시스 수차의 케이싱 재질은 주강판으로 제작하고 대형은 철근 콘크리트로 한다. 프란시스 수차의 구조는 원심펌프의 구조와 거의 같다. 단지 흐름의 방향과 회전 방향이 반대이다. 프란시스 수차는 발전소에서 가장 많이 사용하는 낙차 범위에서 적용되므로 전체 수차의 70%를 점유하고 있다. 구조는 비교적 단순하다. 특히 러너는 가변부분이 없는 일체로 되어 있고 강도나 제작상 대형 수차로써 적합하다. 출력 10만 kW급 이상의 대형 수차는 대부분이 프란시스 수차이다. 러너의 형상은 비속도에 따라 다르다. 원신 펌프의 날개와 같으며 비속도가 큰 러너일수록 (러너의 폭) / (러너의 외경)의 비가 크다. 러너는 주조 또는 용접 조립에 의해 제조되며, 주강, 스텐레스 주강의 재료가 사용된다.

6.1.8 ‖ 축류 수차

(1) 구조와 특성

프로펠러 수차는 비교적 수량이 많으면서도 80 m 이하의 저낙차에 적용되는 수차이다. 물이 회전차의 축방향으로 흐르는 사이에 동력을 전달하며 그 원리는 축류펌프와 같으나 에너지의 변환이 반대 방향이다.

러너가 축류식인 점 외에는 구조, 원리 모두 프란시스 수차나 사류 수차와 공통점이 많다. 반동도는 보통 70～80%로 반동 수차 중에서 가장 높다. 프로펠러 수차의 대부분은 가이드 베인의 열림 정도에 따라 런 베인의 각도를 변화시킨다. 이와 같이 가변 날개를 갖는 프로펠러 수차를 카플란 수차라고 하고 고정 날개 프로펠러 수차와 구별된다. 회전차는 4～10개의 깃을 갖는 프로펠러형으로써 회전차를 통과한 물은 흡출관을 경유하여 방수로로 방출된다. 20 m 이하의 저낙차에서는 원통형 케이싱을 사용하는 횡축형이 일반적으로 많이 사용된다. 케이싱 입구에서 출구까지의 흐름은 축방향이며 회전차축과 발전기는 직결 또는 기어로 구동되는데 이들은 케이싱 내에 설치되어 있으며 이것을 튜블러 수차(tubuler turbine)라고 한다. 또 낙차나 부하의 변동하는 곳에서는 안내깃과 회전차 깃의 열림각이 자동적으로 변화되는 가동형 구조를 많이 사용하는데, 이러한 구조는 어느 부하의 경우에도 높은 효율을 얻을 수 있다. 깃의 재질은 강도가 크고 내식, 내마모성이 요구되며 니켈-크롬강이 사용된다. 이러한 자동조절식 가동익 프로펠러 수차를 카플란 수차(Kaplan turbine)이라 한다.

6.1.9 ▎펌프 수차

펌프 수차는 하나의 회전차로써 회전 방향을 역전시킬 수 있으므로 수차와 펌프의 작용을 겸용시킬 수 있기 때문에 양정, 낙차에 따라서 프란시스형 펌프 수차(낙차 약 600 m 이하), 사류형 펌프 수차(낙차 약 30～150 m), 프로펠러형 펌프 수차(낙차 약 20 m 이하)로 일반적으로 분류된다. 이 펌프 수차는 수차로 사용할 대 회전차 내의 흐름은 증속류이지만, 펌프로 사용할 때는 압력 상승을 수반하여 감속류가 되기 때문에 벽면으로부터 박리(seperation) 현상이 발생하기 쉬워 손실이 크게 된다. 따라서 수차를 그대로 펌프로 사용하면 효율은 현저하게 저하된다. 따라서 펌프 수차의 회전차 및 수로는 일반적으로 펌프에 적용되도록 설계하고 그중에서 수차용으로 사용되어 효율이 좋도록 수정한다.

겉보기에는 펌프 수차와 일반 수차 사이에는 큰 차이가 없지만 같은 크기나 효율면에서 수차와 비교하면 프란시스형 및 사류형 펌프 수차 회전차의 바깥지름은 구차보다 약 20～30% 크다. 회전차 깃의 수는 프란시스형 펌프수에는 6～10매, 사류형 펌프 수차에는 8～10

출처: ANDRITZ HYDRO

그림 6.9 **펌프 수차**

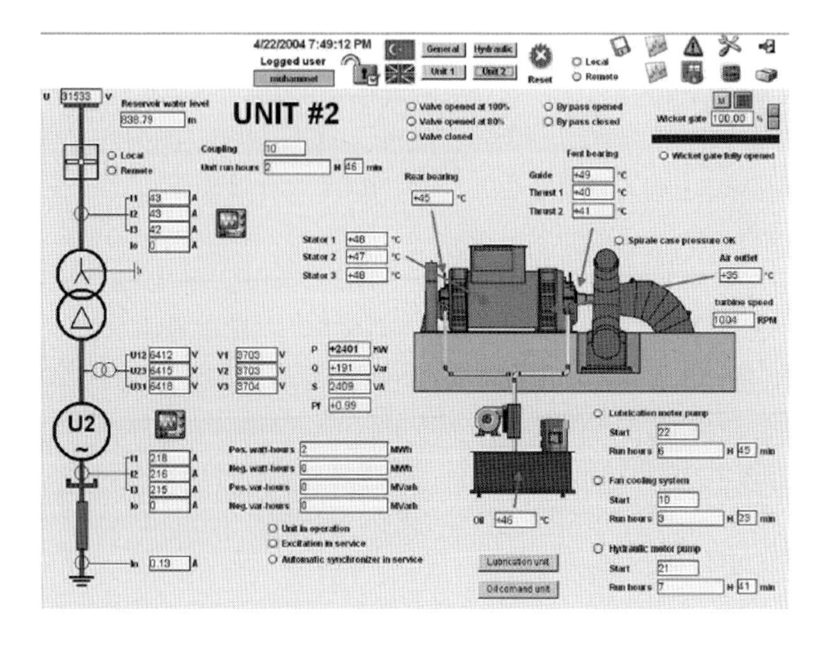

SCADA

- Active power
- Reactive power
- Speed(Hz)
- Turbine opening(%)
- Pressure(m)
- Current(A)
- Voltage(V)
- Temperature(°C)
- Alarm / Event history

출처: ANDRITZ HYDRO

그림 6.10 **펌프 수차 자동제어**

매를 일반적으로 사용하고 있다.

6.2 해양 에너지

6.2.1 해양 에너지

해양 에너지는 부존 형태에 따라서 조력, 파력, 해수온도차, 해류 에너지 등으로 존재하는데, 대부분 첨단기술을 필요로 하고 엄청난 개발비용이 들어 현재로서는 경제성이 취약하며 몇몇 선진국에서 실험적 연구개발이 진행되고 있을 정도이다. 해양 에너지는 크게 조력발전 해양온도차발전 및 파력발전으로 이용될 수 있다. 조력발전기술은 주로 저낙차용 수차의 개발에 중점을 두고 있으며, Rance발전소의 Bulb형 수차, 캐나다 Annapolis발전소의 Straflow 수차 등이 개발되고 있는데, 조력 에너지는 간만의 차가 5 m 이상 되어야 개발가치가 있어 우리나라의 서해안을 비롯한 유럽, 북미 등의 몇몇 해안지역에서만 가용조력원이 편재되어 있다.

해양 500~700 m 깊이의 온도가 4~6℃이고 해양표층온도가 높은(열대: 28~30℃; 아열대: 22~26℃) 점을 이용하여 발전을 할 수 있으나 아직까지는 시험단계이다. 1980년대에 들어와 미국과 일본에서 각각 1000 KW급, 120 KW급 파이롯트 플랜트(pilot plant)를 건설하고 시험발전에 성공한 바 있으며, 현재는 수십 MW급 플랜트의 개발에 목표를 두고 연구를 추진하고 있다. 파력 에너지를 이용한 발전기술연구는 약 100년 전부터 시작되어 파력전원이 풍부한 일본과 영국 및 노르웨이 등에서 활발하게 수행되고 있어 1990년대 전반에 실용화될 가능성이 매우 높다.

해양 에너지는 그 이용 방식에 따라 조력, 파력, 온도차, 해류, 염분차 등 여러 형태로 존재하며, 고갈될 염려가 전혀 없고, 인류의 에너지 수요를 충족시키고도 남을 만큼 풍부할 뿐 아니라, 공해문제가 없는 미래의 이상적인 에너지 자원이라 할 수 있다. 조력 에너지는 조석현상으로 나타나는 밀물과 썰물의 흐름에 의한 해수면의 상승, 하강 운동을 이용하는 것으로, 조류발전과 조력발전이 있다. 이 두 방식은 모두 바닷물 속에 터빈을 설치하고, 흐르는 조류에 의해 터빈을 돌려 전기 에너지를 얻는다. 다만, 조류발전은 조류가 빠른 곳에 터빈을 설치하는 데 비해, 조력발전은 바다를 제방으로 막아서 바닷물을 가두어 두었다가 흘려보내면서 낙차를 이용하여 터빈을 돌린다. 조력발전은 고갈될 염려가 없고 공해가 발생하지 않는다는 장점이 있다. 그러나 조수 간만의 차이가 큰 지역에만 설치할 수 있으며, 바다를 제방으로 막는 데 막대한 비용이 든다. 또 조차가 균일하지 않아 발전량의 편차가 크며, 조류가 멈추는 시간에는 발전할 수 없다는 단점이 있다. 환경적으로는 제방 안쪽에 바닷물을 가두므로 갯벌이 사라지고, 염분의 농도 변화, 먹이 사슬의 변화 등 해양 생태계에 혼란을 줄 수 있다. 현재 프랑스의 랑스 강에는 1966년부터 240 MW급 조력 발전소가 운영 중이고, 2011년에 완공된 우리나라의 시화호 조력 발전소는 세계 최대 규모이다. 2009년에는 진도 울돌목 조류발전소가 준공되어 가동 중이다. 파력 에너지는 파도의 움직임을 이용한 것으로, 파력발전은 파도의 상하 및 좌우 운동을 전기 에너지로 변환한다. 파력발전은 바다에 발전기가 설치된 부표나 원통형 실린더를 띄워 놓고 파도에 의해 움직이면 그 속에 있는 발전기가 돌아 전기를 생산하거나, 연안에 설치한 구조물에 발전기를 넣는 방식이 있다. 파력발전은 소규모 개발이 가능하고 방파제로 활용할 수 있어 실용성이 크다. 한 번 설치하면 거의 영구적으로 사용할 수 있고 공해를 유발하지 않는다. 그러나 기후 및 조류 조건에 따라 발전량의 변동이 크고, 대규모 발전 시설을 해상에서 관리하는 데 기술적인 어려움이 있으며, 입지 선정도 까다롭다. 또한 현재의 기술 수준으로는 초기 설치비가 많이 들어 발전 단가가 기존의 화력 발전보다 2배 이상 비싸다.

(1) 해양 개발의 필요성

① 해양 개발 : 해양에 부존되어 있는 여러 가지 자원을 보전, 개발, 이용하는 활동
② 자원의 개발과 확보 : 인구의 증가와 육상 자원의 고갈

③ 해양 자원의 개발 현황 : 에너지 자원 등을 개발하기 위한 연구와 조사 활동
④ 우리나라의 해양 개발 : 바다로 둘러싸여 있어 해양 개발에 좋은 입지적 조건

출처: Univ. of Norway

그림 6.11 **부유식 해상발전**

(2) 해양 자원의 종류

① 수산 자원
부유 생물 : 물 위에 떠다닌다. 플랑크톤 등
유영 동물 : 스스로 헤엄쳐 다닌다. 어류, 오징어 등
저서 생물 : 해저에서 산다. 조개, 미역, 김 등

② 해양 광물 자원
해저 : 석탄, 석유, 철, 우라늄, 망간, 천연가스 등이 매장
해수 : 소금, 마그네슘, 브롬, 우라늄 등

③ 해양 에너지 자원
종류 : 조력, 파력, 해류, 해양 온도차, 염분의 농도차
해양 에너지의 특징 : 밀도가 낮아서 개발에 어려우나, 무공해, 반복 사용이 가능

④ 해수 자원
소금 생산 : 해수를 증발시키면 염류생산
민물 생산 : 해수를 가열하여 증발되는 수증기를 모아 식히면 민물

⑤ 해양 공간 자원 : 교통 공간, 주거 공간, 관광 시설 공간 등

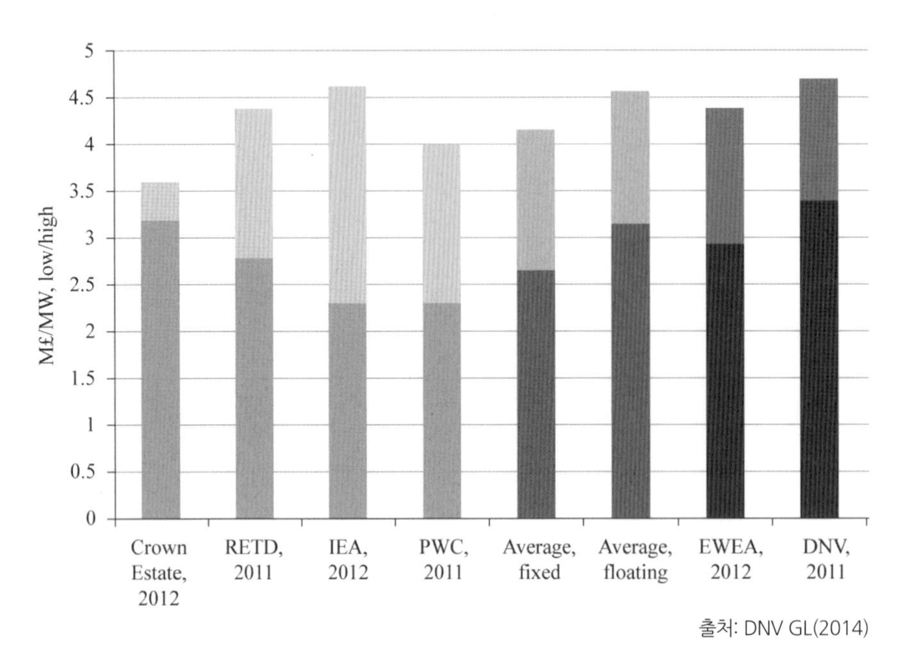

출처: DNV GL(2014)

그림 6.12 고정식과 부유식 건설비용 비교

표 6.1 해양발전 고정식과 부유식 비용

항목	고정식	부유식	비고
풍력터빈			- 동등 수준
하부구조물		+	- 부유식은 단지 내 모든 설계가 동일하여 표준화에 의한 비용 절감 경쟁력이 우수
터빈 및 하부구조물 설치 비용		++	- 부유식은 전문 설치선이 불요 - dock에서 조립 경우 공기 단축 가능
계류시스템 설치비용	+		- 계류시스템의 설치비용의 비중은 단지 건설비용 대비 낮은 편
합계		+	- 전반적으로 부유식이 우수한 잠재력 보유

자료 : Blue Wind Engineering 내부 자료

6.2.2 조력발전

(1) 조력발전의 이용

조석이 발생하는 하구나 만을 방조제로 막아 해수를 가두고, 수차발전기를 설치하여 외해와 조지 내의 수위차를 이용하여 발전하는 방식이다.

(2) 우리나라의 조력발전

① 1970년대에 해양연구소에 의해 충청남도 가로림만과 천수만을 대상으로 조력발전 타당성조사 실시

② 1980년과 1982년 최적 후보지로 선정된 가로림만에 대한 조력발전 타당성 정밀조사 및 기본설계를 프랑스와 공동으로 실시

③ 1986년에는 영국의 기술진과 공동조사

④ 1981년의 조사를 재검토한 결과, 최적 시설용량 40만 KW, 연간 발전량 836 GWH로 평가된 바 있다. 국내에서는 현재 시험 조력 발전소 건설에 관한 조사 사업을 추진 중

(3) 조력발전 종류

① 파력발전

파도 때문에 수면은 주기적으로 상하 운동을 하며, 물입자는 전후로 움직이는 운동을 에너지 변환장치를 통하여 기계적인 회전 운동 또는 축방향 운동으로 변환시킨 후, 전기 에너지로 변화시키는 것을 파력발전이라고 한다.

② 해양온도차발전

해양 표층과 심층간의 섭씨 20도 전후의 수온차를 이용하는 발전 방법으로서, 표층의 온수로 암모니아, 프레온 등의 끓는점이 낮은 매체를 증발시킨 후 심층의 냉각수로 응축시켜 그 압력차로 터빈을 돌려 발전하는 방식이다.

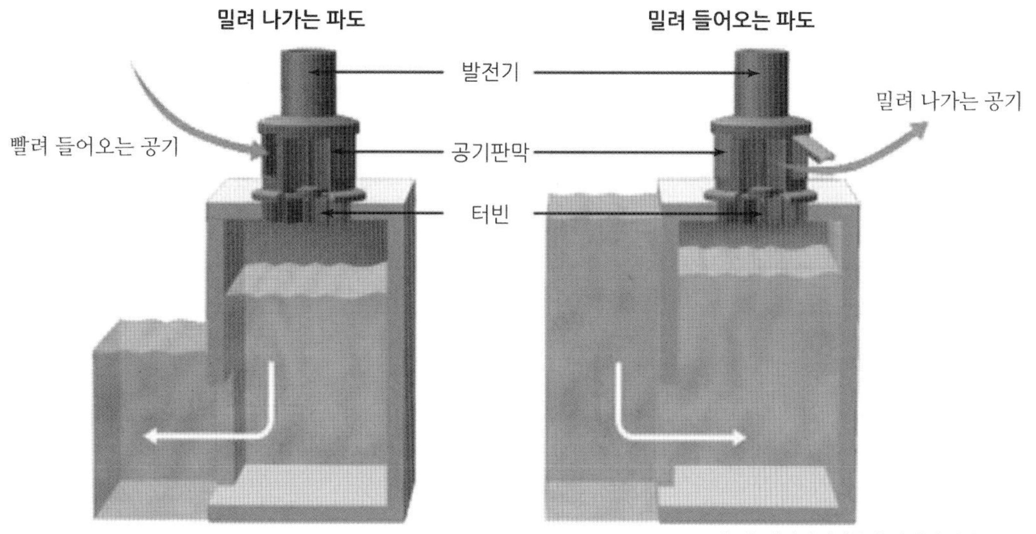

출처: 에너지관리공단 신재생 에너지센터

그림 6.13 **파력발전원리**

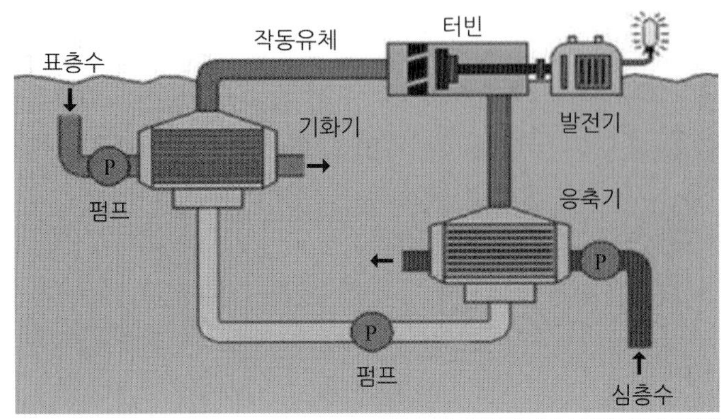

출처: 에너지관리공단 신재생 에너지센터

그림 6.14 **해양온도차발전**

③ 해류발전

육상에서 바람을 이용하여 거대한 풍차를 돌리는 것처럼 바다 속에 큰 프로펠러식 터빈을 설치, 해류를 이용하여 이를 돌려 전기를 일으키게 하는 방식이다.

출처: KISTI 미리안 『글로벌동향브리핑』 2015-01-01 일본

그림 6.15 **해류발전**

6.3 풍력 에너지

6.3.1 풍력 에너지

풍력 에너지는 잠재력이 풍부한 에너지원으로 광범위한 지역에 분포되어 있기 때문에 오래전부터 풍차에 의한 동력원으로 이용되어 왔다. 덴마크의 경우 총 전력수요량의 0.4%, 미국 캘리포니아 주는 전력 수요의 1%, 그리고 스웨덴에서는 3.2 MW 규모의 대형 풍력발전기가 운전되고 있기도 한다. 국내의 경우 현재 20 KW 규모의 국산화 풍차 개발이 이루어지고 있으며, 제주도에 200 KW 설비가 도입, 설치되어 실증 운전을 실시하고 있다. 풍력시스템의 주요구성요소인 풍차는 기술적으로 큰 어려움이 없어 양산화에 의한 비용의 절감이 기대되고 있지만, 풍력자원의 조사, 풍향에 따른 최저제어기술, 요소기술, 설비의 신뢰성 및 경제성의 확립이 필요하다. 풍력발전이란 공기의 운동 에너지를 기계적 에너지로 변환시키고 이로부터 전기를 얻는 기술을 말한다. 즉, 풍력발전의 원리는 공기역학에 의해 날개처럼 생긴 로터(ROTOR)가 돌아가면서 발생하는 기계적 운동 에너지를 발전기를 통해 전기 에너지로 변환하는 것을 말한다. 풍력발전산업은 에너지 산업 중에서 세계적으로 가장 빠르게 성장하는 산업이다.

풍력시스템은 기계장치부, 발전기 등의 전기장치부, 제어장치부 등으로 구성되어 터보 풍력 발전기는 일반적 풍력발전기의 가장 큰 단점이라고 볼 수 있는 소음과 입지조건의 제약을 해결하였다. 수직축 발전기는 구조상 바람을 안고 돌아가는 형태여서 소음이 거의 없고, 수평축 발전기는 터보의 홀에서 1차로 차단하고, 블레이드 끝부분에서 2차로 차단하여 준다.

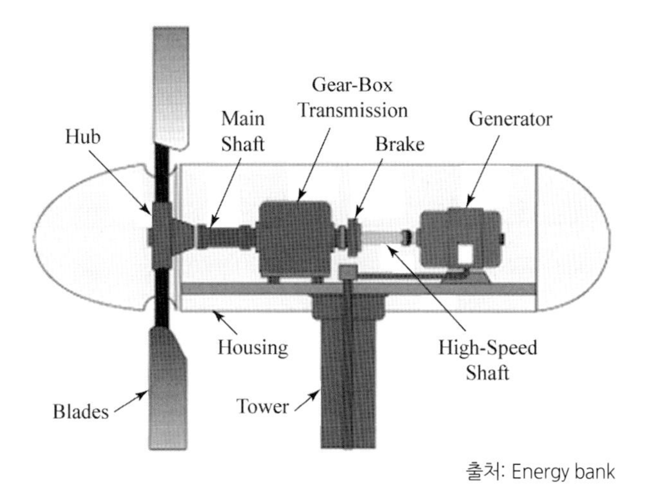

출처: Energy bank

그림 6.16 풍력시스템

또 터보를 이용한 압축공기를 이용하기 때문에 저풍속에서도 작동이 가능하고, 방향 조절장치를 장착하여 풍향에 능동적으로 대처가 가능하며, 순수 국내 기술을 이용해서 유지 및 보수가 용이하다.

① 회전자(rotor) : 날개(Blade)와 허브(Hub)로 구성, 바람이 가진 에너지를 회전력으로 변환시켜 주는 장치
② 나셀(Nacelle) : 풍력발전기의 심장부, 로터에서 얻어진 회전력을 전기로 변환하는 모든 장치
③ 증속장치(gearbox) : 회전을 증속하여 발전기를 구동
④ 제어장치 : 발전기 및 각종 안전장치를 제어, 유압 브레이크, 전력제어장치
⑤ 타워 : 풍력발전기를 지탱해 주는 구조물

6.3.2 풍력기계

자연적인 운동 현상으로 대기 중의 공기는 일로 전환이 가능한 우수한 에너지원 중 하나이다. 수평축이나 수직축에 바람의 힘으로 움직이는 로터(Rotor)를 설치하면 바람이 부는 방향으로 로터가 회전하고 이 회전력에 의하여 에너지가 발생되는 기구가 풍차이다. 풍차의 역사는 15세기경 네덜란드에서 회전 운동을 그대로 이용하는 펌프(Pump)를 풍차와 연결하여 배수용으로 사용하였고, 본격적으로 이용한 것은 약 100년의 역사를 가지며, 물을 양수하거나 곡식 등을 적재하고, 전기적 에너지를 발생하는 역할을 담당하였으며, 풍차는 규모가 큰 구조물로 발전하였다. 미국의 다익 풍차는 1850년에서 1950년 사이에 많은 미국농장에서 사용되었다. 그 풍차들은 농촌지역에 전기가 공급되기 전까지 물펌프의 동력을 얻는데 상당한 공헌을 하였다. 자원의 재생이 요구되는 최근에 와서는 더욱 관심을 기울이게 되는 중요한 에너지원으로 인정을 받게 되었다. 일반적으로 바람의 에너지는 풍차에 의해 회전 에너지로 변환되고, 이것을 직접 이용하든가 혹은 전기 및 기타 에너지로 변환하여 이용된다. 이들 중 풍력 에너지의 가장 중요한 변환 방식은 전기 에너지로의 변환인 풍력발전이다. 풍력 기계는 미래의 에너지 부족을 변화가 풍부한 바람과 일기 조건에 따라 연속적인 동작, 일정한 속도로 발전기나 펌프에 직접 공급되어 운전되도록 디자인되어야만 한다. 지구에서 부는 바람은 세계 에너지 소비량의 100배나 많은 에너지를 가지고 있다. 풍력 에너지는 풍력의 3제곱에 비례하고 풍차의 지름이 자승에 비례한다. 따라서 풍속이 크고 풍차의 크기가 크면 클수록 그만큼 더 많은 풍력 에너지를 생산할 수 있게 된다. 독일연구기술성의 연구에 따르면 풍력발전이 경제성을 갖자면 용량은 적어도 3천 KW급이 되어야 하고 그러기 위해서는 풍차의 지름이 100 m는 되어야 한다.

출처: Kingspan Enviromental Ltd(영국)

그림 6.17 **해양 풍력발전 시스템**

풍력발전 초기 미국에서는 풍력발전에 대한 관심이 널리 번져나가 1980년대 초 불과 100여대였던 풍력발전기는 1987년에는 15,660대로 크게 늘어났고, 1,390 MW의 전기를 발전하게 되었다. 덴마크는 1986년까지 총 1,200대(발전용량 총 73 MW)의 풍력발전기를 보급했으며 1987년에는 2 MW급의 것도 개발했다. 풍차의 나라 네덜란드에는 25대의 300 MW급 풍력발전기를 갖춘 유럽 최대의 풍력발전단지가 있다. 우리나라를 포함 전 세계에는 2만여 대의 풍력발전기가 보급되어 있다. 최근 풍력발전기의 안전성과 신뢰도는 크게 향상되었고, 2005년까지 연간 2조 KWh의 풍력전력을 생산하여 전력 수요의 3.1%를 공급할 것으로 예상하고 있다.

풍력입지조건은 풍향과 풍력발전기의 블레이드가 가능한 직각이 될 수 있는 산등성이를 가져야 한다. 풍력발전기 뒤에는 후폭풍이 생겨 다른 풍력발전기에 영향을 줄 수 있다. 폭은 50 m, 길이 3 km 정도의 넓고 긴 산등성이 필요하고, 풍속은 7 m/sec 이상을 유지하며, 설치 주변에 장애물이 가능한 없고, 공사를 위해 접근성이 좋은 곳이어야 한다. 그리고 와류가 없고 풍속이 높이에 따라 편차가 적은 바람이 부는 곳이 바람직하다.

6.3.3 풍차의 정의와 분류

풍차를 넓은 의미의 터보 기계(Turbo machine)로 분류하였다. 유체가 로타를 통과한 동안의 운동량과 에너지 법칙을 터보기계에 적용하여 분석할 수 있다는 의미이다.

유체가 로타를 통과한 동안 로타와 축이 동일 방향이면 이것을 수평축 풍차라고 하고, 로차의 방향이 축과 수직인 경우를 수직축 풍차라고 부른다. 수평축 풍차는 축방향의 흐름을 갖는 프로펠러나 수차타입과 비교되고 수직축 풍차는 반경 방향의 흐름과는 다르지만 방사상의 내부로 들어가는 로타를 가로 지르는 흐름이라고 보여진다. 이것은 로타가 회전하는 동안 유체 안의 점들이 상호연계되는 유형적인 분력은 부족할지라도 유체가 Rotor를 통과하는 동안의 Energy 법칙을 Turbo Machine에 적용하여 분석할 수 있다는 의미이다.

(1) Horizontal - axis wind turbine

유체가 Rotor를 통과하는 동안 Rotor와 shaft가 동일 방향인 경우를 수평축 풍차라고 한다. 수평축 터빈은 축방향으로의 흐름을 갖는 Propeller나 수차(Hydraolic Turbine)와 비교하면 쉽게 이해할 수 있다.

(2) Vertical - axis wind turbine

유체가 Rotor를 통과하는 동안 Rotor와 Shaft가 수직인 경우를 말하며, 수직축 Turbine은 반경 방향의 흐름과는 다르지만 방사상의 내부로 들어가는 로타를 가로 지르는 유체의 흐름이 수반될 것이다.

6.3.4 동작이론

일반적으로 풍력기계는 미래의 에너지 부족을 변화가 풍부한 바람과 일기조건에 따라 연속적인 동작, 일정한 속도로 발전기나 펌프에 직접 공급되어 운전되도록 디자인되어야 한다. 속도 ν의 기류가 풍차를 통과할 때 그 에너지의 일부가 흡수되어 속도는 ν_m으로 감속되고 다시 후방에서는 속도가 $(\nu-\nu')$로 된다.

밀도를 ρ 풍차에 적용되기 전과 후의 기류압력을 P_0, 풍차 직전과 직후의 압력을 p_1, p_2로 하면 베르누이의 정리에 의하여 다음과 같은 식을 얻는다.

$$P_v + \frac{\rho}{2}\nu^2 = p_1 + \frac{\rho}{2}\nu_m^2$$

의 관계가 있으며, 풍차 전후의 압력차는

$$P_1 - P_2 = \rho\nu'\left(\nu - \frac{\nu'}{2}\right)$$

로 된다. 풍자의 반지름을 R로 하고, 풍차가 받는 힘 W을 구하면

$$W = (P_1 - P_2)_F = \pi R^2 hro\nu'\left(\nu - \frac{\nu'}{2}\right)$$

로 된다.

한편 풍차를 통과하는 유체의 단위 시간당에 운동량 변화는 풍차가 받는 힘 W와 같으므로

$$\pi R^2 \rho \nu_m \nu' = \pi R^2 \rho \nu'\left(\nu - \frac{\nu'}{2}\right)$$

로 되어, 여기서 ν_m과 ν'의 관계식을 다음과 같이 얻을 수 있다.

$$\nu - \nu_m = \frac{\nu'}{2}$$

다음에 풍차가 흡수한 에너지에 관하여 고찰하여 보면, 속도 ν 및 $(\nu - \nu')$의 두 개 부분의 운동 에너지 차는

$$\frac{\rho}{2}\nu^2 - \frac{\rho}{2}(\nu - \nu')^2 = \rho\nu'\left(\nu - \frac{\nu'}{2}\right)$$

로 된다.

6.3.5 국내 산업체 동향

국내 중대형 풍력시스템 산업과 관련하여 30여개의 기업들이 적극적으로 개발에 임하고 있고, 일부 부품업체는 부품개발을 고려하거나 시작단계에 있다.

표 6.2 **풍력생산기업 현황**

순번	업체명	주 생산품목과 특징	비고
1	㈜효성	- 풍력발전시스템 및 부품생산(중속기, 타워) - 750 kW 및 2 MW 풍력터빈의 개발완료 및 실증 중 - 각 부품의 개발 및 생산 최종 조립을 진행	
2	유니슨㈜	- 풍력발전시스템 및 부품 생산(단조품) - 750 kW급 개발 실증 완료 - 2 MW급 개발 안료 실증 중	
3	두산중공업	3 MW급 해상 풍력 시스템 및 핵심부품 개발 중	
4	(유)한진산업	1.5 MW 풍력터빈을 개발하여 실증 및 인증 완료	

(계속)

순번	업체명	주 생산품목과 특징	비고
5	현대중공업	- 변압기, 타단기, 회전기, 발전기, PCS 등을 주력 생산 - 태양광 시스템을 개발 보급	
6	보국전기	- 750 kW 기어리스 풍력발전시스템의 발전기 제작 - 발전기 제작기술 개발 중	
7	㈜플라스포	- 750 kW 기어리스 풍력발전시스템의 인버터 제작 - 인버터 제작기술 개발 중	
8	애드컴텍	- 2 MW급 Blade 개발 및 인증 완료 - 3 MW급 Blade 개발 중	
9	한국화이바	중형 750 kW급 풍력터빈용 블레이드 개발	
10	광동FRP	소형, 중형 블레이드 및 나셀 개발	
11	화신FRP	소형 10 kW형 블레이드 개발	
12	길광 그린테크	풍력 복합재료 부품 개발	
13	데크	풍력 복합재료 부품 개발	
14	㈜태웅	Main shaft, 타워플랜지 등 단조부품	
15	㈜현진소재	Main shaft, 타워플랜지 등 단조부품	
16	㈜평산	타워플랜지 등 단조부품	
17	용현BM	타워플랜지 등 단조부품	
18	CSWIND	타워 제작	
19	WIN&P	타워 제작	
20	동국 S&C	풍력타워 생산	
21	㈜스테코	풍력타워 생산	
22	신라정밀㈜	Slewing bearing	
23	㈜케스코	Rotor hub, nacelle bed	
24	삼양감속기	감속기, 증속기어 개발	
25	두림	풍력 부품 Test H/W 개발	
26	코헤	풍력 유압부품 개발	
27	대우 Eng'g	설치/시공 실적 확보	
28	현대 Eng'g	단지 설계, Eng'g 실적 호가보	
29	대우건설	설치/시공 기술 개발 중	
30	STX	설치/시공 기술 개발	
31	에이디텍스㈜	풍력 제어 및 모니터링 기술개발	
32	새론	풍력 제어 및 모니터링 기술개발	

출처: 에너지관리공단 신재생 에너지센터, 2008

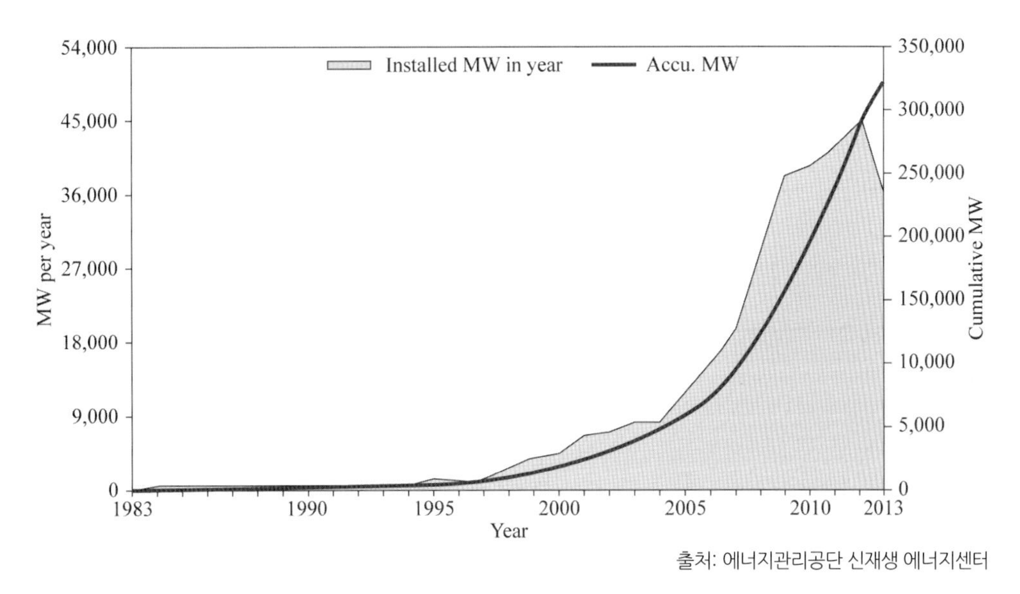

출처: 에너지관리공단 신재생 에너지센터

그림 6.18 **세계 풍력발전설치 실적**

출처: 코니스(Cornis SAS : 프랑스)

그림 6.19 **육상 풍력단지**

표 6.3 연간 풍력발전기 보급규모 및 성장률(2002-2007)

Year	Annual Installed Capacity	Accumulated Installed Capacity	Accumulated Growth Rate
2002	7,227	32,037	29%
2003	8,344	40,301	26%
2004	8,154	47,912	19%
2005	11,542	59,399	24%
2006	15,016	74,306	25%
2007	19,791	97,005	27%
Average Growth-5years			24%

출처: BTM Consultant Aps-March 2008)

표 6.4 세계 10대 풍력시장 (BTM Consultant Aps-March 2008)

Country	2005	2006	2007	Share[%]	Cumulative Share[%]
Germany	18,445	20,652	22,277	23.7%	24%
USA	9,181	11,635	16,879	18.0%	42%
Spain	10,027	11,614	14,714	15.7%	57%
India	4,388	6,228	7,845	8.3%	66%
P.R. China	1,264	2,588	5,875	6.2%	72%
Denmark	3,087	3,101	3,088	3.3%	75%
Italy	1,713	2,118	2,721	2.9%	78%
France	775	1,585	2,471	2.6%	81%
UK	1,336	1,967	2,394	2.5%	83%
Portugal	1,087	1,716	2,105	2.3%	86%
Total	**51,303**	**63,203**	**80,415**		
Percent of World	86.4%	85.1%	85.5%		

6.3.6 국내 풍력 발전 시스템 추진현황

(1) 풍력발전기 초창기 현황

2007년 이전까지의 국내 풍력발전 관련 기술개발은 1996년까지를 제1, 2단계, 1997~2001년을 3단계, 2002~2007년을 4단계로 설명할 수 있다. 1, 2단계에 해당하는 기술개발은 주로 기술개발 가능성을 확인한 단계로 1970년대 및 80년대의 2~5 kW급 소형 풍력발전기의 국산화 개발 및 실증시험을 토대로 하여 시작하였다. 1987년 12월에 제정된 「대체 에너지 기술개발 촉진법」을 근거로 1988년에 대체 에너지 기술개발 기본계획이 수립되면서 풍력발전 분야의 기술개발 투자가 본격적으로 시작되었다.

「대체 에너지 기술개발 촉진법」에 근거한 정부의 지원으로 1990년도에 KIST에 의한 계통연계형 20 kW 소형 풍력발전기 국산화 시험운전, 1992~1996년 50 kW와 300 kW 수직형 풍력기기를 한국화이바에서 개발하여 각각 마라도와 전남 무안에서 시운전하였으나 실패하였다. 1994년에 제주 월령에 180 kW 규모의 신재생 에너지 시범단지를 한국 에너지기술연구원에서 조성하여 대체 에너지기술의 실증시험 및 교육홍보의 기지로 활용되고 있다. 1997년도부터의 3단계 연구개발 성과는 1994년도에 제주 월령을 기반으로 하여 풍력발전시스템의 운영을 통한 성능측정 및 신뢰성 분석의 기초기술을 향상시킨 계기가 되었다. 1998년도부터 보다 정밀한 국내 풍력자원의 분석 및 측정기술 개발에 노력하였다. 또한 중대형급 750 kW급 수평형 풍력발전 구성기기의 국산화(회전자 중심)가 한국화이바의 주관 하에 2002년까지 진행되었으나 상용화되지 않았다. 2002년 이후에는 중대형 풍력발전기의 국산화 개발을 통해 풍력발전 실용화 보급을 전제로 한 풍력발전기 기술개발이 시작된 단계이다. 2005년 4월 기술개발 완료를 목표로 2002년 12월부터 ㈜효성이 750 kW급 기어형 풍력발전시스템

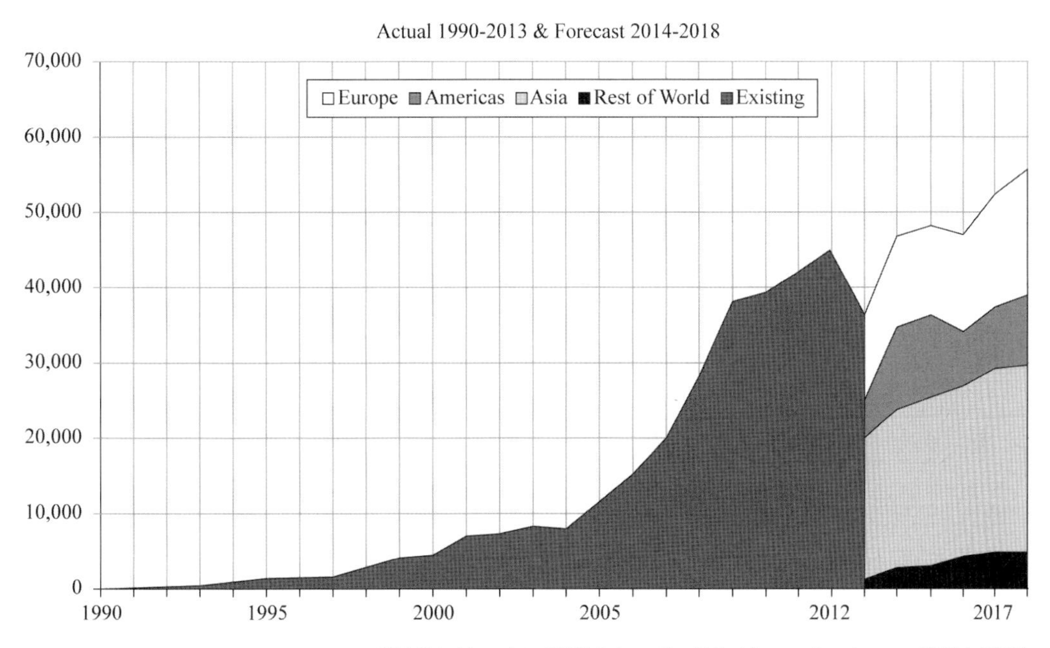

출처: World update 2013, Internation Wind Energy Development(BTM, 2013)

그림 6.20 **세계 풍력시장**

개발을 완료하고 2008년 실증 완료를 목표로 하고 있고, 유니슨이 750 kW급 직접 구동형 풍력발전시스템 개발 및 실증을 완료하고 2007년 1월에 국제인증을 취득하였다. 2003년 7월부터 코원텍에서는 1 MW급 Dual Rotor형 풍력발전시스템의 개발을 진행하였으나 현재 실증 이전 단계에서 개발이 중지되었다. 또 프랑스의 Jeumont사로부터 수입된 직접 구동형 750 kW급 중형 풍력발전 시스템, kW급의 소형 풍력발전시스템의 실증연구 등이 진행된 바 있다.

2004년부터 ㈜효성 및 유니슨에서 각각 2 MW급 풍력발전 시스템의 개발을 시작하였고, 2007년 효성 및 유니슨의 2 MW급 풍력발전기는 개발을 완료 후 실증 중에 있다. 2005년부터 한진산업의 1.5 MW급 풍력발전기는 실증을 시작하여 2006년도에 완료하고 국제인증을 취득하였고, 2007년도에 한진산업의 100 kW급 풍력발전기는 실증을 시작하였다. 2005년도에는 4 MW급 해상 풍력발전 실증단지 조성과제에 착수하였고, 2006년도에는 두산중공업에서 3 MW급 해상용 풍력발전기 개발을 시작하였다. 유니슨의 750 kW급 풍력발전기는 2006년부터 실증을 시작하여 2007년도에 완료하고 국제인증을 취득하였다. 2006년도에 서영테크에서 1 kW급 저소음 수평축 직접구동형 풍력발전기 개발과제를 시작하였고, 육상풍력발전기의 실증을 위한 단지조성 과제, 한반도 해역의 고해상도 풍력자원지도 구축 및 단지개발 적합성 평가를 위한 과제를 한국에너지기술연구원에서 시작하였다.

표 6.5 **주요 국가 실적 비교**

구분	2012년 목표(MW)	2012년 실적(MW)	목표 vs 실적	2020년 목표(MW)
영국	2,650	2,948	▲ 11.2%	18,000
덴마크	856	921	▲ 6.4%	1,339
독일	792	280	▽ 64.6%	10,000
프랑스	667	0	▽ 100%	6,000
미국	-	-	-	최소 10,000

※ 자료출처: Offshore Market Dynamics, Make Consulting(2013) 외

(2) 풍력발전 단지분야 추진현황

육/해상 풍력발전단지 개발을 위한 저해상도 자원지도(10 km/10 km) 작성 과제를 완료하였고, 한국에너지기술연구원에서 고해상도(1 km/ 1km) 풍력자원지도를 개발 중에 있다. 현재 풍력발전단지 건설 시 단위 풍력발전시스템의 용량 규모 대비 경제성 분석을 통하여 풍력선진국에서는 이미 대형급(단위용량 1 MW 이상)이 시장을 선점하여 새로운 풍력발전단지를 건설 중에 있다. 기존 중소형급(1 MW 이하)으로 구성되고, 시스템을 대형급으로 교체하는

출처: Kingspan Environmental Ltd(영국)

그림 6.21 **해양 풍력단지**

등의 대형급의 점유율이 점점 확대되고 있는 추세이다. 국내에서는 최초로 10 MW급의 풍력발전단지가 2003년 제주 행원리에 설치되어 운영되고 있다. 또한 새만금(전라북도), 영덕(경북), 강원, 대관령 풍력발전단지가 설치되어 운영되고 있다. 현재 제주도에 풍력발전기 필드테스트를 위한 육상 및 해상 풍력발전 실증단지 건설을 위한 과제를 수행 중에 있다. 국내 풍력발전단지 건설에 대한 관심은 고조되고 있으나 풍력발전단지 건설을 위한 대대적인 지원에 대한 합의도출이 지연되고 있는 실정이다. 기술적 측면으로 풍력발전 단지 건설의 불확실성을 경감시킬 수 있는 기반기술이 취약하다. 풍력발전사업의 성패를 좌우할 수 있는 풍력자원평가, 기술표준의 확립, 성능시험 설비의 확보 등 공공성이 강한 기반기술이 부족하다. 정부의 신재생 에너지 개발 및 이용, 신재생 에너지 발전가격의 고시 및 차액지원제도에서는 풍력발전시스템을 설치하기에 충분한 경제성을 15년간 보장하고 있으나, 실제 풍력발전단지 건설 사업을 수행하기에는 아직도 개선해야 할 문제점이 많다. 특히 송배전 선로에 연계시킬 경우 배전선로 연계 허용용량 설정 문제로 인한 부분, 계통보호설비 등은 다소 간소화할 수 있도록 한전과 산자부가 협의하여 개정이 필요한 부분이다. 풍력발전시스템으로 발전된 전력은 매전 단가가 초기에 107.29원에서 향후 더 낮아질 것으로 예상되고 있으므로 풍력발전단지 조성에 효율 극대화가 필요하다.

6.3.7 국내 풍력발전 시장 동향

시장 규모의 예측은 기술로드맵을 작성함에 있어서 가장 중요한 부분으로 미래시장을 정확하게 예측함으로써 시장 확보를 위한 요구 기술을 선행 개발하는 것이 목적이다. 미래 시장을 예측하는 것은 기본적으로 상당한 불확실성이 존재하므로 다양한 예측을 종합한 후 가장 가능성이 높은 시나리오를 설정하여 시장규모를 예측하는 방법을 사용한다. 향후 예측 보완을 위해서는 다중 시나리오에 의한 다중 예측으로 다양한 가능성을 대비한 대체기술을 고려하는 것이 바람직하다. 한전 전략기술경영연구소에서 예상한 2010년까지 육상 풍력은 859 MW가 보급될 것으로 예상하고 있으며, 2006년도의 보급량 예측인 208 MW는 2006년도 후반부의 보급 실적과 매우 근접함을 확인할 수 있다. 2010년도 이후의 풍력발전산업의 성장은 해상 풍력발전 보급에 의해 결정될 것으로 예상된다. 향후 국내 시장규모는 전략기술경영연구소의 2006~2010년까지 풍력발전 보급 예측 시나리오를 기본으로 하였으며 아래의 가정을 통해 예측하였다. 본 시나리오는 육상 풍력발전보급만을 고려한 것으로 해상 풍력발전 보급은 2009년 이후에 시작될 것으로 가정하였다. 연간 변동요인을 무시하고 풍력발전 단지 개발 공사비는 15억 원/MW를 전 예측기간에 대하여 동일하게 적용하였으며, 발전차액보전도 100원/kWh로 일정하게 적용하였다. 육상 풍력발전단지의 경우 지형적인 제약요건에 의하여 일부의 경우를 제외하면 대규모 단지화에 어려움이 많을 것으로 예상되어 소규모 단지규모(10 MW/단지)를 기본으로 적용하였다. 육상용 풍력발전기의 보급기종을 1 MW로 가정하였으며 그에 의한 연간전력생산량은 2 GWh/년/MW로 일률 적용하였다. 국산 풍력터빈의 점진적 시장진입 반영은 2007년 이후로 가정하였으며 국산화 풍력발전기의 국내시장 점유를 2007년 10%를 시작으로 2010년 40%까지 점진적으로 증가하는 시나리오를 적용하였다. 풍력발전단지 설계기술은 하드웨어 분야인 풍력발전기에 비하여 집중개발 및 정부의 유도정책에 의해 전략적인 급성장이 가능한 소프트웨어 분야이므로 2007년 20%를 시작으로 2015년 90%까지 급성장하는 시나리오를 적용하였다. 정부는 2002년 12월에 확정된 「제2차 국가 에너지 기본계획」에 의거하여 2006년 3%, 2011년 6%의 대체 에너지 공급 목표를 설정하고, 이 중에서 풍력발전은 2012년까지 2,250 MW를 보급하여 총 발전량 369,973 GWh의 1.8%에 해당하는 6,639.1 GWh를 보급하는 것을 추진하였다.

6.3.8 풍력발전의 미래 전망

풍력발전 산업은 유럽과 미국을 중심으로 그 연구 개발이 진행되고 있다. 기술 개발의 방향은 크게 대형화, 경량화, 집약화로 요약할 수 있다. 대형화는 풍력발전기 각 대의 발전용량을 늘리는 것이고, 경량화 집약화는 발전 효율을 높이는 것이다. 또 해안형 풍력단지의 개발이 증가함에 따라 기존의 콘크리트로 기초를 다지던 것을 철 구조물로 대체하여 비용을 절감하는 기술 개발을 추진하고 있다. 제1, 2차 석유 파동 이후 석유의 한계와 그 의존도를 줄여야겠다는 의식은 전 세계적으로 확산되었다. 이로 인해 대체 에너지의 개발은 더욱 필요해졌고 1980년대 초부터 지금까지 그 연구는 비약적으로 성장했다. 또한 교토의정서 등의 국제환경협약에 따라 서명국들은 그 협약에 따라 온실가스 배출억제를 위하여 대체 에너지 개발에 노력하고 있으며, 그중 풍력발전은 그 비중이 지속적으로 커지고 있는 분야이다.

독일, 미국은 풍력발전 산업에서 최대 선진국이었다. 하지만 최근 중국과 인도가 풍력발전 산업에 손을 뻗으면서 중국이 풍력발전 시장 점유율의 19%를 차지했다. 이처럼 풍력발전 산업은 오늘날에는 모든 국가들이 그 비중과 중요성을 강조하고 있으며 매년 그 성장률은 계속 증가하고 있다. 또 최근에는 해상풍력발전의 발전률도 늘기 시작했다. 2008년 말 전체 풍력발전의 1.1%를 차지하던 해상풍력발전은 2013년에는 5% 이상이 해상풍력발전으로 대체될 것으로 전망된다. 우리나라의 경우 대통령이 위원장을 맡는 국가에너지위원회는 2008년 「제1차 국가에너지기본계획」에서 2007년 화석 에너지의 비중이 83%인 것을 2030년까지 61%로 축소하는 한편, 풍력을 포함한 신재생 에너지의 비중은 2007년 2.4%에서 2030년 11%로 약 5개 확대하여 에너지 공급에서 탈 화석연료화를 계획하고 있다.

6.3.9 풍력발전 특징

풍력발전은 무공해, 무한정의 바람을 이용하므로 환경에 미치는 영향이 적고, 국토의 효율적 이용이 가능하다. 또한 대규모 발전단지의 경우에는 발전단가도 기존의 발전 방식과 경쟁 가능한 수준의 신에너지 발전기술이다. 현재 국내에 보급되어 있는 풍력설비들은 소형 풍력의 경우 국내 개발된 기술 또는 도입기술이 혼용된 형태로서 풍력산업의 성장과 보급 확대가 이루어지고 있다. 현재 상업 운전 중인 중형급 이상의 대부분의 풍력발전 설비의 주요 부품은 수입에 의존하고 있고, 타워 구조물이나 기초 구조물 정도만이 국내에서 제작, 시공되고 있는 실정이다. 현재까지 국내에 보급된 풍력설비의 총 규모는 2007년 9월 약 180 MW이며, 대관령(약 103 MW급), 영덕(39.6 MW급), 행원(약 908 MW급), 새만금(7.9 MW급), 한경(6 MW급), 풍력발전 단지를 중심으로 상업용 풍력발전이 이루어지고 있다. 국내 풍력 에너지 잠재량은 1,069 TWh/year이며 이 중 가용 풍력 자원은 93 TWh/year이다. 국내 풍력발전의 시작은 2007년 보급된 풍력발전 시스템은 총 122여기, 약 180 MW 용량으로서 2007년 1월부터 8월까지 8개월 동안 225.2 GWh의 전력을 생산하였다. 영덕 풍력발전단지(39.6MW)와 대관령 풍력발전단지(약 103 MW), 행원 풍력발전단지(약 10 MW)의 세 개의 풍력발전단지가 국내 풍력 에너지 보급량의 약 86%를 담당한다.

국내 풍력발전 단지 사업은 아직 초기 시장 진입 단계이며, 2002년 이후 개발된 단지가 대부분이다. 지역별 보급현황을 살펴보면 대부분의 운전 중인 풍력 설비는 Vestas(덴마크)와 같은 해외업체로부터 수입되어 운전되고 있는 실정이다. 정부는 이러한 기술격차를 극복하기 위해 국책과제로 2001년부터 750 kW급 개발에 착수하였고, 2004년에는 2 MW급 풍력발전 시스템 개발 과제를 추진하였다. 또한 육상보다 훨씬 큰 잠재량을 가지고 있는 해상 풍력자원의 활용을 위해 2004년도에는 4 MW급 해상풍력 실증 연구 단지 조성에 착수하였고, 2006년에는 3 MW급 해상 풍력발전 시스템 개발과제를 착수하였다. 이러한 결과 현재 750 kW급과 1.5 MW급의 풍력발전기가 국제인증을 획득하였고, 100 kW급, 2 MW급 풍력발전기 개발이 완료되어 실증 중에 있다.

(1) 풍력의 장점

① 지구온난화 방지를 위한 국제적 환경보호 규제에 대한 가장 적극적인 대처방안이다.
② 풍력자원은 바람만 있으면 무한하게 사용가능하다.
③ 공해의 배출이 없어서 청정성, 환경친화성을 가진다.
④ 초기비용이 많이 들지만 발전 단가는 원자력발전과 비슷한 수준이다.
⑤ 풍부하고 재생 가능한 에너지원이다.
⑥ 공해물질 배출이 없어서 청정성, 환경친화적 특성이 있다.
⑦ 풍력단지의 관광자원화가 가능하다.

(2) 풍력의 단점

① 에너지의 밀도가 낮아 바람이 불지 않을 경우 발전이 불가능하므로 특정 지역에 한정되어 설치가능하다.
② 바람이 불 때만 발전이 가능하므로 저장장치의 설치가 필요하다.
③ 초기투자비용 커진다.
④ 에너지공급이 지역적으로 다르게 분포한다.

참고문헌

1. http://www.envitop.co.kr/04chumdan/03/sp1.htm
2. http://www.knrec.or.kr → 2008년 신재생 에너지 보급통계
3. http://blog.daum.net/mountains/13736559
4. Michael D. Ward, Science (2003)300, 1104.
5. ANDRITZ HYDRO - 펌프 수차 자동제어
6. Ritter J. A., Ebner A. D., Wang J., and Zidan R., Materials Today (2003), 18.
7. ANDRITZ HYDRO (2003), 24.
8. 에너지관리공단 신 · 재생 에너지센터, 2008 - 풍력생산기업 현황
9. DNV GL(2014년)
10. KISTI 미리안『글로벌동향브리핑』2015-01-01 일본

Chapter

07

핵에너지

7.1 원자력 에너지

원자력 에너지간 핵분열 시에 발생하는 열에너지로 이 열에너지를 이용하여 증기를 만들어 터빈을 회전시켜 발전하는 것이 원자력발전이다. 원자력은 공급안정성, 환경특성, 경제성이 우수하여 석유 대체 에너지로 중요한 역할을 담당하고 있다. 현재 원자력발전은 전 세계 에너지 소비의 7.2%를 차지하고 있다. 그러나 원자력 에너지는 사용이 끝난 연료를 재처리하여 회수된 플루토늄 및 우라늄을 재사용하는 재처리의 안전대책과 방사성 폐기물의 저장 처분 등의 과제를 동시에 가지고 있다.

선진국들은 미국과 비슷한 추세로 원자력에 의한 전기 생산을 늘려가고 있으며, 가령 독일은 전체 전기의 15%를 원자력이 담당하고 있으며 계속 늘려갈 예정으로 있다. 발전량의 약 35%를 미국이 생산하고 있고 프랑스가 16% 일본 12% 독일이 7% 등의 순서로 나타나고 있다. 근래에 프랑스는 원자력 발전 건설에 상당한 차질을 빚고 있는데 이는 발전소 현장에 데모 군중이 방해를 놓음으로써 건설을 중단하는 사태가 자주 벌어지고 있기 때문이다.

원자력 발전의 연료는 우라늄이다. 이 핵연료의 특성 중의 하나는 엄청나게 농축된 에너지원이라고 말할 수 있다. 예를 들면, 같은 질량의 석탄이 발하는 열보다 무려 20,000배 가량의 열을 현존 원자로에서 발하고 있다는 것이다. 물론 더욱 열효율이 높은 증시로(Breeder Reactor)가 개발되어 같은 석탄의 열에 비해 1,500,000만 배의 열을 발하도록 하는 원자로도 개발되고 있다. 또 한 가지 이 우라늄 연료의 특성은 방사성이 있다는 것이다. 따라서 근처에서는 취급할 수 없고, 멀리 떨어진 곳에서 기계적 작동(로보트 손을 이용)으로 취급해야 하고 특별한 안전대책이 강구되고, 화석연료를 태우는 경우보다 훨씬 복잡한 기계적 장치를 이용해야 연료의 구실을 하는 특성을 가진다. 근래에 와서 우라늄 광산을 찾는 것은 큰 산업 중의 하나가 되어 가고 있다. 현재 원자력에 의하여 발전되고 있는 원자력발전소나 추진동력을 발생하고 있는 원자력선이나 그 대부분 모두가 최종 출력단에 증기터빈을 갖는 증기사이클을 가지고 있다. 따라서 그들은 원자력증기기관이라 할 수 있다. 원자력의 열발생에는 핵분열, 핵융합의 양자가 있으나, 현재까지의 원자력은 모두 우라늄 등의 핵분열이 제어된 상태로 발생하고 있는 원자력에 의하여 생성된다. 여러 가지 새로운 에너지원 중에서 현재까지 가장 정책 지원을 많이 받은 에너지원은 바로 핵분열 에너지이다. 대부분의 선진국들은 큰 배려를 해서 정책 지원 연구개발을 해왔다. 따라서 이에 대한 기술은 자연적으로 고도로 발달하게 되었다.

미국 원자력 위원회는 수십 억 달러를 지원해서 계속 새로운 원자로와 증식로들을 개발하고 있다. 사람들은 아마 금세기 말에는 원자로가 급성장해서 전기 발전을 위한 주요 열원이 될 것이라고 생각하고 있으며, 과학계에서는 연구비가 이 원자력 에너지에 집중되어 큰 규모의 원자로가 발전용으로 사용되는데 대해서 커다란 관심을 보이고 있다. 이 관심 중에는 원자로 운행상의 위험에 대한 것이 있는데, 특히 심각한 사고의 확률에 대한 것으로 원자로 연료로서 사용되는 핵분열 재료를 안전하게 보관하는데 따르는 어려움과 방사성 폐기물을 오랫동안 저장해야 하는 문제가 아직도 해결되지 못하고 있는 상태이다. 기술적 실패, 지진 그리고 예기치 못한 자연의 재난이나, 사람의 실수나 의도적인 파괴 등은 핵발전 시스템에 비정상적인 계기가 될 것이다. 어떻게든 상당량의 방사성 물질이 유출됨으로써 인간의 건강과 환경의 오염에 미치는 결과는 실로 어떤 에너지원보다도 핵분열 에너지가 가장 심각하다.

우리나라 원전 정책의 당면 과제는 무엇인가. 안전 규제의 독립성과 신뢰를 보장할 수 있도록 체제를 개선해야 한다. 시설 수명을 다해 가고 있는 기존 원전의 운영 여부를 결정하는 기준과 절차도 점검해야 한다. 그리고 사용 후 핵연료의 중간관리 정책을 결정해야 한다. 원자력 기술과 안전 기준에 대한 국제 협력을 대폭 강화해야 한다. 원자력계는 현존하는 원자력 기술의 한계를 인정하고 안전을 극대화하는 노력을 기울여야 한다. 원전 30년을 넘긴 시점이니만큼 핵연료 후행주기에 대한 연구개발의 로드맵도 검토할 때가 되었다. 가장 중요한 것은 이들 정책에 대한 사회적 수용성을 확보할 수 있는 정부의 리더십이다. 문제의 본질에 대한 정확한 이해와 소통을 가능케 하고, 국민의 소리를 수렴하는 메커니즘을 구축하여 총론으로 통합하는 거버넌스 리더십을 발휘해할 할 시점이다.

7.1.1 원자력 에너지와 핵분열

원자력 에너지 위원회가 처음 만든 파일로트 플랜트 증식로 중 하나는 1955년 한 실험 중에 그 연로의 일부가 녹아버려 그 원자로는 파괴되어 버렸다. LMFBR와 관련된 하나의 상업적 발전 플랜트도 1966년 첫 가동 실험에서 비슷한 그러나 다행스럽게도 훨씬 덜 위험스러운 증식로 사고가 발생했었다.

세계적으로 LMFBR가 대부분의 개발연구의 초점이 되고 있으나 기체 냉각증식원자로와 냉각제와 연료를 모두 용융우라늄염으로 사용하려는 증식로도 연구되고 있다. 연구 제안자들은 이들 새로운 증식로들은 액체금속신속증식로에 비해서 약간의 불편한 점도 있지만 이론적으로는 여러 가지 더 편리한 점이 있다.

(1) 원자와 원자핵

원자는 중심부의 원자핵과 그 주위를 돌고 있는 전자로 구성되어 있으며, 원자핵은 (+)전기를 띤 양자와 중성자로 되어 있다.

(2) 핵분열과 연쇄반응

우라늄 233, 235, 플루토늄 239 등과 같은 원자핵은 중성자와 부딪치면 두 개 이상의 파편으로 쪼개지는 현상을 핵분열이라 한다. 일반적으로 원자력발전소에서 핵연료로 사용하는 핵종은 우라늄 235이다. 핵분열에 의해서 나오는 2~3개의 중성자가 다음의 원자핵에 다시 부딪쳐서 핵분열을 일으켜 연속적으로 핵분열반응이 지속되는 현상을 핵분열 연쇄반응이라고 한다. 핵분열 시 나오는 중성자는 속도가 대단히 빠른 고속중성자이다. 이런 빠른 중성자는 우라늄 235와 핵분열을 일으키기 어려우며, 핵분열이 잘되게 하기 위해서는 중성자의 속도를 낮출 필요가 있는데, 이렇게 속도가 떨어진 중성자를 열중성자라 한다. 즉, 우라늄은 이 열중성자에 의해서 핵분열이 잘된다. 핵분열 시의 고속중성자를 열중성자로 속도를 낮추어주는 역할을 하는 물질을 감속재라 하며, 감속재로는 경수, 중수, 흑연 등이 사용된다. 원자로에서 핵분열에 의해 생기는 열을 일정하게 연속적으로 얻기 위해서는 무엇보다도 핵분열 연쇄반응이 일정하게 지속되어야만 한다. 연쇄반응을 일정하게 유지하기 위한 방법으로는 핵분열을 일으키는 중성자를 적절히 조절하여야 하는데 그 방법으로 제어봉(중성자 흡수물질)을 사용하고 있다.

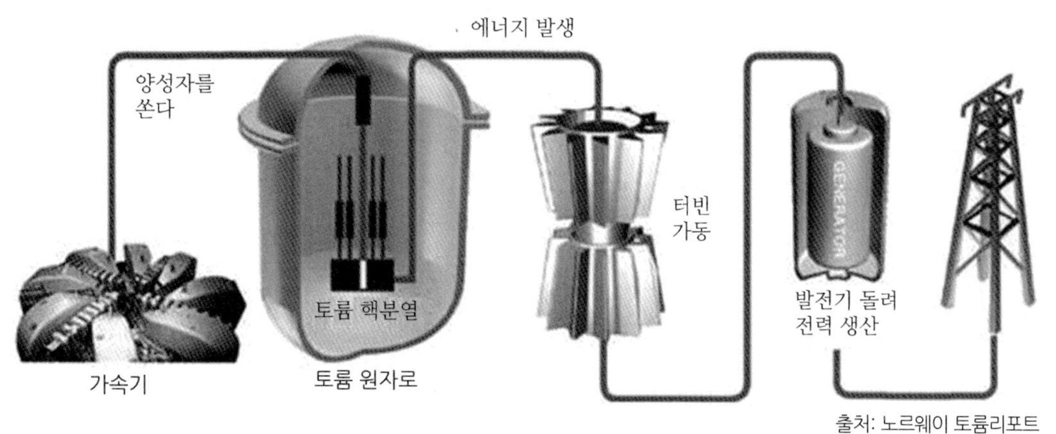

그림 7.1 **원자로 구조**

7.1.2 원자로 시스템

우리나라의 전력수요는 그동안 경제의 고도성장으로 해마다 평균 10% 이상의 높은 성장률을 지속하여 왔다. 앞으로는 우리나라도 안정적인 경제성장을 반영한다. 원자로는 핵분열 가능물질을 포함한 핵연료를 스테인리스나 지르코늄 등으로 된 피복재로써 싸고 또 열전달을 양호하게 한 연료요소를 다수 집합하여 노심을 형성하고, 그 주위를 중성자를 감속하는 물이나 중수, 카본이나 유기판 등의 감속재로 은폐하여 내부에서 연쇄반응을 생기게 하고, 발생한 열에너지를 냉각재로 밖으로 받아내는 사이클로 하는 것이다. 이 냉각제의 열은 증기 터빈으로 이송된다.

그리고 연쇄반응을 억제하기 위하여 중성자를 포획하는 물질을 포함한 제어봉을 삽입 또는 인출한다(제어봉을 삽입하면 노의 출력은 저하한다). 또한 외부로의 중성자 탈출을 감소하기 위하여 외부에 반사재(감속재와 동종물질)를 설치하고 재차 외부로 누출한 중성자 및 다른 방사선을 감쇠시키기 위하여 가장 외측에 차폐재를 설치한다.

(1) 핵연료

가장 보통의 핵연료는 우라늄 235이고 이것은 천연우라늄 속에 약 0.7% 포함되어 있으나 천연우라늄의 나머지는 우라늄 235이고, 이것은 핵분열을 하지 않는다. 천연우라늄은 그대로 연료로서 사용되는 수도 있으나 보통 은의 함유율을 농축증대한 후 사용한다. 이것을 농축우라늄이라 한다. 이 분리공정에는 확산법, 원심분리법 등이 있다. 핵연료는 이들의 우라늄을 순금속상태 또는 산화물, 탄화물, 타금속과의 소결합금 등의 상태에서 정제 성형한 것이다.

(2) 연료 피복제

연료 피복재로서는 티탄강, 알루미늄, 지르코늄합금, 마그네슘합금 등이 사용된다. 피복된 핵연료를 연료핀 혹은 연료편이라 한다.

(3) 감속제

핵분열반응으로 생긴 새로운 고속중성자를 다른 가벼운 원자핵에 수십회 충돌시키면 에너지를 소모하여 속도가 느린 열중성자로 되어, 핵분열반응을 일으키기 쉽다. 이와 같이 중성자의 속도를 감소시키기 위한 물질을 감속재(moderator)라 한다. 감속재로서는 경수(보통의 물), 중수, 유기액체, 흑연(탄소), 베릴륨, 지르코늄 등이 있다.

(4) 제어봉

핵연료를 그 종류, 형상에 따라서 어느 일정량 이상 모으면 신중성자를 중매로 하여 핵분열이 잇달아 일어나는 연쇄반응이 가능하게 된다. 핵분열에 사용되는 중성자와 신중성자 중 재차 핵분열에 기여하는 수가 균형을 이룬 상태를 임계상태라 한다. 임계를 초과한 상태에서 방치하면 출력이 급격히 증대하므로 원자로는 정상적인 운전을 할 수 없게 된다. 제어봉의 중성자 흡수성분으로서는 붕소, 카드뮴, 하프늄, 은, 인듐, 카드뮴, 합금 등이 있고, 그 형상은

봉상, 판상, 십자형으로 조성한 판상 등이 있으며, 냉각제에 흡입시켜서 사용하는 수도 있다.

(5) 냉각제

핵연료에서 발생한 열을 받아내기 위하여 연료요소 주변에는 냉각재를 흐르게 한다. 냉각제로서는 정수, 중수, 탄산가스, 헬륨, 공기, 유기액체, 액체금속 등 많은 종류가 있다. 경수, 중수, 유기액체는 냉각제가 감속재를 겸하는 일이 많다. 그리고 냉각재는 펌프 또는 송풍기로 순환시킨다.

냉각재는 중요한 에너지 전달의 매체이다. 특히 열전달이 양호하고, 펌프동력이 적고, 방사선에 대하여 안정하다는 점이 중요하고 이들 중 가장 좋은 조건을 만족시키는 것은 물(경수)이다.

7.1.3 원자력발전소의 종류

원자력발전소는 감속재에 따라 몇 개의 종류로 나누어지는데 감속재의 대표적인 것으로 경수(보통의 물)와 중수, 흑연 등이 있다. 경수를 감속재로 사용하는 경수로(가압 경수형, 비등수형)가 있으며 세계 각국에서 널리 채택하고 있다. 이 밖에 중수를 사용하는 캐나다의 중수로, 흑연을 사용하는 영국의 흑연감속가스 냉각로와 소련의 흑연감속 경수로가 있다. 현재 우리나라에서 운영되고 있는 원자력발전소는 월성원자력 1호기만이 중수로이고, 나머지는 모두 경수로이다.

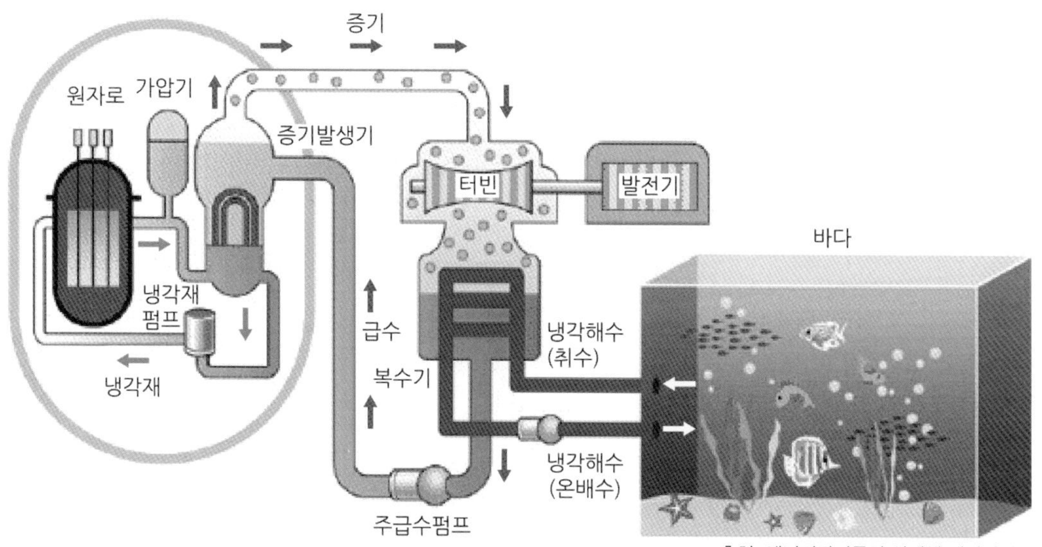

그림 7.2 **원자로 시스템**

표 7.1 원자로의 종류와 사용 연료

원자로의 종류 \ 연료 및 재료	연료	감속재	냉각제
코울더 호올형 원자로	천연우라늄	팅스텐	이산화탄소
가압수형 원자로	저농축우라늄	가압경수	경수
비등수형 원자로	저농축우라늄	가압경수	경수
가압중수형 원자로	천연우라늄	중수	중수
고속증식 원자로	플루토늄 농축우라늄	-	액체금속(Na)

(1) 가압경수로(Pressurized water reactor)

가압경수로(PWR)는 우라늄 235를 3%로 저농축한 핵연료를 사용하며, 냉각재와 감속재로 경수를 사용하는데 이 경수는 높은 온도에서도 끓지 않고 열을 운반할 수 있도록 가압되어 있는 것이 특징이다. 원자로 내의 핵연료가 핵분열할 때 나오는 열에 의하여 고온으로 가열된 경수는 증기발생기로 보내져서 그곳에서 열교환을 통하여 다른 계통의 물을 끓여 증기를 발생시키며, 이 증기가 터빈, 발전기를 돌려 발전을 하게 된다.

① 현재 세계 원전의 60% 정도를 차지하고 있는 원자로형이다.
② 냉각재와 감속재로 일반 물인 경수(H_2O)를 사용한다.
③ 연료로는 핵분열이 가능한 우라늄 235가 2~5% 들어있는 저농축우라늄을 사용한다.

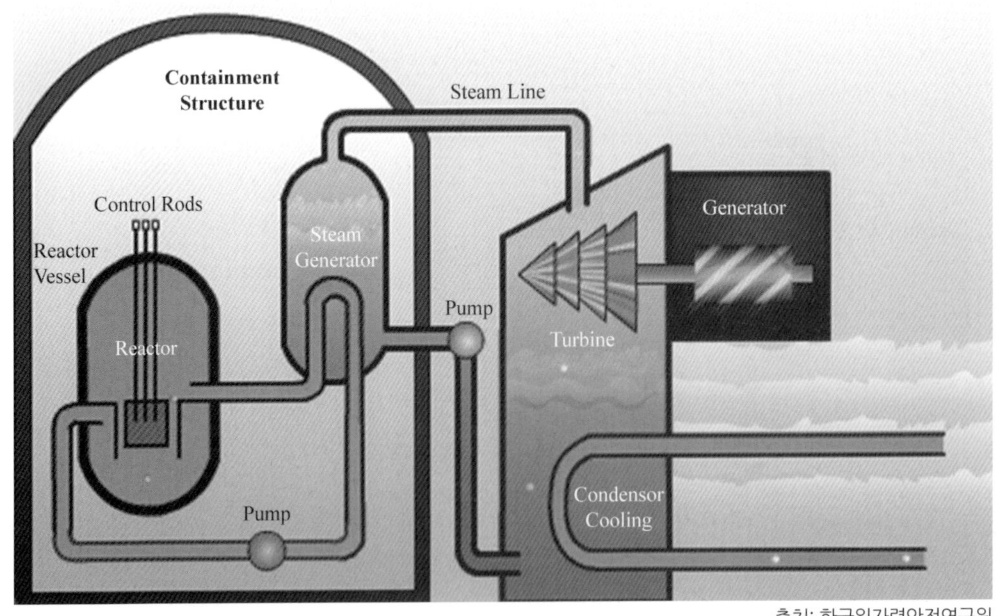

출처: 한국원자력안전연구원

그림 7.3 가압경수로

④ 냉각재(물)에 높은 압력을 가해 고온(약 300℃)에서도 액체상태를 유지하도록 하며, 이것이 열교환을 통해 2차 계통의 물을 증기로 한다.

(2) 가압중수로(Pressurized heavy water reactor)

가압중수로(CANDU-PHWR)는 천연우라늄(U-235, 0.7%)을 핵연료로 사용하며, 냉각재와 감속재는 중수이다. 냉각재가 원자로 내의 핵연료관을 통과하면서 핵분열에 의하여 발생되는 열을 증기 발생기로 전달하고, 여기서 나오는 증기가 터빈, 발전기를 돌려 발전을 하게 된다. 특히 중수로는 운전 중에 연료를 교체할 수 있다는 장점을 가지고 있다.

① 캐나다에서 개발하여 캔두(CANDU)라고도 불리는 원자로로 냉각재와 감속재로 중수(D_2O)를, 연료로는 천연우라늄을 사용하는 것이 특징이다.
② 천연우라늄을 연료로 쓰고 있어 핵분열 확률을 높여주기 위해, 감속재로 경수보다 중성자의 속도를 더 잘 감속시켜 주는 중수(보통의 물보다 분자량이 큰 물)를 사용한다.
③ 보통 별도의 운전정지 없이 매일 일정량을 교체하기 때문에 경수로보다 연료의 이용률이 높다.

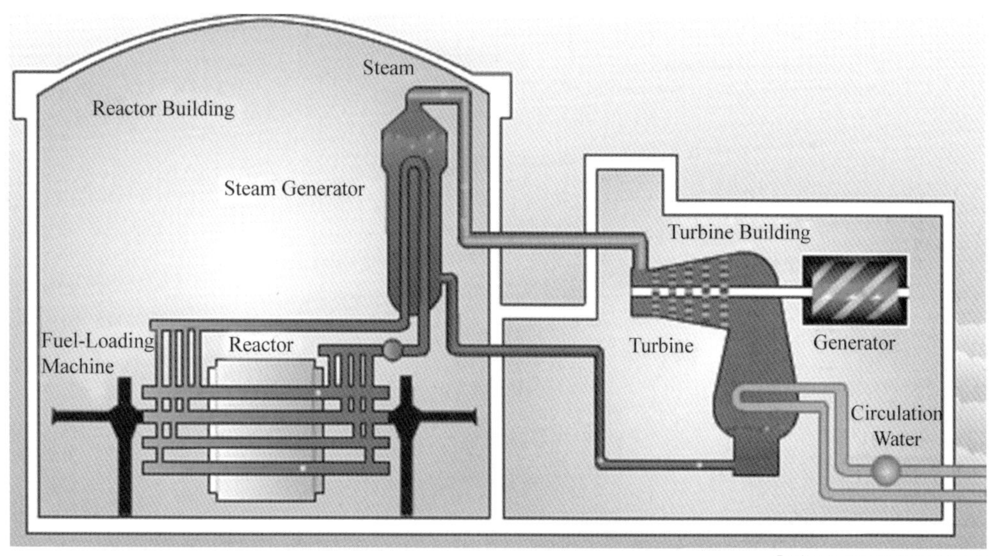

출처: 한국원자력안전연구원

그림 7.4 **가압중수로**

(3) 비등경수로(Boiling water reactor)

비등수형로란 노심 부근에 고압의 냉각재 겸 감속재로 되는 물을 송입하여 그것을 직접 노심 내에서 비등시켜서 발생한 증기로 직접증기터빈을 구동시키는 것이다. 즉, BWR는 재래의 화력발전에서의 보일러 역할을 직접 원자로가 하는 것이다. BWR의 방식은 시스템이 가장 간단하게 되는 이점은 있으나 노심 내에 보이드(내부에 증기발생)가 존재하는데 대한 불안정현상이 발생하지 않도록 출력을 과대하게 하는 일을 피해야 하고, 비상시에는 증기를 콘덴서로 빠지도록 한다든가 하는 안전시스템을 충실시킬 필요가 있다. 또한 BWR나 앞서의 PWR나 열출력의 제한은 비등열전달의 상한열유속에 의하여 제한을 받으므로 충분한 열전달현상의 연구가 필요하게 된다.

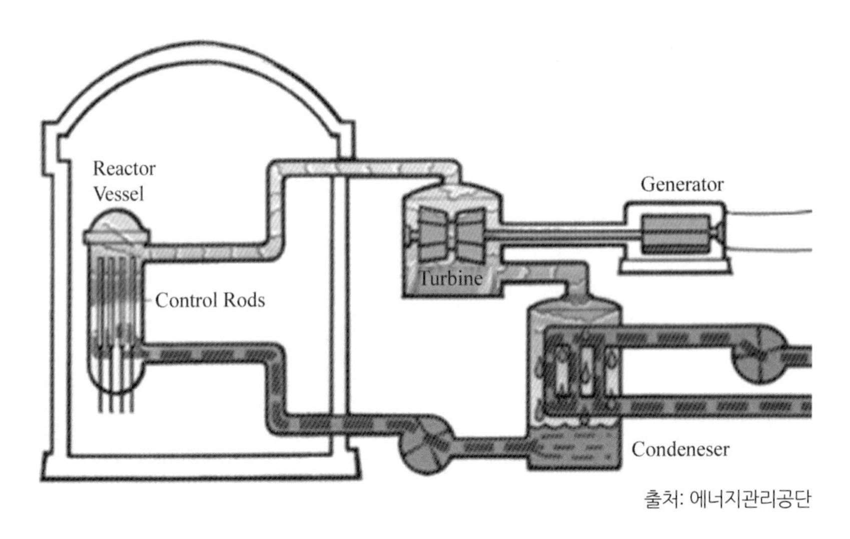

그림 7.5 **비등경수로**

7.1.4 국내 원자력 추진 상황

① 우리나라는 1958년 공표한 원자력법을 기반으로, 에너지의 안정적 수급을 위해 원자력발전을 도입했다.

② 1978년 4월 고리원전 1호기가 첫 상업운전을 시작한 이후 원자력발전소를 지속적으로 건설해 왔고, 현재 총 21기의 원자력발전소를 운영하고 있다.

③ 설비용량은 1,872만 kW로 미국, 프랑스, 일본, 러시아, 독일에 이은 세계 6위의 규모이다.

④ 2009년도의 국내 원자력발전량은 1,478억 kWh로 국내 총 발전량의 34.1%를 차지했으며, 이는 서울시가 약 3.5년간, 국내 전 가정이 약 3년간 사용할 수 있는 전력량에 해당한다.

⑤ 현재 가동 중인 21기의 원자력발전소는 4개 지역에 나뉘어 있다.

출처: 원자력국제협력정보서비스

그림 7.6 **원자력발전소**

7.1.5 원자력 에너지 특징

(1) 장점

① 연료의 공급 안정성

원자력발전의 연료인 우라늄도 석유처럼 매장량이 빈약하기 때문에 외국에 의존하고 있다. 그러나 수출국이 캐나다, 오스트레일리아 등 정세가 안정된 나라들이기 때문에 석유수출국인 중동지역보다 훨씬 안정적으로 공급받을 수 있다.

② 지구환경문제의 대응

최근 지구온난화 및 산성비 등과 같은 지구환경문제가 크게 부각되고 있다. 이들 문제는 이산화탄소, 황산화물, 질소산화물 같은 환경오염 물질을 배출하는 화석연료 소비와 밀접한 관련이 있다.

③ 경제성에서 유리

원자력발전은 다른 발전 방식에 비해 건설비는 비싼 반면 연료비가 월등히 싸기 때문에 매우 경제적인 발전 방식으로 꼽히고 있다. 원자력발전은 발전원가에서 차지하는 연료비의 비율이 낮기 때문에(약 20%) 우라늄 가격이 오르더라도 발전원가는 그다지 영향을 받지 않는다.

④ 관련 산업의 발전에 기여

원자력발전은 고도의 기술집약적 산업이며 원자력 관련기술을 완전 국산화한 고유의 한국표준형으로서, 이 같은 국산화 추진 과정에서 원자력산업은 관련 산업의 기술발전과 육성에 크나큰 영향을 미쳤으며, 관련 분야의 기술인력 확보와 양성에도 크게 이바지하고 있다.

(2) 단점

① 사고시 큰 재앙 초래

원자력발전에는 필수적으로 방사능과 방사선이 발생하므로 사고시 큰 위험이 있다.

- 구 소련 체르노빌 사고
- 미국 스리마일 원자력 사고
- 최근 일본 핵주기 시험시설 임계사고

② 방사성 폐기물처리 문제

발전 후 타고 남은 방사성폐기물(사용후핵연료 등)과 발전 중 생긴 저준위 방사성폐기물 처리 및 처분에 많은 비용과 시간이 소요되며, 아직까지 안전성이 확실하게 입증된 방사성폐기물의 처분방법이 없다.

③ 고가의 건설비용

초기 투자비용이 커서 개도국 등 경제력이 약한 국가는 건설이 곤란하며, 화력발전에 비해 건설비가 비싸다.

7.2 수소 에너지

7.2.1 수소 에너지

수소의 제조기술은 다양하지만 현재까지는 주로 석유나 천연가스의 열분해에 의해 제조되거나 다른 화학물질 제조의 부산물로서 또는 물의 전기분해에 의해 제조되고 있다. 그러나 미래의 청정 에너지 생산시스템으로 활용할 궁극적인 수소제조기술은 화석연료에 의존하지 않은 원자력이나 태양 에너지 등을 활용한 물로부터 수소를 제조하는 혁신적인 기술이어야 한다. 현재까지 알려져 있거나 개발 중인 기술로는 열화학법에 의한 제조, 열, 광 및 전기분해 혼성사이클에 의한 제조, 반도체 전극을 이용한 광전기화학적 제조, 광촉매에 의한 제조, 고온 직접열분해에 의한 제조 그리고 알칼리형 또는 산형고분자전해질에 의한 전기분해 제조기술 등이 있다.

미국, 일본, 이태리, 독일, 프랑스 등 유럽국가에서는 일찍부터 수소 에너지 기술에 대한 상당한 연구가 진행되어 오고 있는데, 특히 일본의 Sunshine Project는 수소 에너지 제반분야에 걸쳐서 체계적인 연구를 수행하고 있다. 수소 에너지 기술개발은 생산, 수송 및 저장 그리고 이용방법에 이르기까지 많은 분야의 기술이 종합적으로 필요한데, 국내에서는 수소 에너지 확보의 필요성에 대한 낮은 인식 때문에 수소 에너지에 대한 연구개발이 계속 진행 중이다.

(1) 수소의 제조

① 탄화수소 증기의 개질에 의한 제조

나프타 혹은 천연가스와 수증기와의 반응으로 얻는다.

$$C_mH_n + mH_2O \rightarrow mCO + (m+n/2)H_2$$

$$C_mH_n + 2H_2O \rightarrow mCO_2 + (2m+n/2)H_2$$

$$CO + H_2O \rightarrow CO_2 + H_2$$

② 나프타(Naphta)

원유를 증류할 때, 35～220℃의 끓는점 범위에서 유출되는 탄화수소의 혼합체로 중질 가솔린이라고도 한다. 끓는점의 범위 및 성분, 탄화수소의 구성으로 보아 가솔린 유분(溜分)과 실질적으로 동일하며, 이 유분을 내연기관의 연료 이외의 용도로, 특히 석유화학 원료 등으로 사용할 경우에 나프타라고 한다. 넓은 뜻으로는 원유를 증류할 때와 혈암유, 석탄 등을 건류할 때 생기는 광물성 휘발유를 일괄해서 나프타라고 한다.

(2) 탄화수소의 부분산화

원료인 탄화수소를 산소 또는 공기와 수증기를 사용하여 상압～50기압, 1,300℃ 전후에서 부분 산화반응시켜 수소를 얻는다.

$$C_mH_n + m/2O_2 \rightarrow mCO + n/2H_2$$

$$C_mH_n + mO_2 \rightarrow mCO_2 + n/2H_2$$

$$C_mH_n + mH_2O \rightarrow mCO + (m+n/2)H_2$$

$$C_mH_n + 2mH_2O \rightarrow mCO_2 + (2m+n/2)H_2$$

$$C_mH_n + mCO_2 \rightarrow 2mCO + n/2H_2$$

(3) 메탄올로부터의 수소제조

① 메탄올 수소제조

메탄올을 구리-아연 촉매상과 250℃ 이하에서 개질하여 합성가스를 제조할 수 있다.

$$CH_3OH \rightarrow CO + 2H_2$$

$$CH_3OH + H_2O \rightarrow CO_2 + 3H_2$$

현재, 메탄올을 사용한 수소제조는 고순도 제조용으로 상용화 단계인데, 중요한 것은 개질기의 소형화, 고효율화, 메탄올을 구리-아연 촉매상과 250℃ 이하에서 개질하여 합성가스를 제조할 수 있다.

$$CH_3OH \rightarrow CO + 2H_2$$

$$CH_3OH + H_2O \rightarrow CO_2 + 3H_2$$

현재, 메탄올을 사용한 수소제조는 고순도 제조용으로 상용화 단계인데, 중요한 것은 개질기의 소형화, 고효율화, 시스템의 안정성이 확보되어야 한다.

② 메탄올(Methanol), CH_3OH

알코올 동족체 중에서 구조가 가장 간단한 것으로, 물의 수소원자 1개를 메틸기 $-CH_3$로 치환한 것으로 메틸알코올이라고도 한다. 분자식 CH_3OH, 분자량 32.04, 녹는점 9℃, 끓는점 64.65℃, 비중 0.7928, 메탄의 수소원자 1개를 히드록시기 $-OH$로 치환한 것으로 간주하여 메탄올이라 한다. 독성이 있는 무색의 휘발성 액체로, 에탄올 비슷한 냄새가 난다. 자동차의 내한연료로 쓰인다. 메탄올을 구리-아연 촉매상과 250℃ 이하에서 개질하여 합성가스를 제조할 수 있다.

$$CH_3OH \rightarrow CO + 2H_2$$

$$CH_3OH + H_2O \rightarrow CO_2 + 3H_2$$

현재, 메탄올을 사용한 수소제조는 고순도 제조용으로 상용화 단계인데, 중요한 것은 개질기의 소형화, 고효율화, 시스템의 안정성이 확보되어야 한다.

7.2.2 국내현황

① 국내의 경우 수소는 에너지원이 아닌 자체 석유화학 공정용 또는 화학공업의 원료로 사용되기 때문에 수요 공급이 거의 균형을 이루고 있다.

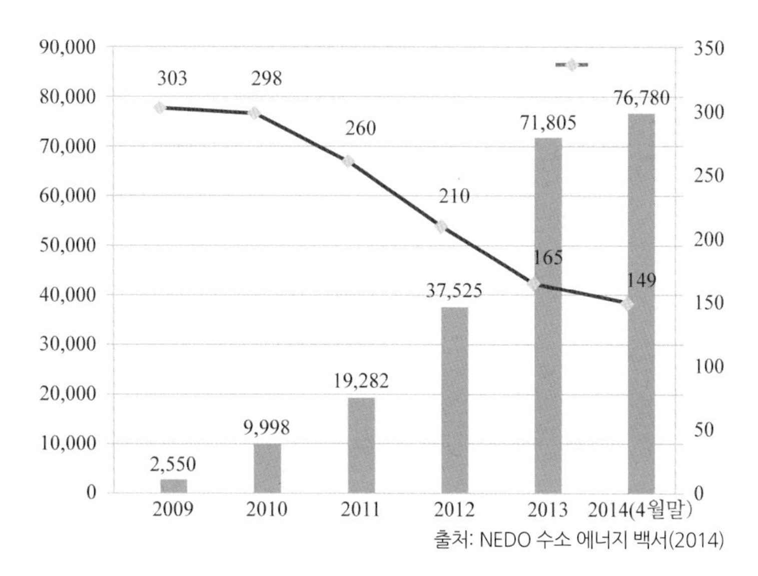

그림 7.7 **일본 소형연료전지 상황**

② 수소 자체에 대한 시장규모 및 산업현황을 살펴보면, 우리나라는 부생가스로 발생하는 수소생산량이 가장 많으며, 대표적인 것으로 제철소, 가성소다 및 스티렌 모노마 산업 부생가스를 들 수 있다.

③ 부생가스를 제외하고는 일반적으로 천연가스 개질이 가장 값싼 수소 생산 방법이나, 국내에서는 주로 납사 크래킹이 이용되며 울산, 대전 등 석유화학단지에서 상당량이 생산되고 있다.

7.2.3 기술개발 성과

① 국내의 수소 에너지 : 제조, 저장 및 이용 분야에 기초단계 수준을 확보하여 실용화를 연구할 수 있는 기반을 구축하였다.

② 수소제조 : 태양광 및 촉매에 의한 물의 전해방법 등 기초연구를 수행하였으며, 고순도 수소제조를 위한 정제시스템 기술을 개발 중에 있다.

③ 수소저장 : 실험실 규모의 액체저장법(−253℃) 및 용기를 개발하여 추가 연구 준비 중에 있고, 고체저장법인 MH(수소저장합금)의 소재를 개발하여 고밀도의 저장방법을 추가 연구 중에 있다.

④ 수소이용 : 자동차용 냉방기 기술과 자동차용 수소기관 연구를 수행하여 향후 기술개발된 액체수소저장과 냉방기를 이용하여 수소자동차의 실용화연구 가능성을 확보하였다.

7.2.4 수소 에너지 저장물질

금속수소화물의 예로는 대표적으로 수소흡장 능력을 가진 Pd 등이 있으나, 이는 수소저장 용량이 낮아서 실용적이지는 못하였다. 실용적인 금속수소화물로는 $LaNi_5$와 같은 AB5계열이나 ZrV_2, $FeTi_2$ 등의 AB2계열의 두 종류가 대표적이다. AB5계열은 많이 사용되고, 100℃ 미만의 저온에서 동작하는 좋은 플래토우(Plateau) 특성을 가지고 있으나, 수소저장용량이 2 wt% 이하로 적으며 소재의 열화가 심하여 사용횟수가 수십회 정도라 자동차용 수소저장 용도로 사용하기에는 미흡하다. AB2 계열은 AB5계열보다 수소저장능력이 우수하고 소재의 열화도 적어서 수천회까지 사용할 수 있으나, 작동온도가 조금 더 높고 플래토우 특성이 나빠서 아직도 많이 연구 개발되고 있다. 수소흡착제로는 탄소 나노튜브 또는 금속을 도포한 탄소 나노튜브, 여러 가지 나노 탄소소재 등이 연구되고 있으나, 아직은 그 수소저장 능력을 충분히 검증받지 못한 상태로 가능성은 높지 않은 것으로 생각된다. 2003년도에 Science에 발표된 MOF(Metal-Organic-Framework) 형태의 소재 역시 어느 정도의 수소저장능력을 가진다고 보고하였으나, 부피밀도의 측면에서는 많이 부족한 것으로 생각된다. 결론적으로 흡착제를 이용한 수소저장 기술은 아직 가능성이 낮은 것으로 생각된다.

수소화합물은 비가역적인 수소흡방출 특성 때문에 제한적인 용도로 사용된다. 1996 년도에 $NaAlH_4$에 Ti-doping한 것이 가역적인 수소흡방출 성능을 가지는 것이 보고되어 각국에서 많은 연구가 진행되고 있으나 현재까지 뚜렷한 연구의 진전이 보고되지는 않고 있다.

7.2.5 수소 에너지 저장기술의 목표 및 전망

현재의 수소 에너지 저장 기술로는 미국의 DOE에서 요구하는 수소저장 용량을 맞추기가 어렵다. 현재 기술로 볼 때 수소저장 용량, 에너지 밀도, 비용, 작동 온도 등이 많이 미치지

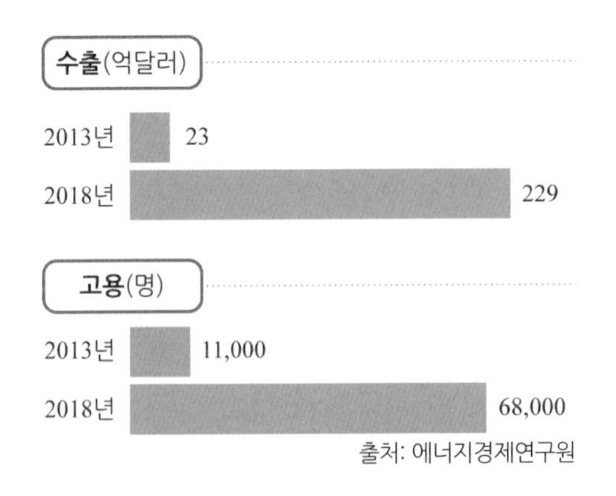

그림 7.8 국내 수소 연료전지 시장 전망

못하고 있음을 알 수 있다. DOE에서는 2010년까지는 시스템 대비 6 wt%, 2015년까지는 시스템 대비 9 wt%의 수소저장 용량을 목표로 하고 있다. 이상과 같이 여러 가지 수소저장 기술의 장단점, 현재의 기술현황, 장래 수소경제를 달성하기 위한 기술적인 목표치들을 알아보았다. 현재의 기술수준으로도 수소경제를 구축할 수 있을 것이다. 하지만 이는 기술적인 면들만 본 것이며, 해결하여야 할 문제로는 수소경제에 대한 사회적 합의, 수소인프라 구축을 위한 정부의 전폭적인 지원, 기술 혁신을 통한 경제성의 달성 등이 있다. 이러한 장애요인들이 극복될 때 석유 에너지 기반의 사회에서 벗어나 실용적인 수소 에너지 경제사회를 달성할 수 있게 될 것이다.

표 7.2 **차량용 수소저장 기술적인 목표(미국 에너지성 : 연간 50만 대 생산 가정)**

특성	단위	목표수치	2001년도 현황	
			물리적 저장	화학적 저장
저장용량	wt%	6	5.2	3.4
방출수소 비율	%	90	99.7	90이상
단위 부피 에너지밀도	Wh/L	1100	620	1300
단위 무게 에너지밀도	Wh/kg	2000	1745	1080
비용	$/kWh	5	50	18
사용가능 횟수	Cycle	500	500이상	20~50
작동온도	℃	-40~+50℃	-40~+50℃	+20~+50℃
최대출력 시동시간영상20℃, 영하20℃	Sec, Sec	15, 30	1미만, 미정	15미만, 미정
수소충전 시간	Min	5미만	10	미정
수소 손실	cc/hour/L	1.0미만	1.0미만	1.0미만

출처: www.kosen21.org / 수소저장 기술의 현황과 전망

7.2.6 수소 에너지 특징

(1) 장점

① 수소는 물 또는 유기물질로부터 생산되므로, 그 양이 거의 무한정에 가까운 친환경 연료이다.

② 수소를 연료로 사용할 경우에 연소 시 극소량의 NOx를 제외하고는 공해물질이 생성되지 않고, 환경오염 및 CO_2 배출이 없다.

③ 수소는 산업용의 기초 소재로부터 일반 연료, 수소자동차, 수소비행기, 연료전지 등 현

재의 에너지시스템에서 사용되는 거의 모든 분야에 이용 가능하다.

④ 수소는 가연한계($\lambda = 10 \sim 0.14$)가 넓고, 최소 점화 에너지가 작으므로 불꽃 점화기관에 적합하고, 희박한 혼합기를 사용하는 경우에도 안정된 연소가 가능하다.

(2) 단점

① 대량 제조기술과 저장 · 운반 · 이용 기술 등 수소를 에너지원으로 상용화하기엔 아직 해결해야 할 과제가 많이 남아 있는 것이 현실이다.

② 특히 수소는 상온, 상압(끓는점 −253℃)에서 기체로 존재하기 때문에 체적당 에너지 밀도가 매우 낮아 저장, 운반이 용이하지 않다.

③ 원유에서 추출되는 납사 등 탄소성분이 담당해 오던 원료부문(섬유, 고무 등)을 대체하는 데는 한계가 있다.

참고문헌

1. Schlapbach, L., and Zuttel, A., Nature (2001)414, 353.
2. Michael D. Ward, Science (2003)300, 1104.
3. Bogdanovic, B., and Schwickardi, M., J. Alloys Compd. (1997) 253-254, 1
4. FY 2003 Progress Report, Hydrogen, Fuel Cells &Infrastructure Technology Program, US Department of Energy, (2003), III-3.
5. Ritter J. A., Ebner A. D., Wang J., and Zidan R., Materials Today (2003), 18.
6. Züttel A., Materials Today (2003), 24.
7. 한국전력기술(2008)

Chapter

08

폐기물 에너지

8.1 폐기물 에너지

8.1.1 폐기물 에너지란?

사업장 또는 가정에서 발생되는 가연성 폐기물 중 에너지 함량이 높은 폐기물을 가공·처리방법을 통해 고체 연료, 액체 연료, 가스 연료, 폐열 등을 생산하고, 필요한 에너지로 이용될 수 있도록 한 재생 에너지를 말한다. 유럽의 여러 국가에서는 1950년대부터 쓰레기처리 및 소각에 대한 연구가 활발히 진행되어 있으며, 1954년 스위스의 Von Roll사에 의해 일산 100톤 규모의 소각장치로서 발생열을 증기와 전력생산에 이용하였고, 증기는 생산 공정용이나 열수로 열교환되어 지역난방에 현재까지 이용되고 있으며, 대규모 플랜트의 경우는 발전용으로 활용되고 있다.

국내의 폐기물은 주로 매립방법에 의존해 왔으나 최근 매립지 확보가 어려워져 에너지를 회수하는 연소방법 또는 폐기물을 자원화하는 방법 등이 연구되고 있다. 국내에서는 서울 목동의 소각로시스템과 난지도의 RDF시스템 기술을 외국으로부터 도입하여 가동하고 있으나, 국내의 쓰레기 성상이 외국과 근본적으로 다르므로 여러 문제가 발생하고 있다. 따라서 국내 폐기물 배출현황과 성상 및 조성을 조사하여 이를 분석하고, 최종적으로 처리할 수 있는 시스템을 개발하는 방향으로 연구가 진행되고 있다. 폐기물 에너지는 말 그대로 폐기물을 변환시켜 연료 및 에너지를 생산하는 기술을 말한다. 사업장 또는 가정에서 발생하는 가연성 폐기물 중 에너지 함량이 높은 폐기물을 열분해에 의한 오일화 기술이 대표적이다. 또 성형고체연료의 제조기술, 가스화에 의한 가연성 가스 제조기술 및 소각에 의한 열회수 기술 등으로 가공·처리 방법을 통해 고체 연료, 액체 연료, 가스 연료, 폐열 등을 생산하고, 이를 산업 생산활동에 필요한 에너지로 이용될 수 있도록 한 재생 에너지이다. 재생 에너지로서 폐기물 에너지는 어떤 것이 있을까. 폐기물 에너지는 크게 성형고체연료(PDF), 폐유 정제유, 플라스틱 열분해 연료유, 폐기물소가열이 대표적이다. 성형고체연료(PDF: Refuse Derived Fuel)는 종이, 나무, 플라스틱 등의 가연성 고체폐기물을 파쇄, 분리, 건조, 성형 등의 공정을 거쳐 제조된 고체연료를 말한다. 폐유 정제유는 자동차 폐윤활유 등의 폐유를 이온정제법, 열분해 정제법, 감압증류법 등의 공정으로 정제하여 생산된 재생 기름이다. 플라스틱 열분해 연료유는 플라스틱, 합성수지, 고무, 타이어 등의 고분자 폐기물을 열분해하여 생산되는 청정연료이다. 폐기물 소가열은 가연성 폐기물 소각열 회수에 의한 스팀생산 및 발전, 시멘트 킬른 및 철광석소성로 등의 열원으로 이용되고 있다.

8.1.2 폐기물의 분류

(1) 이용하는 방법에 따른 분류

① 소각열 회수 에너지
② 고체연료 에너지
③ 열분해 생성물 에너지

(2) 폐기물의 종류에 따른 분류

① 생활폐기물 에너지
② 사업장폐기물 에너지

(3) 폐기물 상태에 따른 분류

① 고상 폐기물 에너지
② 액상 폐기물 에너지
③ 기상 폐기물 에너지

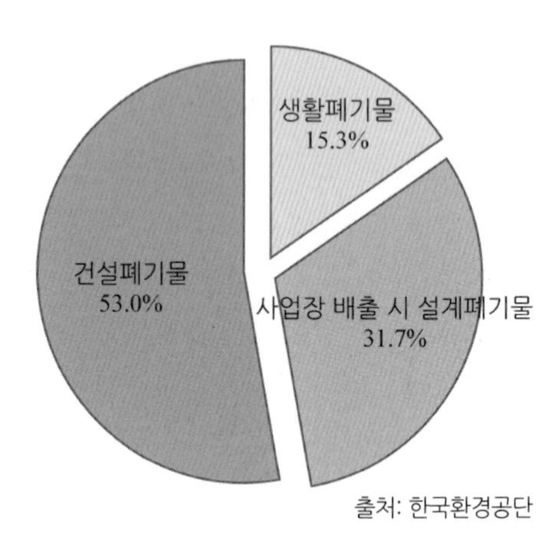

출처: 한국환경공단

그림 8.1 **폐기물 분류**

8.1.3 폐기물 연료

(1) 폐기물 고형연료(RDF[1])

합성수지, 플라스틱 등의 가연성 폐기물을 파쇄, 분리, 건조, 성형 등의 공정을 거쳐 제조된 고체연료

(2) 폐유 재생연료유

자동차 폐윤활유 등의 폐유를 이온정제법, 열분해 정제법, 감압증류법 등의 공정으로 정제하여 생산된 재생유

(3) 고분자폐기물 열분해 연료유

플라스틱, 합성수지, 고무, 타이어 등의 고분자 폐기물을 열분해하여 생산되는 청정 연료유

(4) 폐기물 연소열 이용

가연성 폐기물 소각열 회수에 의한 스팀생산 및 발전, 시멘트킬른 및 철광석 소성로 등의 열원으로의 이용

8.1.4 폐기물의 에너지화 기술

(1) 폐기물 소각

① 가연성 성분을 연소하는 연소설비
② 폐열을 회수하는 냉각폐열 회수설비
③ 발생한 대기오염물질, 처리하는 공해방지설비
④ 폐기물의 공급을 원활히 할 수 있는 전처리 설비

(2) 폐기물 열분해 기술

가연성 폐기물을 오염물질이 극히 적게 발생하는 방법으로 처리하여 에너지를 회수 이용하는 기술

(3) 폐기물 가스화 기술

가스화(Gasification)란 고체 및 액체 유기물질을 가스로 전환하는 기술

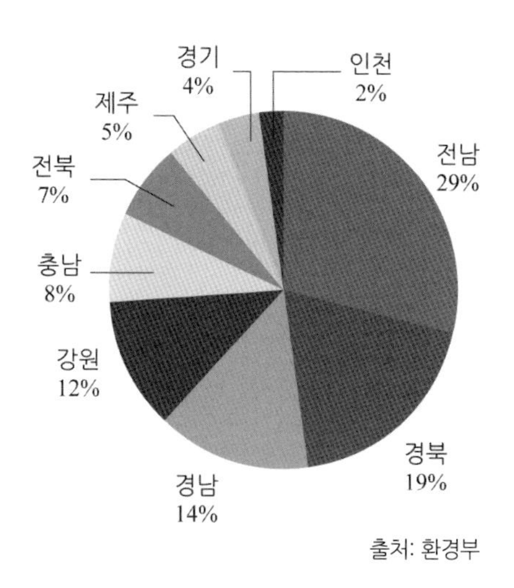

그림 8.2 **전국 폐기물 매립시설현황**

8.1.5 폐기물 신재생 에너지의 종류

(1) 성형고체연료

폐기물 중에 포함된 병, 깡통과 같이 타지 않는 불연물을 제거하고 수분도 건조하여 제거 성형한 것이 폐기물고형연료

(2) 폐유 정제유

자동차 폐윤활유 등의 폐유를 이온정제법, 열분해 정제법, 감압증류법 등의 공정으로 정제하여 생산된 재생유

(3) 플라스틱 열분해 연료유

플라스틱, 합성수지, 고무, 타이어 등의 고분자 폐기물을 열분해하여 생산되는 청정 연료유

(4) 폐기물 소각열

가연성 폐기물 소각열 회수에 의한 스팀생산 및 발전, 철광석소성로 등의 열원으로의 이용

8.2 폐기물 에너지 이용

8.2.1 우리나라 폐기물 현황

우리나라는 좁은 국토에 인구는 많아 세계에서 세 번째로 인구밀도가 높은 나라이며, 수도권에 인구 · 자동차의 46%가 집중되어 있는 특수한 여건을 가지고 있다. 또한 급속한 사업화 및 도시화에 따라 환경오염이 가중되어 2005년에는 OECD 국가 중 국토 단위 면적당 환경부하가 가장 높게 나타나기도 한다.

이와 같이 특수한 조건을 가진 우리나라에서의 폐기물관리 여건을 살펴보면 먼저 자연적으로 경제규모에 비해 국토면적이 좁기 때문에 폐기물을 매립에만 의존하여 처리하기에는 한계가 있으며, 사회적으로는 인구밀도 및 서비스산업 중심의 산업구조로 인해 단위 면적당 생활폐기물이 과다하게 발생하는 여건에 있다. 또한 경제적으로는 신도시 건설, 도시개발 및 중화학공업 발달 등으로 인하여 폐기물관리 및 처리비용이 상승하고 있다. 이러한 여건 속에서 국내 폐기물 발생 · 처리현황 및 에너지화 가능량을 분석해보았다. 2006년 현재 우리나라

의 1일 폐기물 발생량은 318,928톤으로 2000년 이후 점진적으로 증가 추세에 있으며, 발생되는 폐기물은 재활용 83.6%, 매립 8.0%, 소각 5.4%, 해양배출 3.0%의 비율로 처리되고 있다.

8.2.2 세계 폐기물 에너지 시장 현황

2013년 폐기물 에너지 설치량 약 300 MW 규모로 기타 신재생 에너지원 중 소규모 시장에서 2006년 약 800 MW를 최고점으로 감소 추세에 있으며, 아시아 지역 수요가 전체 수요의 약 80%를 차지하였다. 폐기물 에너지 활용 기술 중 폐기물 소각을 통한 난방 및 발전이 전체 폐기물 에너지 활용기술 중 70% 이상을 차지한다. 폐기물 에너지 기술개발 현황을 살펴보면 해외에서 일찍 활성화한 상태이다. RDF(성형고체연료) 기술의 경우 유럽은 RDF를 제품화하여 국가간 거래를 하고 있으며, CEN(유럽표준위원회)에서 RDF라는 용어 대신에 SRF(Soild Recovered Fuel)라는 명칭을 공식화하고 유럽 공통 SRF품질규격을 제정 중에 있다. 지난 2005년에 RDF 1,300만 톤이 국가간에 거래됐다. 가까운 일본에서는 20 MW급 RDF 전용 화력발전소가 건설됐다. 폐기물처리의 광역화 정책을 수립하여 지자체별 사정에 맞게 대형 소각이나 RDF화를 도입 권장하고 있는 일본은 소각시설에만 지원하였던 국가보조금을 지난 1994년 토야마현 난토 리싸이클센터의 RDF시설로부터 보조금 지원을 시작했으며, 현재 가동 중인 시설이 70여 곳에 이른다. 미국은 RDF와 석탄 혼소발전소가 30여 곳에서 가동 중이다. 지난 1972년 St.Louis시 300톤/일급 공장이 최초로 가동했으며, 1975년 가동하기 시작한 Ames시의 200톤/일급을 비롯한 30여 개의 수 백톤급 시설을 건설했다. 플라스틱 열분해 기술의 경우 일본의 후지리싸이클, 이화학연구소 등 15여 개 기관에서 기술을 개발하여 상업화 규모의 플랜트를 가동 중에 있다. 최근 일본은 '용기 포장 리싸이클법'이

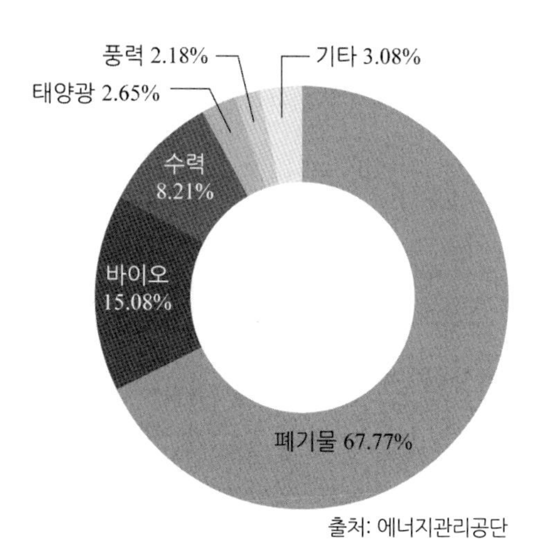

출처: 에너지관리공단

그림 8.3 신재생 에너지 월별공급 비중

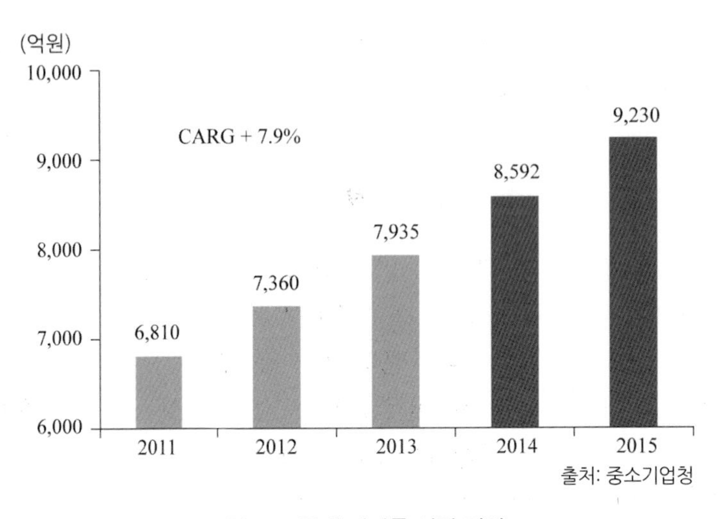

그림 8.4 **국내 폐기물 시장 전망**

1997년부터 발효되면서 2000년부터는 PET를 제외한 모든 폐플라스틱을 오일로 전환시켜 연료유 혹은 화학공업 원료로 재활용하도록 법제화했다. 독일 BASF(15,000톤/년), 일본 후지리사이클사(5,000톤/년) 등에서 기술개발 및 상용화하여 수소하이웨이, 수소마을 건설 등 정부 · 기업 공동의 'h2EA 프로그램'을 통해 수소경제 조기 진입을 추진하고 있다. 폐유정제 기술은 미국의 경우 필터링 및 이온정제를 통한 중유 대체연료유로 활용하였으나 현재는 열분해 및 증류공정을 통한 고급정제유 생산기술을 개발하여 9,000톤/년 규모 플랜트를 실용화하고 있다. 일본도 산백토 처리와 같은 단순처리에 의하여 재생 윤활기유(Base Oil)로 활용하였으나 현재는 정제유를 생산하여 연료유로 활용하고 있다. 소각열 이용기술은 중대형 소각시스템이 상용화된 상태이다. 일본, 싱가포르, 프랑스, 독일 등은 폐기물 소각률이 높아 고도의 소각기술을 보유하고 미국 등에서도 폐기물 종류에 따라 기술이 상용화됐다.

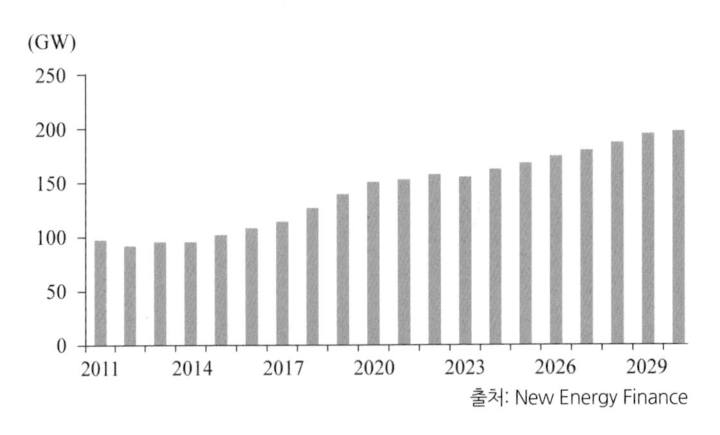

그림 8.5 **연간 신재생 에너지 신규 설치량 전망**

8.2.3 폐기물 에너지의 특징

(1) 종이, 플라스틱, 나무, 주방쓰레기, 폐타이어, 폐유, 폐용제 등 가연성 성분이 많이 포함되어 있기 때문에 발열량이 높음

(2) 비교적 단기간 내에 상용화 가능

① 기술개발을 통한 상용화 기반을 조성할 수 있다.
② 타 신재생 에너지에 비하여 경제성이 매우 높고 조기보급이 가능하다.

(3) 폐기물의 청정 처리 및 자원으로의 재활용 효과 지대

① 폐기물 자원의 적극적인 에너지 자원으로의 활용한다.
② 인류 생존권을 위협하는 폐기물 환경문제의 해소할 수 있다.
③ 지방자치단체 및 산업체의 폐기물 처리 문제 해소할 수 있다.

참고문헌

1. Ministerio del Ambiente, 'Peru-Scaling up Waste-to-Energy Activities in the Agricultural Sector Proposal for a NAMA Programme', 2013
2. 뉴스, 'Peruvian Power Plant Turns Garbage into Electricity', 1월 10일 2012년
3. IRENA(International Renewable Energy Agency), 'Nationally Appropriate Mitigation Actions(NAMAs)', 2012
4) 세계 바이오 에너지 시장 현황 / New Energy Finance
5) 지역별 및 기술별 세계 폐기물 에너지 시장 현황(단위: MW)/New Energy Finance

Chapter

09

바이오 에너지

9.1 바이오 에너지

9.1.1 바이오 에너지 기술

바이오매스(biomass)를 연료로 하여 얻어지는 에너지로 직접연소 · 메테인발효 · 알코올발효 등을 통해 얻어진다. 바이오매스 자원은 크게 농산, 임산, 축산, 수산 및 도시폐기 바이오매스로 분류된다. 바이오매스 이용기술의 대표적인 선도국인 미국의 경우 미이용 유기폐기물로부터 알코올발효 및 메탄발효를 통해 수송용 알코올연료 및 메탄가스를 얻고 있다. 주요 개발내용은 알코올발효의 경우 균주개량, 셀룰로스 전처리, 당화 및 알코올발효, 알코올농축 및 리그닌의 복합이용 기술개발이 있고, 메탄발효의 경우 메탄균주의 균주개량 및 확보, 2단 발효 및 속성발효 기술개발이 있다. 임산바이오매스의 경우 열화학적 가스화 및 액화에 의한 전환기술이 개발되고 있고, 농산바이오매스의 경우 연료, 화학원료 및 식량 생산기술이 개발되고 있다. 또한 수산바이오매스의 경우는 해양농장재배에 의한 메탄가스, 사료, 비료, 화학원료생산 복합시스템이 개발되고 있다. 이밖에도 광합성세균 및 남조류를 이용한 수소생산 등이 있다.

메탄발효에 의한 메탄가스의 생산은 이미 국내외에서 실용화된 상태이나 섬유성 바이오매스로부터의 수송용연료알코올 생산은 미국을 중심으로 본격적인 기술개발 단계에 들어서 있으며, 2000년까지 기존의 수송용연료를 대체할 수 있는 수준까지 생산단가(갤론당 0.6달러)를 낮출 수 있을 것으로 기대되고 있다. 주요 기술개발 목표는 글루코스와 자일로스의 수율제고, 수요동력 감소, 알코올생산성 향상, 리그닌의 활용, 저렴한 에탄올 농축기술 및 발효시간의 단축 등이다. 바이오 에너지란 바이오매스를 직접 또는 생 · 화학적, 물리적 변환과정을 통해 액체, 가스, 고체연료나 전기 · 열에너지 형태로 이용하는 에너지를 일컫는다. 그러므로 바이오 에너지를 얻기 위해서는 반드시 바이오매스를 활용해야 하는데 바이오매스는 생명체(Bio)와 덩어리(Mass)를 결합시킨 용어로, '생물량'을 뜻하는 생태학적 용어였으나, 이제는 '에너지화할 수 있는 생물 유래 물질'이란 의미로 사용되고 있다. 일반적으로 바이오매스는 광합성으로 생성되는 유기물을 의미하지만, 산업계에서는 가축분뇨와 음식쓰레기 등의 유기성 폐기물도 바이오매스에 포함시킨다.

바이오매스는 원료의 종류에 따라 아래와 같이 분류된다.

① 전분질계의 자원 : 쌀, 보리 등의 곡물과 고구마, 감자, 타피오카 등
② 당질계의 자원 : 사탕수수, 사탕무, 스위트소검 등
③ 목질계의 자원 : 초본, 임목, 볏짚, 왕겨 등과 같은 농업부산물과 임업부산물 등

④ 동물 단백질계의 자원 : 축산 분뇨, 사체와 미생물의 균체 등
⑤ 유기성 폐자원 : 유기성 폐수, 슬러지
⑥ 육상식물계 자원 : 유채씨, 대두, 해바라기 등

표 9.1 **바이오매스 연료의 공업분석과 발열량(1)**

	휘 발 분	고정 탄소	회 분	휘발분/고정탄소비
전나무	87.3	12.6	0.1	6.9
전나무껍질	73.6	25.9	0.5	2.8
솔송나무	87.0	12.7	0.3	6.8
솔송나무껍질	73.9	24.3	0.8	3.0
붉은 오리나무	87.1	12.5	0.4	7.0
붉은 오리나무껍질	77.3	19.7	3.0	3.9

9.2 바이오 에너지의 종류

주요 바이오매스 자원으로는 포플러 · 버드나무 · 아카시아 등의 나무, 사탕수수 · 고구마 · 강냉이 등의 초본식물 그리고 수생식물 · 해조류 · 조류 · 광합성세균 등이 있다. 유기계 폐기물 · 농산폐기물 · 임산폐기물 · 축산폐기물 · 산업폐기물 · 도시 쓰레기 등도 직접 또는 변환하여 연료화할 수 있다. 바이오매스를 에너지원으로 이용하는 방법으로는 직접연소 · 메테인발효 · 알코올발효 등이 있다. 예를 들어, 생물이 공기가 없는 곳에서 썩으면 메테인가스가 발생한다. 이 과정을 무기호흡이라 하는데, 이때 생성된 메테인가스, 즉 바이오가스는 조리용 · 난방용 등의 연료로 사용할 수 있다.

9.2.1 바이오 에너지 기술현황

2013년 세계 바이오매스 시장은 전년대비 18% 증가한 1.5 GW이고, 2006년부터 2012년까지 바이오매스 최대 시장이었던 아시아 지역의 신규 바이오매스 발전소 건설은 부진했다. 아시아 지역에서 대규모 프로젝트 개발을 위한 비용 증가 및 바이오매스 발전에 필요한 목재 폐기물 등의 수급이 원활하지 못한 상황이고, 2013년 유럽 바이오매스 설치량은 840 MW로 아시아 지역을 제치고 최대 설치지역으로 등극하였다.

유럽 바이오매스 수요를 이끌고 있는 국가는 영국으로 최근 대형 바이오매스 프로젝트가 건설되고 있다. 2013년 3분기 기준 바이오매스 발전의 원료가 되는 펠릿 가격은 $179/ton이

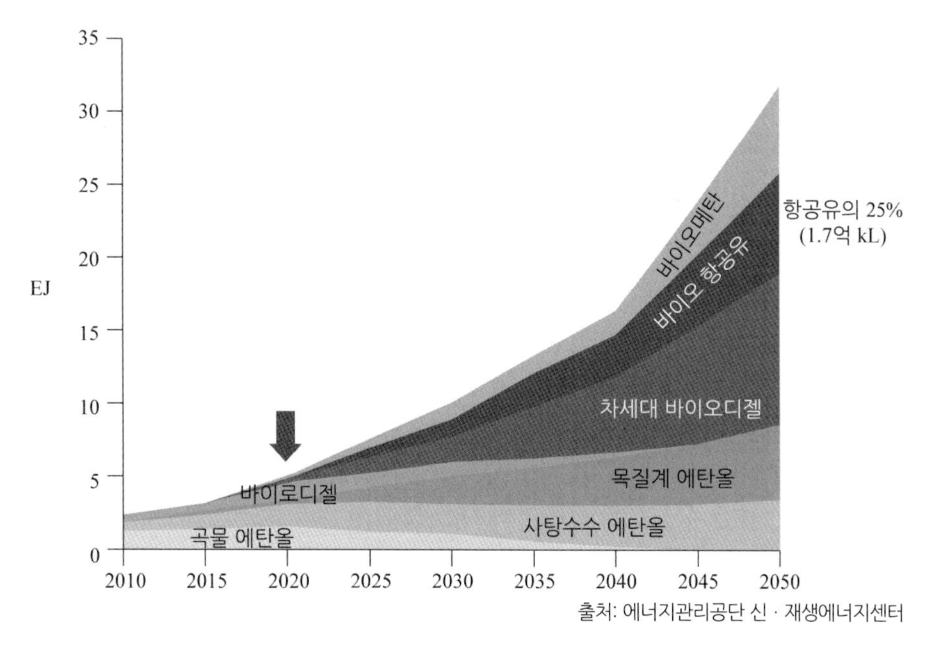

그림 9.1 **바이오항공류 보급전망**

며, 북미 지역의 신규 공장 증설 등으로 인해 유럽 지역 공급이 원활해짐에 따라 펠릿가격은 하향 안정세를 유지하고 있다. 2013년 1분기 북미지역으로부터 유럽이 조달한 펠릿량은 전 분기 대비 37% 증가하였다. 유럽 지역의 대규모 바이오매스 발전소 건설로 유럽의 펠릿 수요량이 급증하고 있으며, 이를 미국 및 캐나다를 통해 조달하고 있다.

표 9.2 **바이오매스 연료의 공업분석과 발열량(2)**

	휘 발 분	고정 탄소	회 분	휘발분/고정탄소비
검은오크	85.6	13.0	1.4	6.6
검은오크껍질	81.0	16.9	2.1	4.8
포도찌꺼기	74.4	21.4	4.2	3.5
올리브씨	80.0	16.9	3.1	4.7
복숭아씨	79.1	19.8	1.1	4.0
왕겨	63.6	15.8	20.6	4.0
호두껍질	81.2	17.4	1.4	4.7

9.2.2 바이오 연료의 현황

① 1895년 Rudolf Diesel에 의해 처음 개발

② 대두유, 유채유 등 식물성 원료를 이용하여 제조한 연료로 광물성 경유에 비해 재산성

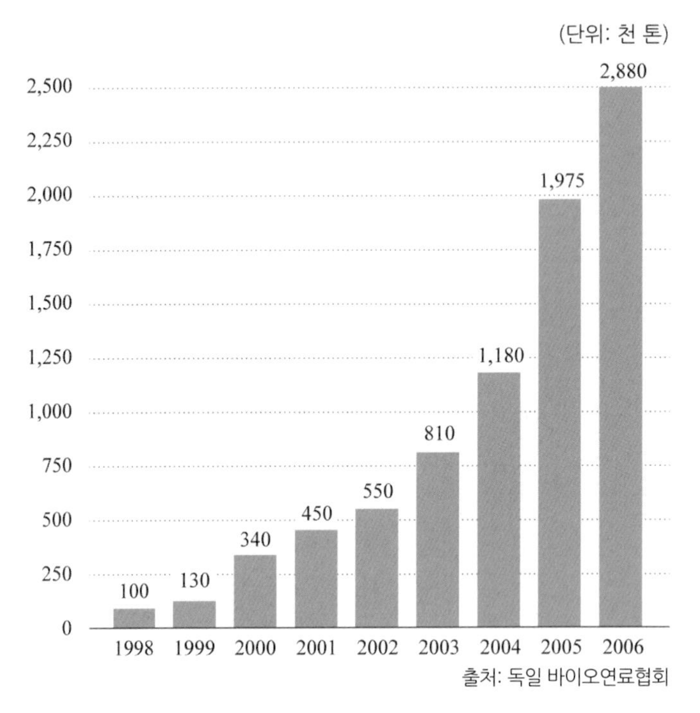

그림 9.2 **독일 바이오 디젤 판매량**

과 경제성이 낮아 사용되지 않다가, 최근 고유가 및 지구온난화 문제가 대두되면서 대체 에너지로 새롭게 부각

③ 바이오 에탄올 → 미국, 브라질이 세계 연료용 에탄올 90% 생산

④ 주로 사탕수수를 원료로 제조

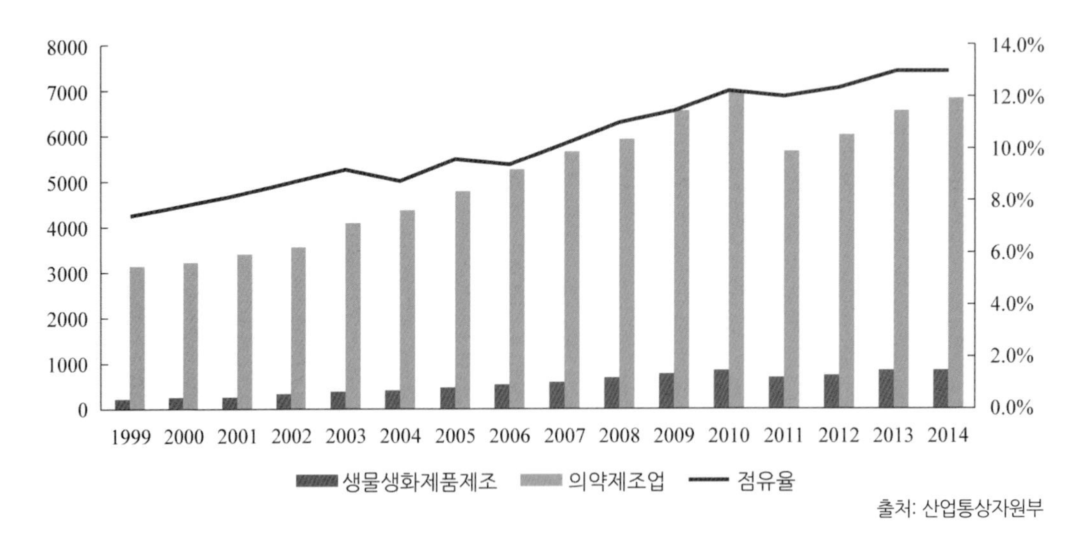

그림 9.3 **중국의 바이오 기업수**

⑤ 생산량이 풍부한 브라질, 미국 등에서 자동차 연료로 사용 중
⑥ 국내 조달이 어렵고, 2005년 수입가격(브라질) = 휘발유 수입가격 × 약 1.7배

9.2.3 바이오 에너지 특징

브라질 · 캐나다 · 미국 등에서는 알코올을 이용한 바이오 에너지 공급량이 이미 원자력에 대응하는 수준에 도달해 있다. 인도네시아 · 일본도 상당한 수준의 바이오 에너지 기술을 갖고 있다. 한국에서는 대체 에너지 기술 개발 사업으로 바이오 에너지에 대한 연구가 진행되고 있으며 보급이 많이 늘어날 것으로 전망된다.

(1) 바이오 에너지 장점

① 이용하면 에너지를 저장할 수 있다.
② 재생이 가능하다.
③ 물과 온도 조건만 맞으면 지구 어느 곳에서나 얻을 수 있다.
④ 적은 자본으로도 개발이 가능하다.
⑤ 원자력 등 다른 에너지와 비교할 때 환경보전적으로 안전하다.

(2) 바이오 에너지 단점

① 바이오매스를 얻기 위해 넓은 면적의 토지가 필요하다.
② 자원량의 지역적 차이가 큰 것이 단점이다.

9.2.4 바이오 에탄올의 장단점

(1) 장점

① 석유 대체 연료(농작물, 천연가스, 석탄)이다.
② 생분해성이 있다.
③ 이산화탄소배출 저감할 수 있다.
④ 원료 식물 재배 산업이 활성화된다.

(2) 단점

① 공급 및 유통단계의 수분관리 문제 발생한다.

② 자동차, 주유기, 저장탱크, 송유관의 고무 및 금속재료 부식 / 팽윤 / 변형 발생한다.
③ Nox 및 알데히드 증가 등 대기오염 유발 및 증기압 상승한다.
④ 도입 시 천문학적 인프라 구축 비용 발생한다.
⑤ 유사석유제품 전용 우려가 있다.

9.2.5 바이오 디젤유의 장단점

(1) 장점

① 석유 에너지 대체 효과가 있다.
② 원료 식물 재배 산업이 활성화된다.
③ 생분해성이 있다.

(2) 단점(문제점)

① 자동차 부품사의 품질보증 불가로 인한 소비자 피해 발생할 수 있다.
② 환경 / 품질상 문제점이 있고, 동절기 유동성 및 산화안정성 취약하다.
③ 공급안정성 문제가 있다.
④ 경제성 문제가 있다.

참고문헌

1. 세계 바이오 에너지 시장 현황 / New Energy Finance
2. http://kiss.kstudy.com
3. 바이오 연료 무엇이 문제인가(출처: 대한석유협회)
4. 에너지관리공단 신 · 재생 에너지센터

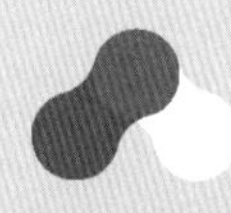

Chapter

10

에너지 저장기술

10.1 에너지 저장장치

10.1.1 에너지 저장장치(Energy Storage System)

신재생 에너지는 지역의 기후나 날씨에 따라 전력 생산이 불안정하므로 태양광 에너지와 같은 경우 태양이 떠 있는 낮에는 전력 생산이 가능하지만, 어두운 밤에는 전력을 생산할 수 없게 된다. 이러한 에너지 사용 불균형 현상을 해결할 수 있는 방안이 에너지 저장장치(ESS)이다. ESS라 불리는 에너지 저장장치는 Energy Storage System의 약자로 전력 생산이 불안정한 신재생 에너지의 단점을 보완한 기술이다. 필요 이상으로 생산된 전력을 저장해 두었다가 일시적으로 전력이 부족할 때 사용할 수 있도록 해 주는 저장장치이다. 우리나라에서도 아파트나 주택에서 소형 태양광발전설비를 설치하여 전기를 이용하는 경우가 많으며, 에너지 저장장치를 활용하여 해가 쨍쨍한 낮에 태양광 에너지를 생산해서 저장해 두었다가 날이 흐리거나 어두운 밤이 되면 낮에 저장해둔 에너지를 활용할 수 있다. 소형 태양광발전설비를 많이 설치해서 사용하고 있는 우리나라와 같은 경우에도 소규모 에너지 저장장치를 이용할 수 있으며, 태양광발전설비와 함께 사용한다면 전력 공급의 안정성이 한층 더 높아질 것이다. 전기 에너지를 다른 형태의 에너지로 전환해 저장했다가 원하는 때에 방출해 사용할 수 있도록 하는 시스템인 ESS는 전기 에너지의 동시적 사용에 관한 제역의 해법으로서 공급과 수용의 균형을 항시 유지해야 하는 전력 시스템의 수급 유연성을 강화시킨다.

이러한 장점을 지닌 ESS는 송배전 계통의 용량 증설 지연, 주파수 조정을 위한 석탄 화력 발전기 출력 여유분의 대체, 풍력 등의 신재생 에너지의 전력계통 연계조건 향상, 수요관리 자원 확보 등의 목적으로 활용되고 있다. 정부는 오는 2020년까지 신재생 등 에너지신산업 분야에 24조 원을 투자한다. 산업통상자원부는 '에너지신산업 성과확산 및 규제개혁 종합대책'을 발표했다. 종합대책에 따라 신재생 에너지 확산을 위해 2020년까지 총 30조 원을 투자해 석탄화력 26개에 해당하는 1,300만 kW 규모의 신재생 발전소를 확충하기로 했다. 이를 위해 발전소가 생산한 전력 가운데 일정 비율을 신재생 에너지로 공급하는 신재생 공급 의무 비율을 2018년 기준 당초 4.5%에서 5.0%로 상향 조정하고, 2020년에는 6.0%에서 7.0%로 확대한다. 이러한 의무비율 상향으로 신재생 발전설비에 8조 5,000억 원이 추가로 투자되고, 석탄화력 약 6기에 해당하는 300만 kW 규모의 신재생발전소가 설치된다. 또 2017년부터 총 2.3 GW 규모의 태양광, 해상풍력 등 8대 신재생 프로젝트도 추진한다. 특히 해상풍력 사업을 통해서는 조선기자재 업체의 일감 수요를 창출할 계획이다. LG화학 오창공장은 2013년 에너지 저장장치(ESS) 배터리 전용 생산시설을 구축한 대표적인 ESS 배터리 생산업체로, 사업장에 7 MWh의 에너지 저장장치(ESS)가 설치 운영 중이다. 에너지 저장장치(ESS)를 에너지신산업으로 선정하고 제도개선 등 적극적인 육성정책을 펼친 결과, 누적 기준으로 2013년 28 MWh에 불과하던 에너지 저장장치(ESS) 설치용량이 2015년 239 MWh로 급증(연평균 증가율 192%)했다. 특히 2015년에는 기존 최고치(피크) 절감용 외에 풍력 연계형(96 MWh)과 주파수 조정(FR)용(19 MWh, 52 MW) 에너지 저장장치(ESS)를 본격적으로 설치해 앞으로 에너지 저장장치 수요처 다변화에 따라 시장이 확대될 것으로 전망된다. 2016년 현재 정부는 투자촉진을 위해 에너지 저장장치 비상전원 인정 가이드라인을 발표하고, 에너지 저장장치 활용촉진 요금제 도입, 에너지 저장장치 저장 전력의 전력시장 거래제도 개선을 완료하였다. 제도 개선과 함께 시장에서의 에너지 저장장치 설치도 활발하게 이루어질 전망이다. 민간기업은 최고치(피크) 절감과 비상 전원용으로 올해 총 55 MWh의 에너지 저장장치를 설치할 예정이다.

2015년부터 도입한 풍력연계형 에너지 저장장치와 6월에 신재생 에너지 공급인증서(REC) 가중치가 부여되는 태양광 연계 에너지 저장장치 등 신재생 에너지 분야는 올해 100 MWh 설치가 예상되며, 상기 물량을 감안하면 올해 총 207 MWh의 에너지 저장장치가 추가로 구축된다.

10.1.2 빙축열 에너지

우리가 현재 직면하고 있는 에너지 위기는 에너지저장기술의 발달과 함께 슬기롭게 대처해 나갈 수 있을 것이다. 100년 이상의 역사를 가진 납전지는 기술적으로는 완벽에 가깝지만 성능이 한계에 달하여 미국의 경우 1974년 이래 전력저장용 축전지시험계획(BEST계획)을 발족시켜 신형전지시스템의 실용화를 모색하고 있다. 또 일본의 전력업계와 건설업계는 야간에 생산한 전력으로 만든 압축공기를 지하에 저장하여 두었다가 이것을 발전에 이용하는 이른바 고압공기 저장발열시스템을 구상하고 있다.

이밖에도 열을 저장하는 방법에는 이스라엘에서 실용화되고 있는 솔라폰드나 태양열을 열탕으로 바꾸어 지하에 저장하는 것 등이 있다. 또 화합물의 가역반응을 이용해서 에너지를 저장하는 방법도 있으나 이것은 효율을 높일수록 폭발의 위험도 그만큼 크다. 최근 초전도기술의 비약적인 발전에 따라 이 기술을 이용하여 전력을 대량으로 저장하려는 연구가 활발하게 진행되고 있다. 이른바 스메스(Super-conductive Magnetic Energy Storage)라고 불리는 이 기술은 초전도 재료로 만든 거대한 코일을 헬륨의 액화온도(영하 269℃)까지 냉각시킨 뒤 여기에 전력을 저장하면 저항이 없어지기 때문에 전류는 줄어들지 않고 영원히 코일 속을 흐르게 된다.

미국은 본제빌전력청(BPA)이 30 MJ(8.4 KWh)의 전기 에너지를 저장하는 스메스를 만들어 모델시험에 성공한데 이어 최근에는 2만 KWh급의 스메스 건설에 착수하려 하고 있다. 일본은 1987년에 발족한 초전도에너지저장연구회가 중심이 되어 1.39 KWh급의 시험플랜트 설계나 5,000 MJ급의 대형 스메스의 개념설계를 하고 있다.

공조용 빙축열시스템은 에너지 형태를 열에너지로 저장하였다가 필요시 공조에 사용하는 시스템으로서, 냉열원기기와 공조기기를 이원화하여 운전함에 따라 열의 생산과 소비를 임의로 조절할 수 있으므로 에너지를 효율적으로 이용할 수 있다. 공조용 빙축열시스템을 심야전력과 연계하여 사용하면 기존의 공조방식과 비교하여 냉열원기기의 고효율 운전 및 설비용량의 축소(최대 70%), 열회수에 의한 에너지 절약 등을 얻을 수 있다 앞에서 언급한 바와 같이 기존의 공조방식은 냉수를 만들어 즉시 부하측에 공급하여 냉방을 실시하고, 빙축열 공조방식은 심야시간대에 일부하의 전량 또는 일부를 얼음으로 만들어 빙축열조에 저장하였다가 필요시 부하 측에 공급하여 냉방을 하는 공조 방식이다. 에너지원으로 사용되어온 화석에너지는 한정되어 있기 때문에 에너지를 효율적으로 사용해야 한다.

새로운 에너지원으로서 개발되고 있는 태양열, 빙축열, 풍력, 지열 등의 자연 에너지원의 이용이나 다량으로 배출되고 있는 폐열의 유효 이용면에 있어서 이들 에너지는 질적 · 양적으로 시간에 따라 변하기 때문에 이러한 에너지를 균질하고 안정한 에너지로서 이용하기 위해서는 에너지의 발생원과 에너지의 사용처 사이의 에너지 저장 시스템을 이용하여 에너지를 적당한 형태로 저장하는 것이 필요하다. 에너지의 저장방법은 열적 저장방법(thermal storage), 화학적 저장방법(chemical storage), 기계적 저장방법(mechanical storage) 및 전기자기적 저장방법(electrical and magnetic storage)으로 대별되며, 대표적인 열적 저장방법으로는 저장매체의 열용량을 이용하는 현열저장과 상변화등과 관련된 잠열을 이용하는 잠열저장이 있는데 현열을 이용하는 열저장방법은 축열재료의 열용량을 이용하는 열저장방법이다. 잠열 저장방법이나 화학적 저장방법에 비해 축열밀도, 즉 저장 에너지의 양이 적은 점과 축열중 열손실이 많은 결점은 있으나 축열원리가 단순하여 널리 사용되고 있다. 최근 들어 현열보다는 단위 부피 및 단위 무게당 열에너지의 저장용량이 크므로 부피나 무게를 크게 줄일 수 있는 상변화물질의 잠열방식에 집중되고 있다. 이와 같은 저장방식은 에너지절약 차원에서 적용되고 있는데 최근의 전력 수요 형태를 분석해보면 하계 낮시간에 전력 수요가 집중되고 있다. 이는 냉방기기의 사용증가로 인하여 냉방전력의 비중이 그만큼 커졌기 때문인데, 이러한 전력부하의 균형을 위해 냉방수요의 일부 또는 전부를 주간 전력 pick 시간을 피해 저장하였다가 사용하는 냉방용 빙축열시스템의 실용화가 비교적 용이하면서 전력부하 균형에 기여도가 크므로 선진국에서는 석유파동 이후 활발하게 연구되고 있다.

10.2 빙축열 에너지 저장

10.2.1 빙축열 저장 시스템 종류

(1) 수축열시스템

수축열시스템은 물의 온도차에 의한 열용량을 이용하여 냉열을 저장하는 현열축열시스템이다. 수축열시스템은 빙축열시스템에 비해 상대적으로 높은 온도인 약 5℃의 물로써 냉열을 저장하기 때문에 냉동기의 성적계수(COP)가 높고, 하절기 냉방용으로 사용하던 수축열조는 동절기 난방용으로 그대로 사용할 수 있다는 장점이 있다. 그러나 현열축열이라는 점 때문에 축열조 용량이 매우 크며, 효율적인 이용을 위해서 축열조 내 온도성층화(열적층화, thermal stratification)에 유의해야 하는 단점이 있다.

(2) 잠열축열식(Phase Change Material)

잠열물질(상변화온도 7℃ 내외)을 주입한 캡슐을 축냉조 내에 설치하고 캡슐 주위에 저온의 냉수(7℃)를 순환시켜 잠열물질의 상변화에 따른 잠열을 이용하는 방식이다.

(3) 빙축열시스템

빙축열시스템은 물을 잠열재로 사용하는 잠열축열시스템의 한 종류로써 얼음의 형태로 냉열을 저장한다. 물이 얼음으로 상변화할 때는 약 80 kcal/kg(333 J/kg)의 많은 잠열량이 요구되므로, 빙축열시스템을 채택하는 경우 축열조 부피를 크게 줄일 수 있다.

10.2.2 빙축열 저장 배경

빙축열시스템의 도입 배경에는 최근 우리나라에 심각한 문제가 제기되고 있는 하절기 냉방전력에 의한 최대파크 전력관리의 필요성 때문이다. 자연 에너지의 이용에 있어서 주에너지원으로 사용되어 온 화석 에너지는 한정되어 있고, 지구온난화 방지를 위한 무공해 에너지의 개발이 필요한 시점이다. 따라서 이러한 에너지 문제를 해결해야 하고 에너지를 효율적으로 활용하는 것은 필수적이라 할 수 있으며, 이를 위해 적절한 형태로의 에너지 전환을 해야 하며 새로운 에너지원으로서 개발되고 있는 태양열, 빙축열, 풍력, 지열 등의 대체 에너지원의 이용이나 다량으로 배출되고 있는 폐열의 유효 이용면에 있어서 이들 에너지는 질적, 양적으로 시간에 따라 변하기 때문에, 이러한 에너지를 균질하고 안정한 에너지로서 이용하기 위해서는 에너지의 발생원과 에너지의 사용처 사이의 에너지 저장 시스템을 이용하여 에너지를 적당한 형태로 저장하는 것이 필요하다.

에너지의 효율적 이용에 관한 연구는 주로 에너지 저장방식과 저장된 에너지의 이용으로 이루어졌으며, 이를 통해 에너지 보존 및 성능 향상 시스템과 신뢰성을 개선함으로써 에너지 저장에 드는 비용을 절감할 수 있다.

최근 들어 현열보다는 단위 부피 및 단위 무게당 열에너지의 저장 용량이 크므로 부피나 무게를 크게 줄일 수 있는 상변화물질의 잠열방식에 집중되고 있다. 이와 같은 저장 방식은 에너지 절약 차원에서 적용되고 있는데 최근의 전력 수요 형태를 분석해 보면 하계 낮시간에 전력 수요가 집중되고 있다. 이는 냉방 기기의 사용 증가로 인하여 냉방 전력의 비중이 그만큼 커졌기 때문인데, 이러한 전력 부하의 균형을 위해 냉방 수요의 일부 또는 전부를 주간 전력 pick 시간을 피해 저장하였다가 사용하는 냉방용 빙축열시스템의 실용화가 비교적 용이하면서 전력 부하 균형에 기여도가 크므로 선진국에서는 석유 파동 이후 활발하게 연구되고 있다.

잠열축냉기술은 심야의 잉여 전력을 이용하는 면 외에 안전하고, 무공해, 저소음, 저진동 등의 냉방시스템이라는 특징이 있으며, 종래의 현열축열방식에서 대형축열조 도입이 곤란했던 점을 잠열의 에너지 밀도를 이용한 잠열방식을 이용하여 소형으로도 극대화시킬 수 있는 장점들이 있다.

빙축열방식을 분류하면 축열조 크기에 따라서 완전동결형, 관내착빙형, 관외착빙형, 빙박리형, 직접열교환형이 있고 시공방식에 따라 밀폐형, 현장시공형이 있으며, 냉매순환방식에 따라 브라인형, 직팽형, 냉매강제순환형으로 분류된다. 운전형식에 따라 전부하 축열형, 부분축열형 등으로 대별될 수 있다.

일반적인 빙축열 열원방식으로는 저온형 냉동방식과 브라인방식을 이용하고 있다. 전자인 경우에는 제빙코일에 직접냉매로 제빙하고 후자인 경우에는 저온형 냉동기에서 냉매가스와 브라인액을 열교환시켜 영하의 저온에서도 동결하지 않는 저온 브라인을 생산하여 제빙코일에 보내어 빙축열로 이용하고 있다. 정적방식의 대표적인 관외 착빙형은 빙충진율에 의한 축열조의 용량선정, 제빙코일의 압력손실, 착빙두께의 조절 등의 어려운 문제가 있으며, 특히 코일 자체에 얼음이 생성되어 열전달율을 저하시키고 제빙된 얼음의 간섭으로 인해 제빙코일이 손상될 가능성이 있으며 동적방식인 간접접촉식은 얼음이 증발기 등을 사이에 두고 접촉되기 때문에 열저항이 증가하여 심야전력대에 충분한 제빙이 어렵다.

최근에는 정적방식도 다양한 형태로 개발되고 있는데, 특히 잠열캡슐형방식이 확산되고 있다. 이 방식은 구형캡슐 용기 내에 제빙이 용이한 무기화합물에 증류수를 첨가하여 에너지 밀도를 증가시키고 축열하여 방열과정동안 냉방으로 활용하는 시스템이다.

10.2.3 빙축열 특징

(1) 빙축열 장점

① 열원 기기의 운전시간이 연장되므로 기기 용량 및 부속 설비의 대폭 축소
② 심야전력 사용에 따른 냉방용 전력비용(기본요금, 사용요금) 대폭 절감
③ 정부의 금융지원 및 세제 혜택에 따른 설비투자 부담 감소
④ 한전의 무상지원금에 따른 투자비 감소
⑤ 한전의 외선공사비 전액 부담
⑥ 한전의 내선공사비 일부액 부담

(2) 빙축열 단점

① 축열조 공간 확보 필요
② 냉동기의 능력에 따른 효율 저하 – 제빙을 위해 저온화하는 과정에 따른 냉동기의 능력이 저하
③ 축열조 및 단열 보냉공사로 인한 추가비용 소요
④ 축열조 내에 저온의 매체가 저장됨에 따른 열손실 발생
⑤ 수처리 필요

10.2.4 빙축열 종류

(1) 관외착빙형(Ice On Coil type)

축냉조 내에 코일이 있고 그 주위에 물이 채워져 있어 제빙 시 코일내부로 차가운 브라인이 흐르게 되어 주위의 물이 얼게 된다. 해빙 시는 코일외부로 물이 흐르게 되어 얼음을 해빙시킨다. 이 방식의 특징은 착빙이 진행됨에 따라 열전달 면적이 점차 커지게 되며 합리적인 설계 및 운전으로 COP를 높일 수 있다. 물이 얼 때 부피가 팽창되므로 축냉조를 밀폐형으로 하기가 곤란하며, 별도의 열교환기가 필요하고 얼음두께의 균일화를 위한 교반기가 필요하다. 가장 기본적인 Static Ice on coil type의 빙축열시스템이다.

(2) 빙박리형(Ice Harvester/chiller type)

Harvest system이란 Dynamic type의 동적제빙 방법으로 연속적이면 간헐적으로 생성된 얼음이 제빙판에서 분리되어 빙축열조에 저장되는 시스템이다. 일명 빙박리형 빙축열시스템

이라고 한다. 고압의 액냉매가 팽창밸브를 거쳐 제빙판에서 저압의 냉매가스가 되어 제빙판 하부에서 유입되어 제빙판 외부의 물을 얼리고, 다시 고압측의 Hot Gas를 사용하여 탈빙시킨 후 판형의 얼음이 빙축열조로 떨어지면서 박편의 조각 얼음으로 만들어져 저장되는 과정을 거치는데. 얼음 두께가 얇을 때 제거하여야 열전달률이 커지므로 냉매의 증발온도가 높아져 냉동기의 성적계수(C.O.P)가 상승된다.

(3) 액빙수형(Slurry Ice type)

에탄올 또는 프로필렌글리콜 등의 첨가제를 사용한 물이 순환하면서 증발판을 통과하여 얼음이 형성되면 계속적으로 회전하고 있는 스크레파로 긁어내림으로써 슬러리를 만든다. 첨가제 사용형과 －1～2℃ 정도의 과냉각수를 정밀제어되는 열교환기에서 제조한 후 축냉 탱크로 떨어지는 기계적 충격 등에 의해 미세한 얼음이 형성되는 과냉각수형이 있다. 냉동시스템이 고효율로 운전 가능하며 슬러리를 직접 반송할 수 있는 장점이 있다. 이 시스템에서는 제빙기는 입형의 Shell &Tube형 열교환기인데 7%의 글리콜 수용액이 Tube 내를 중력으로 흘러내리면서 Shell 내부의 냉매와 열교환되어 과냉각 상태가 된다. 이 과냉각 수용액 내에서 미세한 미립자(50 μm)가 생성되며, Slurry Pump 혹은 중력에 의해 빙축열조로 이송되어 저장된다. 또한 Tube 내부에는 Whip Rod가 설치되어 글리콜 수용액을 휘저어 줌으로써 전열효율을 증가시키고, 글리콜 수용액의 온도를 균일하게 하는 역할을 한다.

(4) 구형 캡슐형(Ice Ball type)

축냉조 내에 캡슐을 채우고 그 캡슐의 주위로 브라인을 흐르게 하여 캡슐 내부의 물을 제빙 및 해빙시킨다. 이 방식의 특징은 캡슐의 대량생산이 가능하므로 용량에 관계없이 수요충족이 용이하게 된다. 축냉조 내에 브라인 사용량이 많게 되는 반면에 구조상의 제약조건이 없어 시공 및 관리가 매우 편리하다. 이 시스템은 구형 캡슐이 담겨진 물의 어느 것을 이용하는 방식으로 1982년 프랑스의 Cristopia사에서 개발된 STL(Storage Par Chaleur Latente : 잠열축열) 시스템에서 비롯된 것이라 할 수 있다. 원형 Stell Tank 혹은 사각의 콘크리트 형태의 축열조 내에 충진하여 Ball 내부 물질의 상변화에 따른 잠열을 이용하는 빙축열시스템이다.

(5) 렌즈 캡슐형(Ice Lens type)

이 시스템은 고밀도 플라스틱 콘테이너 안에 물이 가득 채워진 Ice Lens Unit을 Storage Module이라고 불리는 단열 처리된 강재 축열조 안에 벽돌 같이 적층하여 빙축열조에 주간과 야간의 Off-Peak 시간대를 이용하여 낮은 브라인(－3.3℃)으로 Ice Lens가 얼 때까지 적층된

Ice Lens 사이로 브라인을 순환시켜 축열하는 시스템이다. On-peak 시간대에는 건물부하에 의해 온도가 상승한 브라인이 Ice Lens 사이로 순환되어 Ice Lens 내의 얼음은 녹고, 건물은 냉방이 된다.

10.2.5 빙축열 냉방시스템 설계 시 고려사항

(1) 설계 부하로서 기본적으로는 냉방 주체형

(2) 축냉방식

냉방 부하 피크가 주간에 발생하고 야간의 냉방 부하가 없든지 또는 주간보다 작은 것이 바람직하다.

표 10.1 **축냉시스템 형태별 특징**

방식	관외착빙형	캡슐형	슬러리형	빙박리형	공융염
냉동기 형태	저온2차부동액	저온2차부동액	저온부동액 또는 냉매 내장	제빙기 내장	물
냉동기 가격	\$57~142/kW	\$57~142/kW	\$57~142/kW	\$313~427/kW	\$57~85/kW
탱크체적	0.019~0.023 m³/kWh	0.019~0.023 m³/kWh	0.023 m³/kWh	0.02~0.03 m³/kWh	0.048 m³/kWh
축냉조 설치비	\$14~20/kWh	\$14~20/kWh	\$14~20/kWh	\$5.7~8.5/kWh	\$28~43/kWh
제빙온도	-6~-3℃	-6~-3℃	-9~-4℃	-9~-4℃	4~6℃
제빙효율 (COP)	2.9~4.1	2.9~4.1	3.0~4.9	2.7~3.7	5.0~5.9
해빙온도	1~3℃	1~3℃	1~2℃	1~2℃	9~10℃
해빙유체	2차부동액	2차부동액	물	물	물
탱크구조	밀폐형	개방 또는 밀폐계	개방탱크	개방탱크	개방탱크
특징	Modular Tanks	탱크구조 유연	순시해빙율이 높음	순시해빙율이 높음	기존냉동기 이용
구성	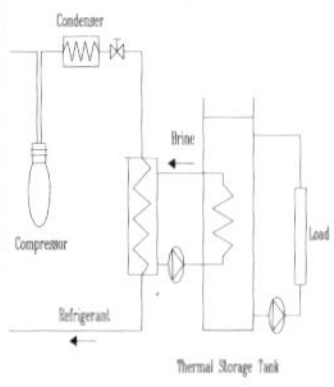 Condenser Brine Compressor Load Refrigerant Thermal Storage Tank	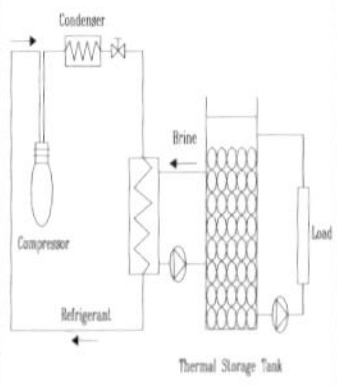 Condenser Brine Compressor Load Refrigerant Thermal Storage Tank	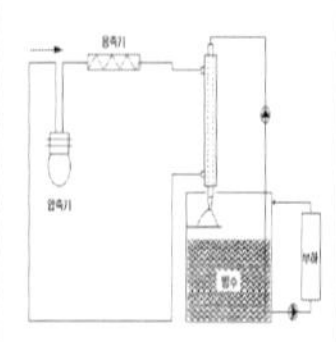 응축기 압축기 빙수	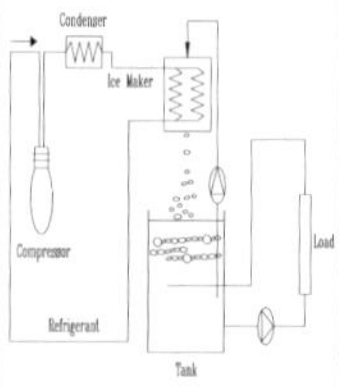 Condenser Ice Maker Compressor Load Refrigerant Tank	

출처: Design Guide for Cool Thermal Storage (ASHRAE 1993)

① 저온송수방식(7℃ 미만의 냉수를 사용하는 경우)
② 저온송풍방식(10℃ 이하의 냉풍을 사용하는 경우)
③ 급속취출방식(3～4시간 이하의 급속 취출하여 사용하는 경우)
④ 대온도차 송수방식(5℃ 이상의 대온도차에서 송수하는 경우)
⑤ 장기간 냉방 부하가 있는 용도의 건물

표 10.2 **국내 공급업체별 축냉방식 비교**

시스템 종류 / 구분	빙축열식(Ice Storage)					수축열식(Chilled water)			
	슬러리형 (Slurry Ice)	관외착빙형 (Ice on Coil)		캡슐형 (Encapsulated Ice)		수축냉 (냉방)	히트펌프(냉난방)		
		PE	강관, Cu	원형	판형		공기열원	수열원	지열원
공급 업체	Ice Max 디와이 에스이테크	화인텍센 추리 신성ENG LS 전선 장한기술	범양냉방 LS전선 로얄 서일엔지 니어링	EnE시스템 엔티이 현대공조	캐리어	삼성에버랜드 경인에너텍 EnE시스템 하니웰, 엔티이 HP시스템 공간코리아 티알씨코리아	경인 HP시스템 공간코리아 일진기건 에이오시스템 한국플랜트	경인, 일진 기건	HP(수직코일) 티이엔(SCW) 삼양에코너지 ((SCW),수직코일) EnE시스템 (SCW) 공간코리아 (수직코일) 한국플랜트 (수직코일)
냉동기 형태	저온 냉동기	저온냉동기		저온 냉동기	저온 냉동기	상온냉동기	상온냉동기(열펌프)		
빙축조 형태	개방식	개방식	개방식	밀폐, 개방식	밀폐식,	개방식	개방식		
	사각형	사각형, 원형	사각형	사각형, 원형	원 형	사각형	사각형		
기술제휴 (개발국)	Mueller(美) DY, 에스이테크 (자체)	화인텍센추리, 장한기술: FAFCO(美) 신성: CALMAC(美) 범양: BAC(美) LS : EVAPCO(美)			자체	자체	자체		
축냉방법	제빙기로 슬러리 생성	코일주위에 얼음생성		구형용기 내에 얼음생성	판형용기 내에 얼음생성	축열조에 냉수저장	축열조에 냉수 또는 온수 저장		
방냉방법	빙축조 내 슬러리순환	코일 내에 브라인액 순환		용기 주위에 브라인액 순환		냉수순환	냉 · 온수 순환		

출처: Thermal Storage Energy Conservation

(3) 축냉방식의 선정

건물의 냉방은 크게 분류해서 축냉시스템만을 사용하는 단독열원방식과 다른 냉방기를 함께 사용하는 복합열원방식이 있다.

① 건물 규모
② 건물 용도(사무소빌딩, 홀, 호텔, 병원, 점포 등)
③ 공조방식(팩키지 공조방식, 중앙공조방식의 선택, 통상의 7℃ 송수방식, 저온 송수방식, 저온 송풍방식, 대온도차 송수방식 등)
④ 1일당 축냉식 운전시간(통상 8~10시간)

10.2.6 빙축열시스템의 설계절차

(1) 설계 조건 확인

① 공조 부하 설정: 시각별 냉방 부하와 부하율
② 공조 시간의 설정: 예> 08:00~22:00
③ 축냉 시간의 설정: 예> 22:00~08:00
④ 냉수 온도의 설정: 예> 출구온도 7℃, 입구온도 12℃
⑤ 축냉 시스템의 설정: 축냉과 다른 열원과의 분담

(2) 기종 선정

① 일량부하의 설정(USRT · h, kcal)
② 냉동기의 선정(제빙 시 및 추가운전 시)
③ 축냉용량의 설정(USRT · h, kcal)
④ 기타기기의 설정(펌프, 밸브 등)

(3) 제어

① 제빙 시 - 냉동기의 운전시간, 온도
② 해빙 시 - 축냉조의 빙량, 온도, 운전시간
③ 기타 - 펌프, 밸브 등과의 연동

(4) 경제성의 검토

① 축냉시스템과 빙축열시스템과의 비교

② 초기비용과 운영비에 의한 투자비 회수기간의 산출
③ 각종 지원제도의 이용

10.2.7 초기비용의 절감 방안

빙축열 냉방시스템은 초기설치비용이 높다는 이미지가 강하지만 계획 시나 설계 단계부터 검토한다면 충분히 다른 빙축열시스템과 경합할 수 있을 정도로 진보하고 있다.

(1) 계획 시 고려해야 할 사항

① 과대한 설계가 되지 않도록 하는 시스템으로 한다.
② 무리하게 전량 축열하기보다 부하 특성에 맞는 축냉시스템을 채용한다.
③ 콤팩트하고 단순한 시스템이 운전관리도 용이하다.
④ 현지공사가 적은 시스템을 채용한다.

(2) 각종 지원제도의 이용, 한전의 설치비 무상지원, 세제감면 및 설치비 저리융자 등의 지원제도가 있으므로 이를 적극 활용한다. 빙축열시스템은 축냉조를 설치하기 때문에 일반적인 냉동기에 비해서 설치 공간이 더 필요하다. 축냉조의 체적은 축냉방식에 따라 차이가 있지만 보통 1 TON-HR당 0.01 m^3이 필요하고, 기계실의 점유 면적은 축냉조, 냉동기, 열교환기, 부속기기 등을 포함하여 평당 0.036 m^3 정도가 소요된다. 실제 소요공간은 축냉방식이나 냉방용량에 따라 차이가 있으므로 축냉설비의 계획, 설계 및 변경 시에는 주의할 필요가 있다.

10.2.8 기기의 유지관리

(1) 일상점검

일상점검은 사용자가 행하는 것으로 점검결과는 대장에 기록하여 관리한다.
① 전압, 전류값(열원기 및 기기류)
② 고압, 저압, 유압
③ 냉각수온도, 냉온수온도, 브라인온도
④ 운전음, 이상진동 유무

(2) 정기점검

냉동기를 효율 좋고 경제적으로 운전하기 위해서는 정기적인 점검 및 부품교환 등의 정기정비가 필요하다. 정기점검은 유지보수계약 등에 의해 전문가가 행하고, 공조기를 정지 또는 운전하면서 각부의 점검, 조정, 청소, 주유, 부품의 점검, 브라인 농도 점검 등으로 점검 간격은 1개월, 6개월, 1년으로 실시할 수 있다. 자세한 점검항목은 메이커의 사양서, 취급설명서에 따라서 하는 것이 현명한 방법이다.

① 냉동기: 냉매 충전여부 확인, 소모성 부품의 점검 및 교환, 증발기와 응축기의 정기적인 세관으로 효율저하 방지, 오일의 점검교환 및 보충

② 브라인: 일정 농도 유지(에틸렌 글리콜 25%), 정기적인 교환(4~5년 주기), 브라인 누설 점검

③ 배관: 냉각수와 브라인 배관의 일정 압력 유지 확인, 냉각수 배관 세관(2년 주기), 브라인 교체 시 브라인 배관의 세관(4~5년 주기)

④ 제어장치: 자동제어밸브, 유량 스위치, 센서 등의 작동상태 확인, 펌프와 냉각탑 온도 등의 제어상태확인

10.2.9 에너지 절약 운전을 위한 유의사항

(1) 과대 설계하지 않을 것

냉동기, 펌프 등의 기기를 크게 하면 부분부하 운전시간의 증가나 설계한 대로 온도차를 얻을 수 없고, 축열된 열량이 충분히 사용되지 않는 등의 현상이 발생하여 에너지 절약 운전에 반하게 된다. 이 때문에 기기 선정에 있어서 여유율을 지나치게 크게 하지 않는 등 적정 용량의 선정이 중요하다.

(2) 적절한 시공을 할 것

냉동기 상호간, 건물이나 차음벽과의 이격거리를 적절하게 취하고, 제어기기의 설정치가 적정하며, 효율이 최대로 발휘하도록 시공하는 것이 시스템 전체의 효율을 향상시킬 수 있다.

(3) 야간 축열 운전을 충분히 할 것

야간시간대는 외기온도가 저하하여 성적계수(COP)가 증가된다. 이 때문에 냉방부하가 큰 기간뿐만 아니라 기기운전 전 기간을 통하여 축열운전을 최대한으로 이용하는 것이 중요하다.

(4) 축열을 공조시간대에 하지 않을 것

축냉시스템은 공조시간 종료 시에는 축열된 열량이 제로 상태가 될 때 가장 효율이 좋도록 설계되어 있으므로 이 때문에 주간 추가운전을 적절히 해야 한다. 특히 관외착빙형의 경우 브릿지 현상방지를 위하여도 충분히 유의할 필요가 있다.

(5) 점검 보수를 적절히 실시할 것

점검 보수에는 일상적으로 하는 항목과 정기적으로 하는 항목이 있다. 이를 적절하게 하는 것이 기기의 열화를 방지하여 성능저하를 방지하고 기기의 수명도 연장시킨다.

10.3 연료전지

10.3.1 연료전지 개요

연료전지는 전기화학 반응에 의하여 연료가 갖고 있는 화학 에너지를 직접 전기 에너지로 변환시키는 발전장치이다. 따라서 원리상 열기관이 갖는 열역학적인 제한(Carnot 효율)을 받지 않기 때문에 기존의 발전장치보다 발전효율이 높고, 무공해, 무소음으로 환경문제가 거의 없으며 다양한 용량으로 제작이 가능하고, 전력 수요지내에 설치가 용이하여 송변전 설비를 절감할 수 있는 등 전력계통의 운영측면에서도 기대가 큰 첨단기술이다. 발전원리는 물의 전기분해 역반응을 이용한 것으로 연료인 수소와 산소를 공급하여 전기와 양질의 폐열을 얻는다. 연료전지 발전시스템은 전기를 생산하는 연료전지 본체(Fuel Cell Stack)와 연료인 LNG, 석탄가스, 메탄올, 등을 수소로 개질하여 수소가 많은 연료가스로 만드는 개질기(Reformer), 발전된 직류전기를 교류로 변환시키는 직교류변환기(Inverter) 및 제어장치 그리고 배열이용 시스템 등으로 구성되어 있다. 연료전지는 전해질의 종류 및 동작온도에 따라 분류되는데 인산 연료전지, 용융탄산염 연료전지, 고체산화물 연료전지는 민수용 전력 대체용으로 개발되고 있으며 알칼리 연료전지 및 고분자 전해질 연료전지는 단위 무게당 에너지 출력이 커서 수송용, 군사용, 우주선 등의 특수용도로 개발되고 있다. 진한 인산을 전해질로 사용하는 인산연료전지는 작동온도가 200℃ 부근으로 기술개발이 가장 앞서있어 현지 설치형 또는 분산형 전원으로서 곧 상용화될 전망이어서 제1세대 연료전지라 불리기도 한다. 탄산염을 전해질로 하는 용융탄산염 연료전지는 작동온도가 650℃로 인산연료전지보다 작동온도가 높아 백금 등의 비싼 전극 촉매를 사용할 필요가 없으며, 연료로는 수소 외에 CO 가스가 사용가능하여 석탄가스화 장치와 조합하여 대규모 발전시스템을 구성할 수 있다. 연료의 화학 에너지를 전기 화학적 반응을 거쳐서 직접 전기로 변환시키는 기구이며, 연료전지는 대부분의 다른 에너지 변환기보다 훨씬 높은 효율을 가지고 있다. 일종의 발전장치라고 할 수 있으며 산화 · 환원반응을 이용한 점 등 기본적으로는 보통의 화학전지와 같지만, 닫힌 계내에서 전지반응을 하는 화학전지와 달라서 반응물이 외부에서 연속적으로 공급되어, 반응생성물이 연속적으로 계외로 제거된다. 가장 전형적인 것에 수소-산소 연료전지가 있다.

10.3.2 연료전지 발전원리

(1) 발전원리

연료 중 수소와 공기 중 산소가 전기 화학반응에 의해 직접 발전한다.

① 연료극에 공급된 수소는 수소이온과 전자로 분리

② 수소이온은 전해질층을 통해 공기극으로 이동, 전자는 공기극으로 이동

③ 공기극 쪽에서 산소이온과 수소이온이 만나 반응생성물(물)을 생성

(2) 연료전지 발전구성도

① 개질기(Reformer)

화석연료(천연가스, 메탄올, 석유 등)로부터 수소를 발생시키는 장치. 시스템에 악영향을 주는 황(1 Oppb 이하), 일산화탄소(1 Oppm 이하) 제어 및 시스템 효율향상을 위한 compact가 핵심기술

② 스택(Stack)

원하는 전기출력을 얻기 위해 단위전지를 수십장, 수백장 직렬로 쌓아올린 본체. 단위전지 제조, 단위전지 적층 및 밀봉, 수소공급과 열회수를 위한 분리판설계 · 제작 등이 핵심 기술이다.

③ 전력변환기(Inverter)

연료전지에서 나오는 직류전기(DC)를 우리가 사용하는 교류(AC)로 변환시키는 장치이다.

④ 주변보조기기(BOP: Balance of Plant)

연료, 공기, 열회수 등을 위한 펌프류, Blower, 센서 등을 말하며, 연료전지의 특성에 맞는 기술이 미비하다.

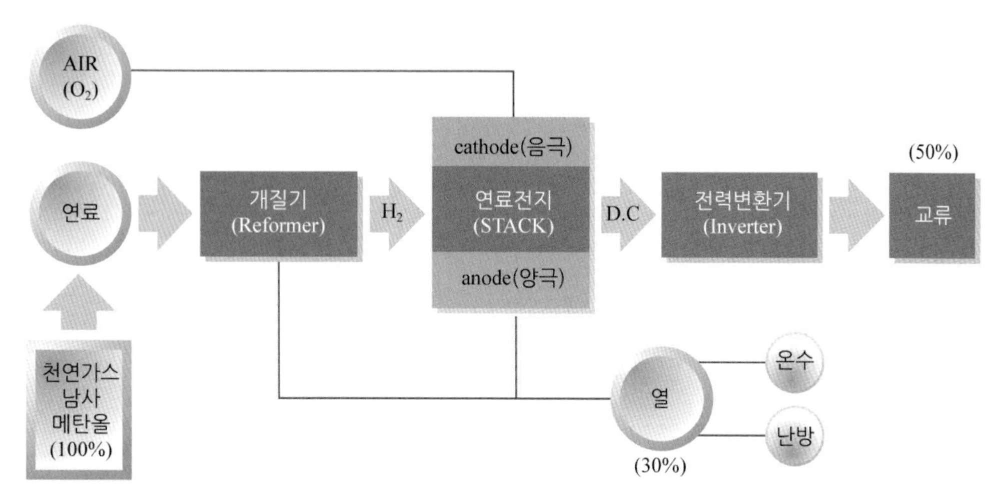

출처: 에너지관리공단 신재생에너지센터

그림 10.1 **연료전지 발전구성도**

10.3.3 연료전지 특성

전기화학적 반응에 의해 발전되는 연료전지는 연료의 연소과정이나 터빈 회전과 같은 기계적 운동이 없기 때문에 발전효율이 매우 높고, 환경공해 발생요인이 거의 없다는 뚜렷한 특성을 가지며, 이외에도 전력기술로서의 필요한 여러 가지 장점을 갖고 있다.

(1) 효율 특성

실질적으로 50%를 상회하는 발전 효율을 얻을 수 있기 때문에 발전부분에서의 대규모 에너지 절약이 가능하다.

(2) 환경 특성

환경오염의 주 원인이 되는 NOx, SOx 및 분진의 발생이 기존 화력에 비하여 무시할 정도이며 터빈 등에 의한 소음발생 요인이 없으므로 실내 설치도 가능하다.

(3) 에너지 이용 특성

반응열을 이용하여 열과 전기를 동시에 공급하는 열병합발전 또는 복합발전에 의해 에너지의 종합 이용효율을 90%선으로 향상시킬 수 있다.

(4) 기타 특성

전력기술로서 필수 요건인 발전설비의 기동정지가 용이하고 부하추종성도 매우 양호하며, 설비 용량규모 또는 부하율에 관계없이 비교적 일정한 효율로 발전한다. 대용량 발전소의 경우 건설면적이 상대적으로 적으며 모듈화된 대량생산으로 단기간 건설이 가능하다.

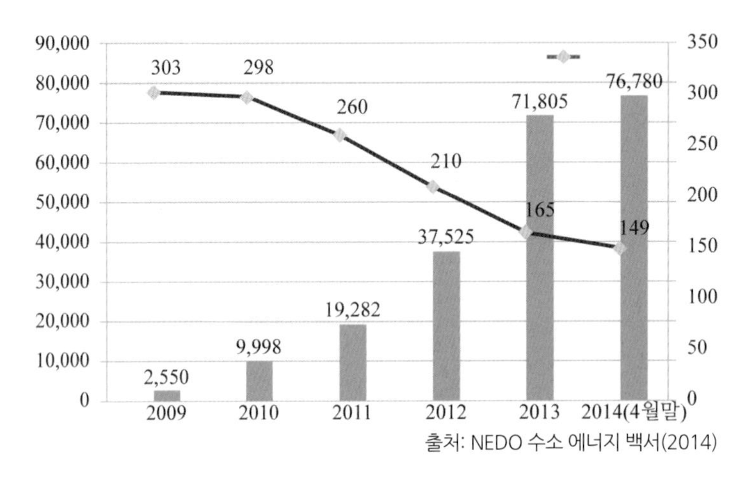

출처: NEDO 수소 에너지 백서(2014)

그림 10.2 **일본 소형연료전지 가격 및 대수**

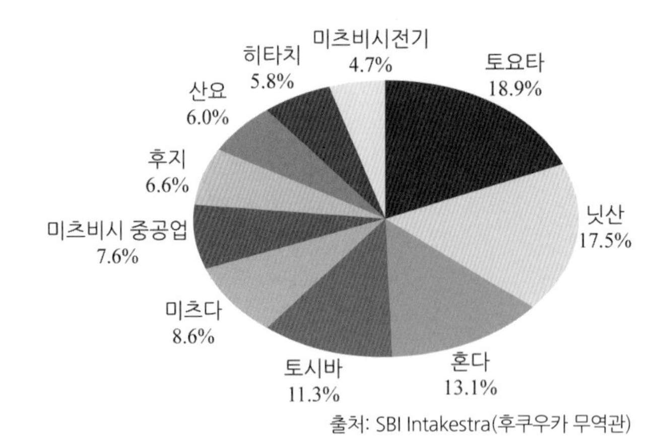

출처: SBI Intakestra(후쿠우카 무역관)

그림 10.3 **일본 연료전지 특허건수**

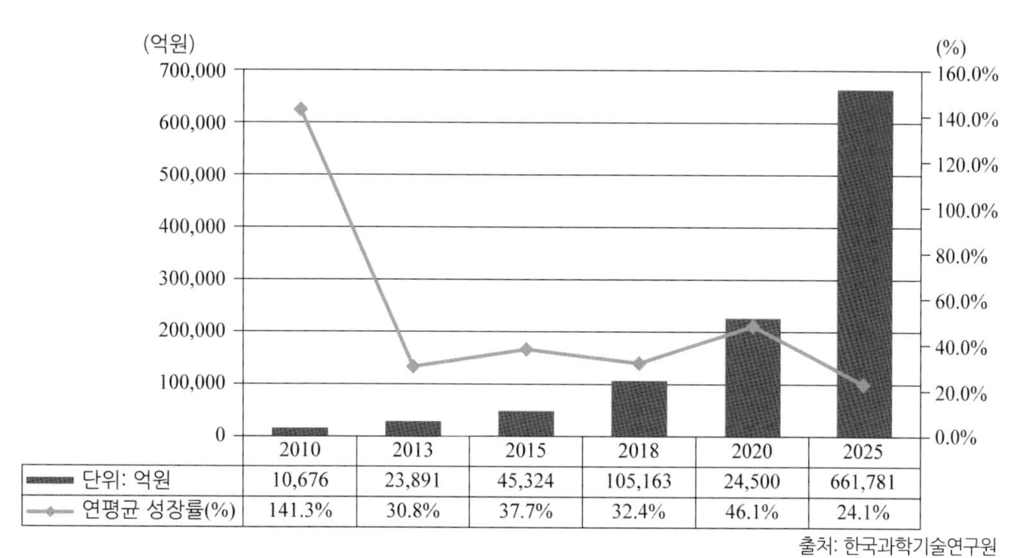

	2010	2013	2015	2018	2020	2025
단위: 억원	10,676	23,891	45,324	105,163	24,500	661,781
연평균 성장률(%)	141.3%	30.8%	37.7%	32.4%	46.1%	24.1%

출처: 한국과학기술연구원

그림 10.4 **세계 연료 시장 규모**

참고문헌

1. 지역별 및 기술별 세계 폐기물 에너지 시장 현황 (단위 : MW) / New Energy Finance
2. NEDO 수소 에너지 백서 2014
3. 에너지관리공단 신 · 재생 에너지센터

Chapter

11

지구환경 문제

11.1 환경과 온실가스

온실가스는 지구의 복사열인 적외선을 흡수하여, 지구로 다시 방출하여 온실효과를 유발하는 대기 중의 기체를 말한다. 온실가스는 CO_2(이산화탄소), CH_4(메탄), N_2O(산화이질소), HFC(수소화플루오르화탄소), PFC(과플루오르탄소), SF_6(육플루오르화황)이 있다. 지구온난화는 지구기후 시스템의 평균 온도가 모호하고 지속적인 상승을 의미한다. 1971년부터 온난화의 91%는 바다에서 발생하였다. "지구온난화" 또한 지구 표면에서 공기와 바다의 평균 온도의 증가를 참조하는데 사용이 된다. 지구온난화는 지구 표면의 평균온도 상승으로 땅이나 물에 있는 생태계가 변화하거나 해수면이 올라가서 해안선이 달라지는 등 기온이 올라감에 따라 발생하는 문제를 포함하기도 한다. 기후 변화에 관한 국제 패널(IPCC)의 과학자들은 지구온난화의 대부분은 인간의 활동에 의해 생성된 온실가스 농도 증가에 의해 발생되는 것을 90% 이상이 특정 있다고 보고하였다. 미래에는 기후변화와 관련된 영향은 지역에서 전세계 지역에 따라 다르다. 지구 온도 상승의 효과는 해수면의 상승 및 금액과 강수 패턴의 변화뿐만 아니라 아열대 사막의 확장 가능성이 있기 때문이다. 해양 산성화 그리고 온도정권을 변화 종 멸종온난화의 다른 가능성이 효과는 가뭄과 폭우 등의 빈번한 기상 이변이 발생하고 있다. 인체에 심각한 영향이 수확량 감소에서 식량 안보에 대한 위협 및 침수에서 서식지의 손실이 포함된다. 온실효과로 인하여 지구온난화의 지표인 지구표면온도는 지구표면 온도는 지난 100년 동안(1906~2005) 0.74 ± 0.18℃ 상승하였다. 이러한 기온 상승은 우리나라가 속해 있는 북반구 고위도로 갈수록 더 크게 나타나고 있으며 해양보다 육지가 더 빠른 온도 상승을 나타낸다.

이와 같이 지구 온난화의 원인은 대기 중에 온실가스가 지나치게 많아지면서 지구의 기온이 상승하는 현상으로 인구 증가와 산업화에 따라 화석 원료의 사용이 늘어나 이산화탄소

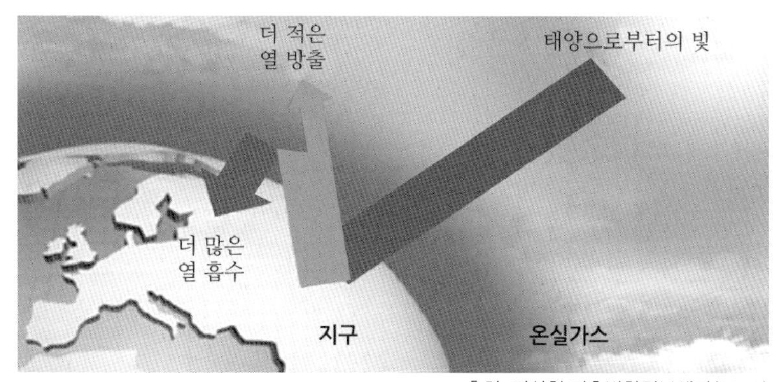

출처: 기상청 기후변화정보센터(2012)

그림 11.1 **온실가스 효과 강화**

배출량이 증가하고, 각종 개발로 인해 삼림이 파괴되어 대기 중 이산화탄소의 농도가 더욱 높아지고 있다. 이러한 대기 중의 이산화탄소 증가는 지구 온난화를 일으키는 가장 큰 원인이 되고 있다.

우리나라는 에너지 수입 의존 국가이다. 이러한 상황에서 경제 규모나 생활수준에 비하여 자원과 에너지를 대량 소비하고 있어 환경뿐 아니라 경제에도 부담으로 작용하고 있다. 문제를 해결하기 위해서는 친환경적인 대체 자원과 에너지를 개발하고 지속가능한 생산량을 유지할 수 있도록 기존 자원과 에너지를 관리해야 한다. 더불어 배출권 거래제, 탄소세, 재택근무제 도입 등 경제 사회 제도를 변화시키는 것이 효율적일 수 있다. 여기서 배출권 거래제란 온실가스 배출 권리를 사고 팔 수 있도록 한 제도로, 온실가스 중 배출량이 가장 많은 것이 이산화탄소이므로 탄소배출권 거래제라고도 부른다. 탄소세란 기후 변화의 주범인 이산화탄소의 배출량을 줄이기 위해 석유와 석탄을 비롯한 화석연료의 사용량에 따라 매기는 세금을 말한다. 자원과 에너지 절약을 위한 제도 도입 이외에 자원과 에너지를 절약하는 친환경적인 생활양식의 실천이 필수적이다. 즉, 자연을 보전하며, 환경오염을 줄이고, 자원과 에너지를 아껴 쓰는 '녹색 소비 생활'이 필수적이다.

이를 위해 첫째, 자원의 소비를 줄이는 절약 정신과 친환경적인 의식을 가진 지혜로운 소비자가 되어야 한다. 둘째, 물품을 구입할 때에는 재활용이 가능하거나 에너지 소비 효율 등급이 높은 제품, 저탄소 상품 인증 제품, 탄소 중립 인증 마크가 부착된 상품을 구입하는 등 녹색 소비 생활을 실천해야 한다.

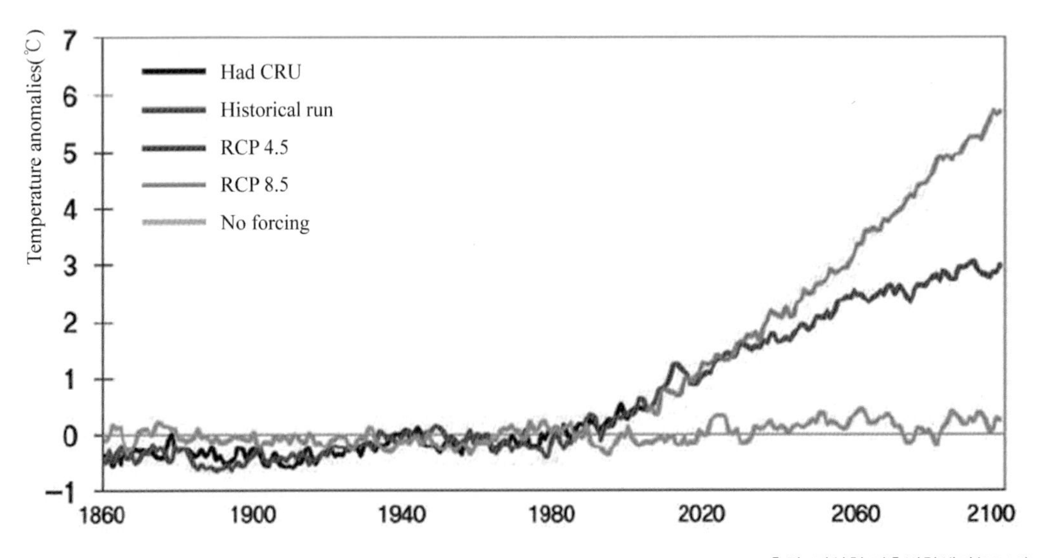

출처: 기상청 기후변화센터(2012)

그림 11.2 **전 지구 기후변화 전망**

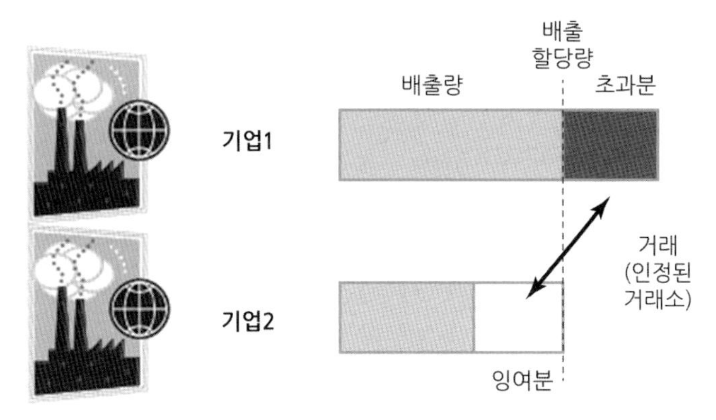

그림 11.3 **배출권 거래제**

11.2 온실가스 정책

(1) 배출권 거래제는 온실가스 배출량 감축목표를 설정하고, 시장 메커니즘(배출권 매매)을 활용하여 감축의무를 달성하는 제도

- 기술수준의 차이에 따른 업체간 감축비용 격차를 이용해 국가 전체적으로 감축 비용 절감

(2) 도입 필요성

- 비용효과적인 온실가스 감축 추진 : 정태적 효율성*
- 기업간 한계저감비용이 모두 일치하는 수준까지 온실가스 감축(거래에 의한 비용 감축(cost savings by trading))
- 현행 온실가스 감축 규제수단(목표관리제)보다 거래제하에서 감축비용이 큰 기업은 직접 감축보다 거래를 통해 비용절감 가능

(3) 기업의 기술개발 유인 극대화 : 동태적 효율성*

- 기술개발에 대한 유인을 제공하여 미래세대를 포함한 사회 전체의 후생을 증가
- 정태적 효율성 추구과정에서 기업에 온실가스 감축에 대한 경제적 동기를 제공함으로써 중장기적인 녹색기술 개발유인을 극대화
- 개별기업의 행태변화를 유도함으로써 기존의 에너지 저효율 · 다소비, 탄소의존형 4 경제구조를 개선하는 효과 기대

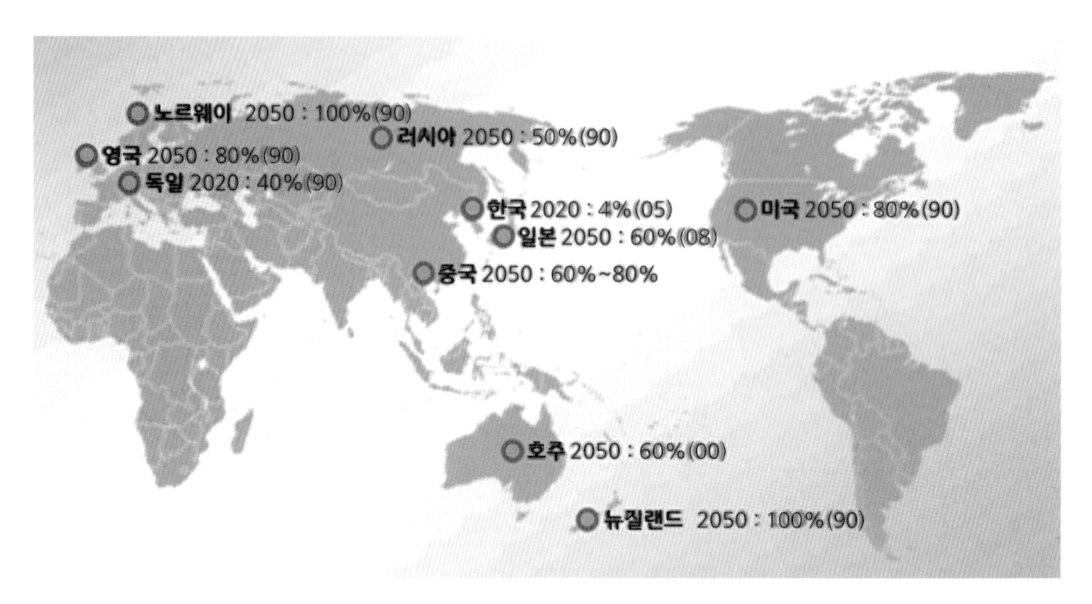

그림 11.4 **교통 온실가스 감축목표**

11.3 기후변화와 과제

우리나라 기후가 아열대로 변하면서 많은 문제점이 발생하고 있다. 한반도에 아열대성 병충해가 나타나고 있고, 뚜렷한 사계절이 없어지는 것도 큰 변화이다. 기온이 상승해 병충해가 매년 늘어나고 있다. 이제 지구온난화가 우리의 환경을 바꾸고 자연 환경, 식탁, 에너지부터 경제까지 다방면으로 위협을 가하고 있다. 전 세계가 합심해 이산화탄소 배출을 줄인다 해도 지금까지 배출한 이산화탄소에 의해 향후 백년간 지구온난화는 지속될 것이다. 인류와 지구 전체를 위협하는 온난화는 지구에 살고 있고, 앞으로 살아갈 우리가 어떻게 최소 비용으로 새롭게 변화할 기후변화에 대응해야 할 과제이다.

인류의 편의성을 위하여 에너지원을 필요로 하며 에너지의 사용량은 지속적으로 증가하고 있다. 에너지 자원은 한정되어 있으므로 각 에너지별로 사회적, 경제적, 정치적, 환경적인 측면에서 장전과 단점을 비교하여 보아야 한다. 최근에는 에너지와 환경문제가 심각해지고 있으며, 이에 따라 에너지 안보와 지구온난화에 대하여 심각하게 고려해야 할 시기가 되었다. 에너지란 가장 기본적인 실체로 일을 할 수 있는 능력을 말한다. 에너지는 일이 어떠한 물체에 행하여질 때는 그것을 받고, 그 일이 다른 물체에 행하여질 때 무형적인 힘이다. 지구 인구가 계속하여 증가하고 있으며 급속한 과학기술의 발달로 우리 인간의 생활수준이 빨리 높아지고 있으므로, 시간이 지나갈수록 필요한 에너지의 수요는 기하급수적으로 늘어나고 있다. 그러나 아직까지 에너지 공급의 대부분을 차지하는 화석연료의 매장량은 점점 줄어들어

조만간에 고갈될 위기에 직면하고 있다. 물론 과학기술이 발달하여 채굴 기술이 개선되면 이용 가능한 매장량은 상당히 증가하겠지만, 그럼에도 불구하고 급증하는 에너지 수용을 충족시키기에는 역부족이다. 화석연료가 바닥을 드러냄에 따라 보다 효율이 좋은 원자력 에너지가 다시 각광을 받고 있다. 산업혁명이 시작되기 전에도 난방용으로 석탄을 사용하였지만 산업혁명 후 인간에 의한 과도한 화석연료의 사용으로 환경이 크게 오염되어 현재는 인간의 건강 내지는 문명 존립까지도 위협하고 있다. 지구환경오염은 선진국과 개발도상국의 경제적 이해의 차이, 각국의 다양한 경제발전 단계, 생활양식, 문화의 차이 등에도 불구하고 이에 따라 서로 다른 상이한 국가적 목표를 지향하는 지구상의 거의 모든 국가들이 범지구적인 문제의 해결을 위해 국제적인 합의를 도출하는 노력을 지속적으로 진행하고 있다. 환경문제는 빠른 시간 내로는 해결이 어렵고, 석유파동 등으로 야기된 자원이기주의도 심각한 문제이다. 2차 세계대전 후에 영국 등의 강대국에 의하여 탄생한 이스라엘이 문제의 중심에 있는 중동문제는 중동에 가장 많은 석유가 매장되어 있는 등의 문제로 국제 문제화되었다. 결론적으로 세계는 지금 에너지와 환경문제로 심각한 위험에 직면해 있으며, 특히 우리나라는 석유가 한 방울도 산출되지 않아 필요한 에너지의 대부분을 수입하여야 하는 실정에 있다. 위기가 곧 기회라는 말도 있듯이 온 국민이 힘을 합하여 오염물질이 거의 배출되지 않고 재생가능한 청정 에너지를 개발하여 우리나라의 수요를 충당해야 하며, 더 나아가 외국에 수출하는 부유한 나라를 만들어야 한다. 에너지와 관련해 주요하게 갈등을 빚고 있는 쟁점은 에너지 가격 문제이다. 이상 기후를 일상 기후라고 불러도 과언이 아닐 만큼 기후변화로 인한 피해가 증가하고 있는 상황에서, 온실가스를 배출하는 에너지를 더 이상 우리 경제를 지탱하는 축이라고 인정할 수 없다. 한국환경정책평가연구원에 따르면 2100년까지 기후변화로 인해 우리나라가 피해를 입을 수 있는 금액이 2,800조 원에 이를 것으로 전망하고 있다. 1년에 약 30조 원 정도의 사회적 피해가 발생한다는 의미인데, 가시적 피해와 드러나지 않은 사회적 비용까지 감안한다면 에너지는 더 이상 값싸게 제공할 수 있는 공공재가 아니다. 오염자 부담의 원칙에 따라 사회적 비용을 에너지 요금에 포함시켜 '사회적 원가주의' 개념을 정립할 필요가 있다. 그러나 현재 에너지 요금은 가정 · 상업부문이 산업부문을 교차 · 보조해 주는 매우 불합리한 구조를 갖고 있기 때문에 산업용 요금을 우선 조정하는 등의 순차적 접근이 이루어져야 한다. 최종 에너지의 60% 가량을 산업이 소비하고 있다는 점을 고려하면 산업용 위주의 정책은 에너지 수요 측면에서 큰 효과를 거둘 것으로 기대할 수 있다. 산업계 측은 기업들의 부담을 이유로 강하게 반발하고 있지만 우리나라 에너지 요금은 OECD 평균에 크게 못 미치고 있고, 특히 전기의 경우 발전원가도 안 되는 수준에서 제공되고 있다. 기업들의 부담을 이해할 수는 있지만 수용할 수 없는 이유가 거기에 있다. 한편 에너지 가격이 상승하면 더 큰 부담을 느끼는 건 저소득층과 같은 사회적 약자 계층이다. 에너지는 의식주

문제처럼 기본권으로 인정받고 있기 때문에 사회적 약자들을 배려하는 에너지 복지 대책이 필수적이다. 에너지 산업의 소유 구조 문제도 첨예하게 대립하고 있는 문제 중 하나이다. 일각에서는 에너지 시장을 민간에 개방해 상호 경쟁을 통해 질적·양적 성장을 기대하자는 의견이고, 또 다른 한편에서는 공공재의 민영화와 통제 불가능 문제 등을 들어 한전을 재통합해 오히려 공공성을 더 강화해야 한다는 주장을 하고 있다. 환경단체들 중에서도 정부 보조 없이는 사실상 원자력 발전이 불가능하다는 점 때문에 민영화를 주장하는 사람들이 있는가 하면, 원전과 소유 구조는 별개 문제이기 때문에 비효율성에 관한 문제는 정부나 한전 개혁으로 충분하다는 입장이 상존하고 있다. 이처럼 이해관계의 조정이 난망하긴 하지만 분명한 건 에너지와 환경, 사회공공성 문제를 통합적으로 봤을 때 중앙집중형 에너지 체계는 분산화된 에너지 체계로 전환돼야 한다는 점이며, 이에 따라 소유 구조의 제도가 변화할 것이다. 그 외에도 에너지는 재생가능에너지 비중, 에너지원 확보, 세금체계 개편, 해외자원개발 등의 수많은 쟁점을 안고 있다. 난제들이 많다는 건 이해관계가 다양하다는 것이고 이해관계가 다양하다는 건 그만큼 에너지의 사회적 영향력이 크다는 의미이기도 하다. 에너지는 여전히 현대 문명을 지탱하고 있는 구동축이다. 현재의 에너지 체계에서 문제점이 속속 발생하는 건 에너지 체계와 인프라, 더 나아가 현대 문명에 대한 출구 전략이 필요하다는 뜻으로 수용돼야 한다. 화석연료의 고갈이 예견되면서부터 시작된 선진국의 재생 에너지 개발움직임은 우리나라에 비해 월등히 앞선 상태이다. 특히 온실가스 규제를 정한 교토의정서가 발효되면서 화석연료의 사용을 줄이기 위해 각 국가들은 사활을 걸고 있다. 유럽의 경우 재생 에너지 개발에 적극적인 관심을 보이고 있으며, 미국은 수소를 이용한 신에너지 개발에 열을 올리고 있다. 일본도 태양 에너지 분야에 있어 선두를 차지하고 있다. 그러나 우리나라는 신재생 에너지 분야에 있어서는 아직 후진국 수준이다. 선진국의 사례를 통해 에너지 전쟁의 시대 활로를 찾아보면 유럽연합의 경우 이미 1990년부터 화석연료의 사용량을 줄이는 장기계획을 수립해 실천하고 있다. 실제로 이들은 에너지 이용 효율을 높이기 위해 재생 에너지 이용을 확대하고 있다. 유럽연합 지침에 따르면 2010년까지 전체 에너지의 12%를 재생가능 에너지로 공급하도록 권장하고 있으며, 2050년까지는 50% 이상을 재생 에너지로 충당하도록 권고하고 있다. 이를 통해 장기적으로 화석연료로부터 벗어나려는 움직임을 실시하고 있다. 실제로 독일의 경우 재생 에너지 확대를 위한 노력을 펼친 1990년대 이후부터 지금까지 화석연료 사용량을 3% 정도 줄였으며, 재생 에너지의 비중은 3.6%로 증가했다. 독일의 경우 태양광과 풍력 에너지를 통한 재생 에너지의 비중을 늘리고 있으며, 영국과 덴마크는 풍력, 오스트리아와 스위스는 바이오매스 기술 개발에 적극성을 보이고 있다. 재생가능 에너지는 전 세계적으로 가장 빨리 성장하는 산업 분야의 하나이다. 세계 각국과 지역은 에너지 안보를 강화하고 온실가스를 저감하기 위해 그리고 지역 대기질을 개선하기 위해 유럽연합은 2010년

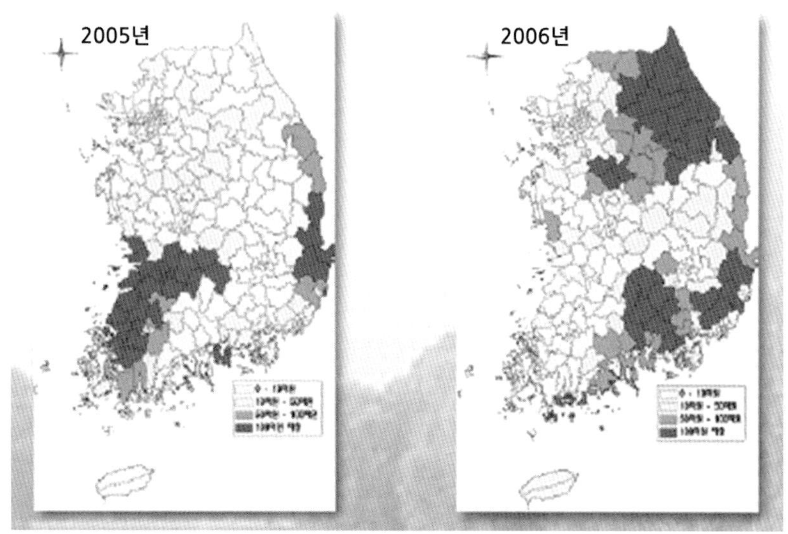

출처: 기상청 기후변화센터

그림 11.5 **한반도 기후변화 전망(아열대 2005-2006)**

까지 1차 에너지의 12%, 전력의 22%를 재생가능 에너지로 충당할 계획이다. 2010년까지 재생가능 에너지 비중을 12%로 높이면 재생가능 에너지 개발을 통해 2010년에 이산화탄소를 3억 2,000만 톤 줄일 수 있다. 이 저감량은 유럽연합의 온실가스 감축 목표량의 95%에 달한다.

2020년까지 재생가능 에너지 비중을 20%로 높이면 이산화탄소를 연간 7억 2,800만 톤 줄일 수 있다. 이를 통해 1990년 대비 유럽연합 온실가스 배출량을 17.3%까지 줄일 수 있다. 교토의정서에서 탈퇴를 선언한 미국은 유럽의 재생 에너지 움직임에 대항해 수소를 이용한 신에너지 개발에 더욱 관심을 보이고 있다. 미국이 수소 · 연료전지 분야의 경쟁을 촉발한 것은 승용차 의존도가 높은 미국의 상황에서 석유에 의존하는 수송의 대안이 시급한 것도 하나의 배경이 되고 있다. 실제로 미국의 경우 GM사 등 자동차 회사를 중심으로 수소와 수소를 이용한 연료전지 개발에 심혈을 기울이고 있다. 이러한 이유로 수소 에너지는 궁극적으로 인류가 당면하고 있는 에너지와 환경문제를 동시에 해결할 수 있는 유일한 꿈의 에너지원으로 평가된다. 향후 30~40년 뒤에 예상되는 수소 에너지 시대, 즉 수소경제의 비전이 달성될 때 수소이용 기술인 연료전지 기술은 보편화돼 새로 건설되는 발전소는 연료전지 발전소가 대부분일 것이며, 가정과 상업용 건물에도 연료전지가 설치되어 자가 발전 전기를 사용하게 될 것이다. 또 운행되는 상당 부분의 승용차와 버스가 연료전지 차량이며, 이에 상응해 주유소의 절반 정도는 연료전지 차량에 수소를 공급하는 수소 주유소로 대체될 것이다. 미국에서 발간된 한 보고서에 의하면 매우 낙관적 예측이긴 하지만, 2040년경 연료전지 차량의 점유율이 90%에 달할 것으로 추정하고 있다. 그러나 이러한 꿈을 이루기 위해서는 수소 에너지 체계의 핵심인 연료전지 기술의 상용화는 물론 풍력, 태양 등을 이용한 대체 에너지원으로부터의 수소생산기술, 수소저장, 운송에 따르는 수소 인프라스트럭처 구축 등 해결해야 할 과제가 적지 않다. 현재는 대체 에너지원으로부터 수소를 경제적으로 생산할 수 있는 기술이 개발되지 않았기 때문에 천연가스나 석유 등 화석연료에서 직접 수소를 추출하여 사용하고 있다. 과도기적으로 화석연료 사용을 통해 연료전지의 활용을 확대하면서 기술개발과 상용화를 견인하고 있는 것이다.

(1) 기후변화에 따른 예상

① 지구 평균 온도 상승
② 남극/북극의 빙하 감소
③ 해수면 높이 상승
④ 해수 온도 상승으로 인한 어류종의 변화
⑤ 하절기 게릴라성 폭우
⑥ 장마 대신 '우기'
⑦ 가뭄

(2) 온실가스 감축을 위한 노력

① 기온이 1℃ 상승하면 기후변화에 적응하지 못하는 작은 동식물들이 멸종
식물재배가 힘들어져 전 세계 곡창이 파멸하고 식료품값이 대폭 오를 것이며, 해수면이 상승하고 섬나라들이 가라앉는다.

② 2℃가 상승하면 비를 동반한 온순기후의 성격이 바뀌고 초거대 가뭄이 발생
히말라야, 안데스의 빙설이 마르고 물은 귀중품이 되며 농업은 붕괴된다. 북극 빙하가 녹아 북극항로가 열리지만 북극곰은 동물원에서만 볼 수 있다.

③ 3℃가 상승하면 더위로 인간 생존이 한계에 달함
모든 저수지가 마르고 사막화된다. 아마존 열대우림은 최악의 화재가 발생하며 숲이 전멸한다.

(3) 지구살리기 10가지 방법

① 법적인 구속력을 가진 이산화탄소(CO_2) 감축목표 설정

해마다 법적인 감축목표를 설정하고 이를 감독하고 특별조치 권한을 가진 독립 기구를 만든다.

② 에너지 공급시스템의 다양화
전국적인 범위의 대규모 발전시설 건설 대신 에너지 분산정책을 편다.

③ 'CO_2 프리(CO_2 Free)' 빌딩건설
새로 세워지는 모든 건물은 태양열, 풍력 발전시설, 열병합발전시설 등을 의무적으로 설치한다.

④ 에너지 절약형 조명 사용
에너지 효율이 낮은 조명기구 사용을 금지하고 교체 시에는 고효율, 친환경 조명기구를 이용한다.

⑤ 재생 가능한 에너지 개발에 투자
무한한 자원을 갖고 있는 태양열, 풍력, 조력 등 재생 가능한 에너지 개발에 투자한다.

⑥ 풍력 발전 개발 극대화
풍력발전소 건설의 가속화에 힘쓴다.

⑦ 일반 주택의 에너지 효율 개선
새로 지어지는 모든 집에 효율 높은 단열자재 사용을 의무화하며, 건축재료에는 에너지 효율의 상세한 표기를 의무화한다.

⑧ '에너지 도둑' 4륜구동 차량 억제
4륜구동 차량 등 에너지 효율이 낮은 자동차에 높은 세금을 부과해 증가를 억제한다.

⑨ 비행기 여행 억제
가스 배출양이 많은 구형비행기들의 운행을 막고, 항공료를 인상해 비행기 이용 수요를 줄여나간다.

(4) 지구 살리기 방법

① 일반 전구를 형광등으로 교체하기: 1년에 68 kg의 이산화탄소가 감소
② 자동차 이용 줄이기: 2 km만 차를 안타도 600 g의 이산화탄소가 감소
③ 재활용하기: 지금 집에서 버리는 쓰레기의 1/2만 재활용해도 1톤의 이산화탄소가 감소
④ 따뜻한 물 덜 쓰기: 절수형 샤워기를 사용하면 1년에 160 kg의 이산화탄소가 감소

⑤ 상품 포장 줄이기: 쓰레기를 10%만 줄여도 540 kg의 이산화탄소가 감소
⑥ 냉 · 난방기 사용 줄이기(여름 26℃ 이상, 겨울 20℃ 이하 유지): 1년에 900 kg의 이산화탄소가 감소
⑦ 나무심기: 나무 한그루가 1톤의 이산화탄소를 흡수
⑧ 물 아껴 쓰기: 샤워하는 시간을 1분 줄이는 것만으로도 7 kg의 이산화탄소 감소

Chapter

12

신재생 에너지 국내외 동향

12.1 신재생 에너지 동향

OECD 국가의 총1차 에너지공급에서 신재생 에너지가 차지하는 비중은 독일 등 유럽국가들을 중심으로 2000년대 들어 꾸준히 상승세를 보여 2000년도의 6.2%에서 2007년도에는 6.7%로 증가하였으나 아직 미미한 수준에 머무르고 있는 상황이다. 국가별로 독일과 스페인이 7.2%로 가장 높은 비중을 차지하고 있으며, 미국과 일본은 각각 5.0%, 3.1%로 다소 부진한 상황이다. 그러나 신재생 에너지의 총공급량은 미국이 1억 1,800만 TOE로 가장 많다. 신재생 에너지별 공급비중을 보면 바이오연료 50%와 수력 29%로 높은 수준을 기록하고 있으며, 다음으로 지열, 폐기물, 풍력, 태양열 순으로 나타나고 있다. 바이오와 수력의 비중이 높은 것은 기존의 임산자원 및 대형댐을 이용한 에너지 공급이 바이오 및 수력에 포함된 것에 기인한 것으로 보이며, 무공해 · 무한정 자원으로 인식되는 태양 · 풍력 · 해양의 경우 비중은 매우 낮은 수준을 유지하고 있는 상황이다. 그러나 최근 들어 수력, 해양 등의 비중은 정체 또는 하락하는 반면 태양광과 풍력은 크게 확대되고 있는 추세를 보이고 있다. 태양광의 경우 1995~2007년간 연평균 43%, 풍력은 28% 증가한 반면 수력과 해양은 각각 연평균 0.3%, 0.8%의 감소세를 보이고 있다. 이는 수력발전의 경우 건설에 따른 환경파괴의 문제가 부각되면서 활성화가 되지 않는 반면, 태양광 및 풍력은 기술 · 자본집약적인 사업으로 기술이 발전되고 청정 에너지로 부각되면서 투자가 활성화되며 그 비중이 높아지고 있는 것이다. 바이오연료의 경우 기존의 임산자원 활용 이외에도 최근에는 석유를 대체하는 수송용 바이오 연료 개발이 활기를 띠면서 꾸준한 증가세를 유지하고 있다. 이러한 경향은 최근 투자형태에서 나타나고 있다.

전 세계적으로 신재생 및 청정 에너지에 대한 투자는 2000년대 들어서 급격한 증가세를 보이고 있다. 2007년 투자액을 신재생 에너지 기술별로 나누어보면 풍력발전에 대한 투자가 43%로 가장 높게 나타났으며, 다음으로 태양광에 대한 투자가 24% 수준을 기록하고 있다. 이는 풍력발전의 기술력이 다른 신재생 에너지보다 상업화가 이루어질 수 있는 수준으로 발전되어 있는 상황을 반영하고 있는 것이다. 지역별로는 2007년도의 경우 OECD 국가의 투자비중이 77.9%로 전 세계 투자금액의 대부분을 차지하고 있으며, 특히 유럽국가들의 신규투자가 미국을 두 배 이상 상회하며 신재생 에너지 산업을 주도하고 있는 것으로 나타나고 있다. 기업들의 활동을 보면 태양광은 일본, 독일 기업이 웨이퍼, 실리콘 등 소재와 태양전지 모든 부문에서 세계시장을 주도하고 있는 가운데, 중국 기업도 빠르게 시장에 진출하고 있으며, 풍력발전은 덴마크, 스페인, 미국, 독일 등의 상위 6개 기업이 세계시장의 76% 정도를 차지하고 있다. 한편 바이오 연료의 경우에는 미국과 브라질 기업들이 세계생산의 90% 이상을 차지하고 있다. 1970년대에 2차례의 유가파동을 겪은 이후 미국을 중심으로 석유를 대체하고 환경오염을 유발시키지 않은 새로운 에너지 개발이 활성화되었으나, 1980년대 이후 유가안정으로 신재생 에너지에 대한 각국의 관심이 축소되었다. 그러나 1997년 선진국의 탄소배출감축의무를 규정한 교토의정서가 통과되고 2008년부터 실시됨에 따라 각 국가는 신재생 에너지 보급을 위한 정책을 적극적으로 추진하고 있다. 미국의 경우 2012년까지 신재생 에너지 발전용량을 20,500 MW로 증가시키는 것을 목적으로 관련 사업에 대한 지원을 강화하고 있으며, 오바마 정부가 들어선 이후에는 원자력발전, 천연가스, 청정석탄기술 등 대체 에너지 개발을 위해 대규모 자금을 투자하여 2025년까지 총 전기생산 중 25% 가량을 대체 에너지로 생산할 것을 천명하고 있다. 영국 역시 2020년까지 19,600 MW까지 증가시키는 것을 정책목표로 수립하였으며, 일본 및 네덜란드는 2010년까지 신재생 에너지 발전 비중을 각각 3%, 10%로 확대하려 하고 있다. 이를 위해 각국 정부는 기술투자에 대한 지원뿐만 아니라 신재생 에너지 사용에 대한 보조금 지급, 화석연료에 대한 세금 부과 등의 인센티브제를 실행 중에 있다. 특히 최근에는 세계적인 경기침체에 따른 경기부양과 녹색성장 패러다임 업그레이드를 위해 각국 정부는 대규모의 녹색산업 관련 재정지출을 계획하고 있다.

12.2 신재생 에너지 세계시장 동향

(1) 한국 신재생 에너지 동향

① 주요 내용

- 10대 원천기술(1.5조 원), 8대 부품 · 소재 · 장비 개발집중 지원(1조 원) 및 중소기업 사업화 지원 Test-bed 구축 등 총 3조 원 R&D 지원
- 신재생 에너지 설치 10대 그린 프로젝트 추진
- 해상풍력 로드맵수립 · 추진(2010. 10월) 및 신재생 에너지 글로벌 스타 기업(수출 1억 달러 이상) 50개 육성
- 1,000억 원 규모의 신재생 에너지 전문 상생보증펀드 조성

② 2015년까지 세계 5대 신재생 에너지 강국으로 도약하기 위해 민 · 관 합동으로 총 40조 원(정부 7조 원, 민간 33조 원)을 투자

- 2011~15년간 민간투자 33조 원(신재생 에너지협회 조사결과): 태양광 약 20조 원, 풍력 약 10조 원, 연료전지 약 9천억 원, 바이오 약 9천억 원 등
- 태양광을 제2의 반도체산업(2015년 세계시장 점유율 15%), 풍력을 제2의 조선산업(2015년 세계시장점유율 15%)으로 육성

- 2015년에는 태양광, 풍력을 중심으로 신재생 에너지 수출이 362억 달러에 이르러 우리나라의 핵심수출산업으로 성장하고, 일자리도 11만 명을 창출할 것으로 전망

③ 지식경제부(장관: 최경환)는 10.13일(수)에 개최된 제9차 녹색성장위원회에서 신재생 에너지를 성장 동력산업으로 육성하기 위한 「신재생 에너지산업 발전전략」을 보고함

- 신재생 에너지산업 발전전략은 신재생 에너지 세계시장이 폭발적으로 성장하고, 특히 미국, EU, 일본 등의 선진국 외에 중국이 태양광 및 풍력분야에서 급부상하고 있음
- 그동안의 신재생 에너지 추진성과를 점검하고, 해외시장 선점과 글로벌 경쟁력 확보를 위해 시급히 보완해야 할 과제를 도출하고 세부적인 추진계획을 제시함

④ 신재생 에너지 세계시장은 지난 5년간 연평균 28.2% 성장하여 2009년 1,620억 달러 규모이고, 2015년에는 4,000억 달러, 2020년경에는 현재 자동차산업 규모에 육박하는 1조 달러로 성장할 것으로 전망됨

- 특히 중국은 2009년 한 해에만 346억 달러를 신재생 에너지 분야에 투자하는 등 규모의 경제를 바탕으로 태양광 시장을 주도하고 있으며, 풍력도 풍부한 내수시장을 기반으로 급성장 추세
- 태양광은 1세대 결정질 실리콘 태양전지의 고효율화와 초저가화 및 2세대 박막 태양전지 개발 경쟁이 치열하고, 풍력은 5 MW급 이상의 대형화 및 해상풍력이 급속히 확산 추세

⑤ 현 정부들어 정부의 강력한 지원을 바탕으로 기업의 신규 참여와 투자도 대폭 확대되어 새로운 Value chain이 구축되고 산업생태계가 이미 형성

- 2008~2010년의 신재생 에너지 정부지원 규모(약 2조 원)는 이미 지난 정부 5년간의 지원규모(약 1.4조 원)를 초과하였고, 이에 따라 민간투자도 2007년 약 1조 원에서 2009년 약 3조 원, 2010년 약 4조 원 규모로 대폭 확대
- 2009년말 총 146개 신재생 에너지 제조업체 중 116개(79.5%)가 중소·중견기업이고, 이중 신규 창업기업도 53개나 되어 신재생 에너지 분야는 중소기업 창업과 성장 및 일자리 창출
- 원별로 살펴보면 태양광은 반도체·LCD산업 경쟁력을 바탕으로 폴리실리콘 → 잉곳·웨이퍼 → 셀 → 모듈 → 발전시스템까지 일관생산체제를 구축하였고, GW 규모의 생산시대에 진입
- 대기업은 가격경쟁력 확보를 위해 투자확대 및 수직계열화, 중소·중견기업은 Value Chain별 독자 기술경쟁력 확보에 집중
- 2012년부터 신재생 에너지 공급의무화제도(RPS; Renewable Portfolio Standards)를 시

행하여 2022년까지 총 49조 원의 신규시장을 창출하고 지역사회 주도형(Community Ownership) 프로젝트도 시범 추진

⑥ 수출산업화 촉진

- 성장 잠재력이 큰 세계 해상풍력시장 선점을 위해 '해상풍력 Top-3 로드맵'을 수립(2010. 10월)하여 5 MW급 대형 국산풍력발전기를 2012년까지 개발하고, 이를 바탕으로 2013년까지 100 MW 실증단지를 구축하며 2019년까지 2.5 GW로 확대(총 9조 원 투자)
- 해외 프로젝트 발굴, 타당성 조사, 수출 및 프로젝트 수주 등을 체계적으로 지원하는 해외시장진출 지원사업(2011년 100억 원)을 신규로 추진하고, 해외진출지원센터도 설치
- 해외시장 진출 시 성공가능성이 큰 기업을 집중 지원하여 2015년까지 수출 1억 달러 이상의 글로벌 스타기업 50개 육성
- 풍력은 조선 · 중공업 등 대기업의 풍력기업화가 가속화되고, 중간제품은 중소 · 중견기업이, 풍력발전시스템은 대기업이 중심인 대표적인 중소 · 대기업 동반성장 분야로 성장

⑦ 이러한 성과에도 불구하고 핵심원천기술 등 기술경쟁력 미흡, 내수 시장창출 한계, 세계시장을 선도하는 글로벌 기업 부재, 금융 · 세제 · 인력 등 기업 성장지원 인프라 취약 등을 시급히 해결해야 함

⑧ 2015년 태양광 및 풍력분야 세계 시장 15%를 점유하여 수출 362억 달러, 고용 11만 명의 세계 5대 신재생 에너지 강국 달성을 위해 민관 합동으로 총 40조 원(민간 33조 원, 정부 7조 원)을 투자

- ①전략적 R&D 및 사업화, ②산업화 촉진 시장창출, ③수출산업화 촉진, ④기업 성장기반 강화 등 4개 분야 11개 세부과제를 추진
- 2015년까지 태양광을 제2의 반도체산업으로, 풍력을 제2의 조선산업으로 집중 육성하고 중소 · 중견기업과 대기업의 동반성장을 적극 지원할 계획

⑨ 지식경제부는 2015년까지 신재생 에너지산업이 수출, 고용 등 우리 경제를 선도하는 대표 산업으로 성장

- 우리나라가 전통적인 화석연료 자원 빈국에서 벗어나 신재생 에너지 중심의 새로운 에너지 강국으로 도약할 것으로 기대
- 차세대 태양전지, 해상용 대형풍력 등 10대 핵심원천기술 개발에 2015년까지 1.5조 원을 집중 투자
- 태양광 장비, 베어링 · 기어박스 등 풍력부품 등 8대 부품 · 소재 · 장비 기술개발 및 국

산화에 2015년까지 1조 원을 지원

⑩ 산업화 촉진 국내 시장창출 강화

- 학교, 항만, 우체국, 산업단지, 공장, 물류창고 등에 신재생 에너지 설비를 집중 설치하는 10대 그린프로젝트 추진

(2) 미국 신재생 에너지 동향

① 세계 제1의 에너지 소비국가인 미국의 에너지 소비량은 지속적으로 증가하고 있으며, 2010년 재생 에너지 소비량 역시 전체 에너지 소비의 8%를 기록하며 가파른 성장세를 보이고 있다.

- 이를 반영하듯 2010년 현재 미국의 신재생 에너지 시장은 태양광 부문 세계 5위, 풍력 부문 세계 2위를 기록하고 있다.

② 풍력시장은 2015년까지 매년 20%씩 성장이 예상되고 2013년에는 세계 제1의 태양광 시장으로 거듭날 것으로 전망된다.

- 여기에는 세금환급, 보조금 지급 확대, 대출 보증 등 미국 정부의 재생 에너지 사업 지원정책이 주요 인자로 작용하고 있다.

③ 미국의 신재생 에너지 시장은 육상풍력과 유틸리티, 산업 및 상업용 태양 설비 분야가 성장을 주도할 것으로 보인다.

④ 태양부문은 캘리포니아와 네바다 주, 풍력은 텍사스와 캔자스 주가 유리한 자연적 입지

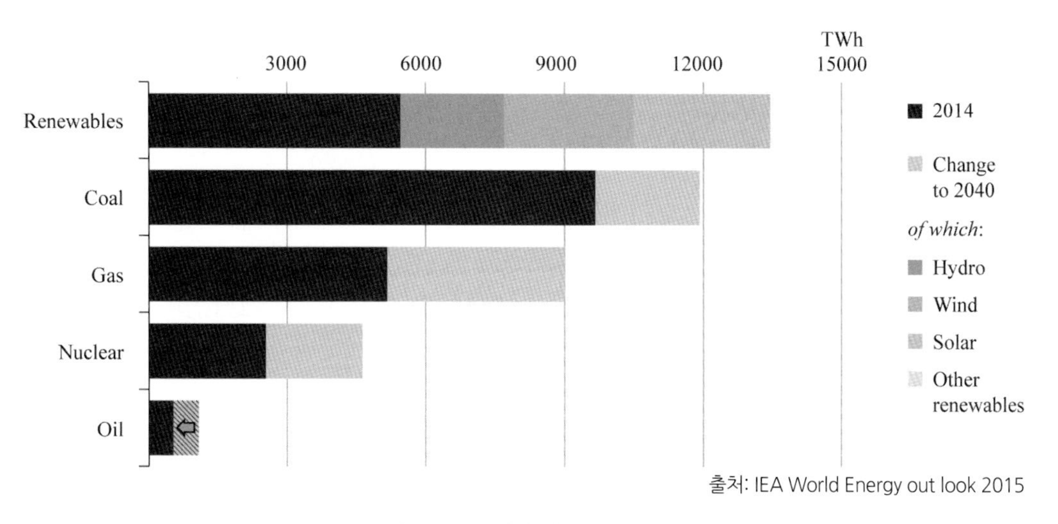

출처: IEA World Energy out look 2015

그림 12.1 **신재생 에너지 투자동향**

를 확보하고 있을 뿐만 아니라, 주정부 차원에서 적극적인 발전정책을 도입하고 있어 진출에 유리할 것으로 전망된다.

- 지역주민과의 갈등과 같은 주요 변수들을 고려하고 사업의 정교한 수익성 평가에 기초하여 진출 전략을 수립해야 할 것이다.

⑤ 우선 가장 많은 인센티브를 받을 수 있는 제도를 선택하고 정책적으로 연방정부의 지원과 함께 주정부의 혜택까지 수혜가 가능한 지역을 우선 진출대상지역으로 검토해야 한다.

- 시장진출에 필요한 각종 인증은 사전에 획득해 두고, 인허가에 소요되는 시간과 비용 절감이 중요하고, 간소화 제도를 적극 활용해야 한다.

⑥ 사업성 평가에 있어서 놓치기 쉬운 송전망 인프라에 관한 조사를 사전에 철저히 시행하고, 그 여건과 향후 송전망 인프라 설비구축에 따른 예상 가능한 상황을 시나리오별로 분석해 진출 전략에 중요하게 고려해야 한다.

⑦ 사업으로 인한 생태계 영향과 이를 최소화하기 위한 노력들을 지역주민에게 적극 홍보하고, 지역민 채용 등 철저한 현지화 전략을 구사하며 지역발전을 위해 진행될 여러 가지 사회공헌 활동 등을 공개함으로써 지역주민과의 갈등으로 인한 리스크를 사전에 관리하는 것 또한 매우 중요하다.

(3) 일본 신재생 에너지 동향

① 2014년 기준 일본의 에너지믹스를 살펴보면 석탄 및 가스 발전이 전체 전력 생산에 88%를 담당하고 있으며, 수력 11%, 나머지를 신재생 에너지가 담당

- 2013년 기준 일본 발전용량은 200 GW이며, 석탄 41 GW, 가스 68 GW로 전체 발전용량의 절반 이상을 차지
- 원전 발전용량은 45 GW이나 가동 중단으로 인해 2013년 발전용량은 2.4 GW에 불과한 상황이며, 수력 발전 용량은 20 GW
- 2013년 기준 일본의 연간 전력생산량은 740 TWh이며, 이 중 석탄 및 가스 발전량이 663 TWh로 전체 발전량의 약 90%를 차지
- 수력발전은 59 TWh이며, 신재생 에너지 발전량은 0.2 TWh에 불과

② 2011년 후쿠시마 원전 사고 이후 2013년 이후 원전 가동이 중단되었으나, 2015년 이후 원전 가동이 시작될 것으로 예상됨

- 일본은 여름철 피크 전력을 맞추기 위해 기존의 석탄 및 가스발전 가동률을 크게 높였으며, 신재생 에너지 보급을 통해 부족분을 충당해 나가고 있음

- 2014년까지 원전이 가동되지는 않겠지만 2015년부터는 일부 원전이 가동될 것으로 예상되며, 2018년에는 48기 중 약 25기가 가동될 전망
- 늘어나는 에너지 수입 비용에 대한 부담이 커지고 있어 이를 해결하기 위한 방안으로 원전 재가동에 대한 전력회사들의 요구가 커지고 있음

③ 일본은 2012년 7월 고정가격 매수제(Feed-in-tarrif) 시행을 통해 신재생 에너지 보급 확대에 나서고 있음

- 태양광 지원제도는 10 kW 미만 태양광 보조금 ￥37/kWh을 10년간 지급하며, 10 kW 이상 설비에 대해선 ￥32/kWh 금액으로 20년간 지급
- 풍력발전은 20 kW 미만은 ￥55/kWh, 20 kW 이상은 ￥22/kWh을 20년간 지급
- 지열발전은 15 MW 미만은 ￥40/kWh, 15 MW 이상은 ￥26/kWh 금액으로 15년간 지급함

④ 고정가격 매수제 시행 이후 2014년 4월까지 승인된 신재생 에너지 용량은 71 GW이며, 이 중 9.8 GW가 건설됨

- 태양광 분야가 승인된 용량 중 98%, 건설된 용량 중 96%를 차지하여 압도적인 점유율을 기록
- 승인된 태양광발전용량은 68 GW이며, 이 중 건설된 발전용량은 9.5 GW임
- 2 MW 이상 대규모 태양광발전소 승인 용량은 26 GW이나, 실제 건설된 용량은 579 MW에 불과해 대규모 태양광발전소 건설이 쉽지 않음
- 풍력발전의 경우 1.2 GW가 승인되었으나, 건설된 양은 106 MW에 불과한 상황

(4) 말레이시아 신재생 에너지 동향

① 2020년까지 전력원의 7.8%를 신재생 에너지로 공급

- 말레이시아 에너지녹색기술수자원부(Ministry of Energy, Green Technology and Water, MEGTW 또는 KeTTHA) 장관 Datuk Seri Dr. Maximus Ongkili는 증가 추세인 신재생 에너지 관련 수요가 새로운 산업을 육성시키고 고용창출효과를 유발할 것이라고 평가
- 2015년 전력공급원의 5.5%를 신재생 에너지가 차지하고, 말레이시아의 5개년(2016～2020년) 개발계획인 제11차 Malaysia Plan에는 2020년까지 신재생 에너지의 전력공급원 비중을 7.8%(2080 MW)로 늘리는 것을 목표로 설정
- 제9차 Malaysia Plan 기간(2006～2010년)에 신재생 에너지가 차지한 전력원 비중은 1.8%
- 에너지녹색기술수자원부는 현재 신재생 에너지 구성을 바이오매스(38%), 고형폐기물

(17%), 소형수력발전(24%), 바이오가스(12%), 태양광(9%)으로 추정

② 말레이시아의 녹색기술정책

- 말레이시아는 2009년 녹색기술정책(National Green Technology Policy)을 제정해 그린 산업을 국가 경제의 성장동력으로 키우고 지속가능한 산업화 장려
- 녹색기술정책의 5대 목표
  - 경제성장에 있어 에너지 소비 최소화
  - 녹색기술산업 육성
  - 녹색기술의 세계적 경쟁력 확보를 위한 국가 차원의 기술개발 및 혁신 유도
  - 지속가능한 경제성장과 차세대를 위한 환경 보존
  - 녹색기술에 대한 공공교육 확대 및 활용 장려
- 녹색기술정책의 5대 전략방향(strategic thrust)
- 에너지녹색기술수자원부 및 Malaysia Green Techology Corporation 창설 등
- 녹색기술 개발에 적합한 사업환경 구축
- 중소기업 금융지원, 녹색도시 가이드라인 배포, 친환경 라벨사용, 전기차 인프라 구축 등
- International Green Tech & Eco Products Exhibition & Conference(IGEM) 개최

③ 녹색기술정책 시행 · 지원기관 Malaysia Green Technology Corporation

- 에너지녹색기술수자원부 산하기관인 GreenTech Malaysia가 녹색기술정책 수행을 지원하며, 2020년까지 말레이시아를 세계적인 녹색기술 허브로 도약시킨다는 목표 하에 다양한 활동 추진
- GreenTech Malaysia는 4개의 중점적인 활동분야(flagship)를 통해 녹색기술정책을 실현 추진
- Green Malaysia Plan: 금융지원 등 실현계획 포함한 Green Technology Master Plan 수립

④ GreenTech Malaysia는 정책실현을 위해 금융기관이나 IT기업 등 민간기업과의 MOU 같은 협력관계 구축에 적극적으로 나서고 있음

- 2015년 6월까지 누적기준 26개 금융기관을 통해 22억 링깃 규모의 188개 녹색 프로젝트에 금융지원을 하는 등의 노력 전개
- 2014년에는 2014 IGEM에서 AMDAC(특수차량 제조업체)과의 MOU를 통해 중국의 BYD 전기버스 55대를 도입하는 프로젝트 추진, 2015년 6월 Sunway 노선에 15대의 전기버스 운영 본격화

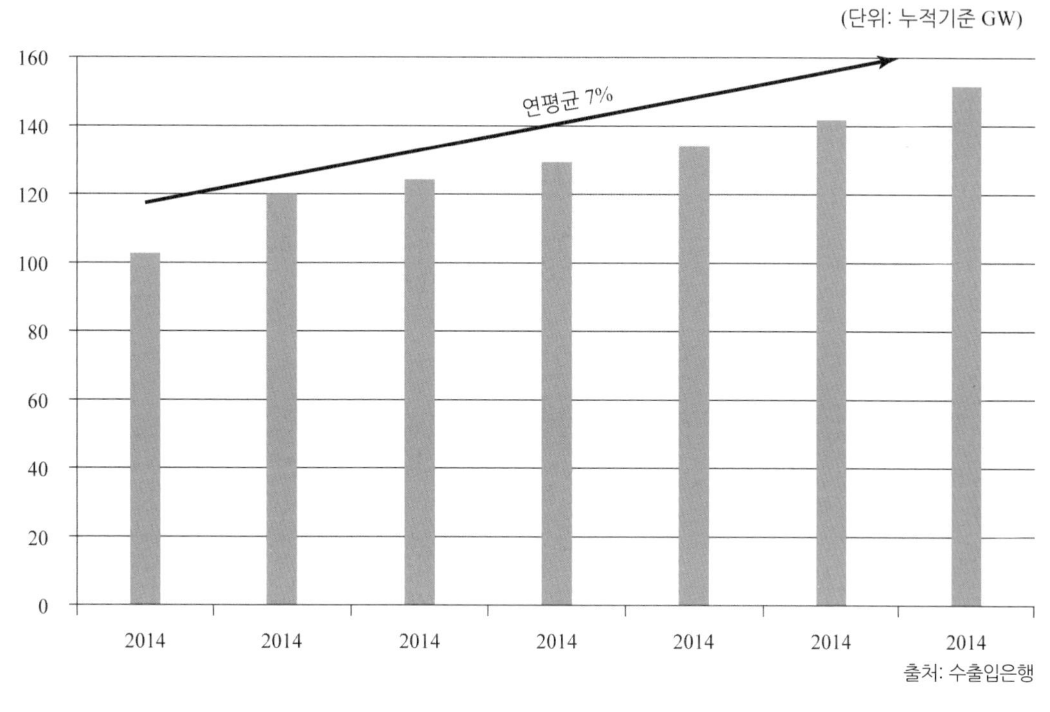

그림 12.2 **세계 신재생 에너지 수요 전망**

⑤ International Green Tech & Eco Products Exhibition & Conference 2015 개최

- 2015년 9월 9~12일 말레이시아 Kuala Lumpur Convention Center에서 제6차 International Green Tech & Eco Products Exhibition & Conference 개최

⑥ 이번 전시회에는 주최기관인 GreenTech Malaysia는 물론 신재생 에너지와 녹색산업과 관련된 다양한 말레이시아 정부기관들이 부스를 운영하면서 정책 홍보 및 투자유치 활동을 진행

⑦ 전시회 참가 주요 말레이시아 정부기관

- 에너지녹색기술수자원부(KeTTHA): 녹색기술정책 총괄 부처
- MIGHT(Malaysian Industry-Government Group for High Technology): 총리실 산하기관의 민관합동 씽크탱크로 우주항공, 조선해양, 철도, 신소재 등의 고부가가치 과학기술 관련 정책 자문 및 민관협력 프로젝트 추진 기관
- SEDA(Sustainable Energy Development Authority): GreenTech Malaysia와 마찬가지로 KeTTHA 산하기관으로 발전차액지원제도(Feed in Tariff) 전담 기관
- MIDA(Malaysian Investment Development Authority): 외국인투자유치 전담기관으로 녹색산업 투자 외국기업에 세제혜택 및 수입세 면제 등 지원

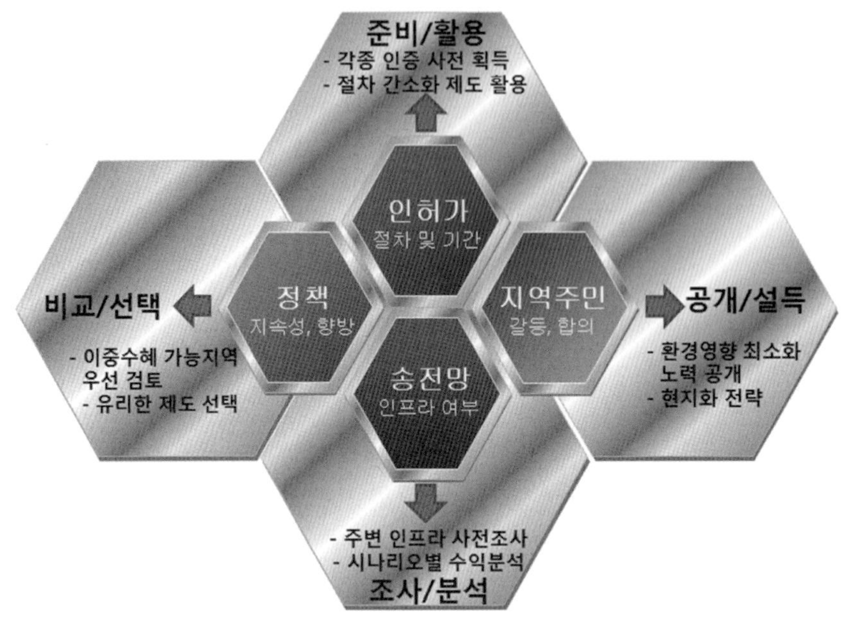

출처: 한국무역협회

그림 12.3 **신재생 에너지 시장동향과 진출전략**

- 주정부: Perak주 등 말레이시아 주에서 독자적 홍보관을 구성해 투자유치 및 주소재 주요 신재생 에너지 관련 기업 홍보

⑧ KOTRA에서 주관한 한국관을 비롯해 EU-Malaysia Chamber of Commerce & Industry (EUMCCI), 일본(도쿄), 싱가포르 등에서 국가관 운영

⑨ 말레이시아 정부는 이번 전시회를 계기로 외국기업과의 다양한 협력사업을 추진

- 말레이시아 에너지녹색기술수자원부 - 캄보디아 환경부 MOU
- 양국 간의 역량 강화, 기업교류 증대, 산업정보 및 정책동향 교환 등을 목적으로 MOU 체결
- 말레이시아 장관에 의하면 향후 3년 이내 신재생 에너지, 전기차, 폐기물 처리시스템, 에너지 효율성이 녹색건물 등의 분야에서 실질적인 협력관계가 구축될 것으로 전망
- 말레이시아 GreenTech Malaysia – 네덜란드 The New Motion MOU
- 2016년까지 약 300만 링깃을 투자해 말레이시아 주요 도시 내 유동인구가 많은 쇼핑몰, 호텔, 상가 등에 300개의 전기차 무료충전소(ChargEV)를 설치하겠다고 발표
- 2015년 현재 7개의 ChargEV 충전소가 있으며 연말까지 25개 추가 확보 예정
- GreenTech Malaysia CEO인 Ir Ahmad Hadri Haris는 “현재 말레이시아에 전기차는

100여 대밖에 안 되지만, 2020년까지는 10만 대가 될 것"으로 보고 충전소도 이에 맞춰 2만 5,000개소가 설치될 거라고 함

- 말레이시아 GreenTech Malaysia – 말레이시아 Voltron Green Force
- Voltron사의 배터리 탑재 전기자전거를 관공서, 공기업 및 대학 등을 위주로 활용 유도

⑩ 일부 참가기업들은 전년 대비 참관객 수가 다소 줄어든 느낌이라고 평가한 가운데, 말레이시아 진출이 활발한 일본 및 유럽의 Hitachi, Siemens, Toshiba 등 여러 다국적 기업들도 참가

⑪ 전시회와 연계해 Green Financing Forum, 3rd E-Mobilia World, Renewable Energy Seminar(스웨덴 대사관 공동주관), The Symposium on Green Building Solutions and Sustainable Construction(EUMCCI 주관) 등 다양한 포럼도 진행

- 포럼 발표사례(The Symposium on Green Building Solutions and Sustainable Construction)

⑫ 싱가포르의 MOHH 병원 프로젝트, 말레이시아의 Pagoh Education Hub 및 Penang Tunnel 등의 프로젝트 수행 경력이 있는 독일계 건설기업 Conject사는 자사의 애로경험에 비추어 동남아 진출 유의사항을 공유

- 사업화를 위해서는 오랜 시간이 걸릴 것임을 감안
- 완성도보다는 가격이 가장 중요한 결정
- 현지 시장특성 파악(언어, 문화, 개발에 대한 정부참여도 등)

⑬ 시사점

- 말레이시아의 나집 총리는 IGEM 2015에서 2030년까지 랑카위 섬을 말레이시아 최초의 저탄소섬으로 탈바꿈하는 방안에 대해 타당성 조사를 진행 중이며, 이와 관련해 제주도를 벤치마킹 대상으로 한국과도 협력하고 있다고 발표
- 랑카위에 전기택시 도입을 위한 보조금 지원 등 검토

⑭ 이와 같이 말레이시아는 산유국임에도 신재생 에너지산업 육성을 위해 정책적 노력을 기울이고 최근 전기버스 도입 등의 신재생 에너지 적용사례가 늘고 있음

⑮ 녹색산업을 본격적으로 정착시키기 위해서는 기존의 인프라 및 대중인식에 대한 투자가 필요할 것임

- 아직 저급 유류 활용 등으로 공해가 심하고, 민간기업 및 소비자 단계에서는 친환경에 대한 인식 수준이 아직 높지 않음

(5) 러시아 신재생 에너지 동향

① 에너지 수급현황

- 러시아는 풍부한 석유, 가스 및 석탄 생산 능력을 갖추고 있어 국내 에너지 소비량 전체의 자급이 가능하고 많은 양을 해외에 수출
- 천연가스 매장량 및 생산량 세계 1위, 석유 매장량 7위, 생산량 2위, 석탄 매장량 2위, 생산량 5위의 세계적인 자원 부국

② 신재생 에너지 산업 동향

- 현재까지 러시아는 신재생 에너지에 대한 관심 저조
- 러시아는 풍부한 에너지 자원을 확보하고 있는 에너지 자원 부국으로 신재생 에너지 개발 가능성에 대해 국내외적 관심에서 제외
- 신재생 에너지에 대한 투자규모는 전 세계에서 25위 밖에 위치
- 최근 세계적인 녹색성장에 대한 관심 증가로 러시아도 신재생 에너지에 대한 관심 유발
- 러시아는 중국과 미국에 이어 탄소배출량 세계 3위 국가로 러시아 정부는 광범위한 에너지 정책들을 준비하고 있으며, 지구의 기후변화와 온난화 현상 문제해결을 위해 노력
- 풍부한 석유 · 석탄 매장량을 보유하고 있으나, 주요 매장지대의 매장량 감소로 최근 신재생 에너지 개발에 대한 관심 증가
- 로컬 에너지원 활용률을 제고하여 신재생 에너지 생산 분야에서도 주요 생산국이 될 잠재력을 지니고 있음을 인식
- 태양광과 풍력 재생기술은 현재의 에너지 공급을 더욱 증가시킬 수 있으며, 전력시설이 부족한 곳까지 에너지 공급이 가능
- 경제적 가능성 면에서 전체 재생 에너지 중 지열 에너지가 40%, 소수력 에너지가 24%, 바이오메스가 13%이며, 이 세 가지의 에너지들은 전체 재생 에너지 중 80% 이상을 차지할 것으로 전망

③ 시장 규모

- 러시아의 신재생 에너지 잠재력은 에너지 수요의 약 1/3을 공급
- 해외 전문가들은 러시아의 신재생 에너지 잠재력을 매년 생산되는 2억 6,000만~3억 톤의 석탄에 상응하는 것으로 평가
- 현재 연간 전체 에너지와 난방 에너지 생산량 중 '녹색 에너지' 전력은 1% 미만이 사용되어 왔고, '녹색 에너지' 난방의 경우 5% 미만
- 러시아의 재생 에너지 시장이 아직 발달되어 있지는 않기 때문에 국내외 전문가들이 정확한 시장 규모를 측정하기는 어렵지만 넓은 지정학적 여건으로 로컬 에너지원을 이

용한 에너지 공급 필요성 증대
- 화석 에너지 수송의 고비용으로 러시아 북쪽, 극동, 시베리아 지역은 연료 수급이 원활하지 않아 자원부국이지만 항상 연료공급 문제 상존

④ 러시아 지역별 재생 에너지 자원개발 분야
- 러시아 남서 지역, 시베리아 남쪽, 극동지역 - 태양열 에너지
- 러시아 북쪽 지역, 볼가 유역, 우랄 지역 - 풍력 에너지
- 중앙시베리아, 동시베리아, 극동(오오츠크해) - 수력 에너지
- 시베리아, 극동 지방 - 바이오메스
- 극동 캄차카 반도 지역 - 지열 에너지

⑤ 재생 에너지 정책 및 목표(러시아 에너지 전략 2030)
- '러시아 에너지 전략 2030'에 재생 에너지를 포함하여 전략적 추진계획 발표
- 화석 에너지원의 매장량 감소와 세계적인 이슈인 기후변화와 온난화 문제에 적극 대응하기 위해 재생 에너지 이용에 대한 관심이 증가
- 넓은 지정학적 여건으로 재생 에너지 주요 생산국으로의 부상과 화석 에너지 수송비용으로 인해 에너지 수급사정이 열악한 지역까지 저비용으로 에너지를 공급하는 수단으로 재생 에너지를 검토
- 재생 에너지를 녹색 에너지, 저탄소경제 기반으로 인식
- 재생 에너지 산업의 확산으로 환경보호, 첨단기술의 산업화 촉진 및 에너지 효율성 제고 등을 통한 삶의 질 향상과 녹색성장 달성

⑥ 정책 목표
- 2030년까지 수력을 제외한 재생 에너지 분야에 1,130~1,340억 달러를 투자하여 녹색 에너지, 저탄소경제 구조의 기반조성
- 에너지 효율성 제고를 위해 전력 시스템 운영의 혁신을 위한 기존 전력시설의 환경개선 및 투자 유치, 신재생 에너지 분야에 대한 투자는 벤처 메커니즘을 도입하여 추진
- 재생 에너지에 의한 전력생산량 확대
- 총 전력생산 중 수력을 제외한 재생 에너지 전력 생산비율을 2020년 4.5%까지 수준으로 향상하고 2030년까지는 800~1,000억 kw/h 생산
- 26 Mw급 수력발전소의 전력 생산량을 2010년 1,680억 kw/h에서 2020년 2,840억 kw/h로 확대
- 저비용 에너지공급을 위한 로컬 에너지 이용률 제고
- 갈탄과 목제 폐기물을 효율적인 활용을 위한 첨단산업기술을 개발하여 열악한 지역의

에너지 수급의 어려움 해소

참고문헌

1. 2015년까지 총 40조 원 투자, 세계 5대 신재생 에너지 강국 도약(한국무역협회)
2. 미국 신재생 에너지 시장동향과 진출전략 (한국무역협회)
3. GreenTech Malaysia, The Star, Free Malaysia Todday, IGEM 2015, 기타 현지 언론 및 KOTRA 쿠알라룸푸르 무역관 자료 종합 / 말레이시아, 신재생 에너지 개발 박차(한국무역협회)
4. KOTRA 쿠알라룸푸르 무역관 촬영(한국무역협회)
5. 신재생 에너지 산업 동향 및 전망 (한국수출입은행)
6. 2015년까지 총 40조 원 투자, 세계 5대 신재생 에너지 강국 도약
7. 신재생 에너지 산업 동향 및 전망
8. GreenTech Malaysia, The Star, Free Malaysia Todday, IGEM 2015, 기타 현지 언론 및 KOTRA 쿠알라룸푸르 무역관 자료 종합(말레이시아, 신재생 에너지 개발 박차)

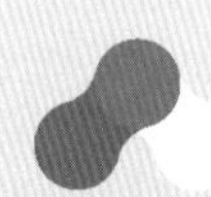

Chapter

13

미래 에너지 시스템

13.1 미래 에너지

13.1.1 ‘제로에너지하우스’란?

우리나라는 지난 2008년 저탄소 녹색 성장을 새로운 국가 비전으로 제시하며, 다양한 친환경 녹색산업을 추진하고 있다. 특히 2025년까지 에너지 제로 건물의 건축을 의무화해야 한다는 정책이 발표되자 제로에너지하우스에 대한 연구와 건설이 급속히 확산되고 있다. 제로에너지하우스란 에너지가 제로, 즉 0인 주택을 말한다. 여기서 말하는 에너지는 외부에서 공급되는 에너지, 특히 화석 에너지를 의미한다. 제로에너지 주택은 한마디로 외부로부터의 에너지 공급이 필요 없는 주택, 건축물의 에너지 손실을 최대한 줄인 저택이다. 필요한 에너지는 신재생 에너지 기술로 주택 내에서 자체 생산해 화석 에너지 사용을 0으로 낮춘 것이다.

1992년 지구온난화 규제 및 방지를 위한 국제 기후변화 협약이 체결된 이후 전 세계적으로 에너지와 환경 정책은 중요한 이슈로 주목받았다. 이에 따라 에너지 소비의 많은 부분을 차지하는 건물, 특히 주택 분야에 있어서 에너지 감축 및 탄소배출을 줄일 수 있는 새로운 주택을 개발하였다. 이것이 바로 에너지 자립형 주택 제로에너지하우스라고 한다. 단열 강화, 고효율 기기 설치 등을 통해 집 안에서 밖으로 나가는 열을 차단하고, 태양력과 풍력 등 재생 에너지를 활용해 에너지를 자체적으로 생산하는 제로에너지하우스는 크게 액티브(active) 하우스와 패시브(passive) 하우스로 나누어진다. 액티브 하우스는 태양열 흡수 장치 등으로 외부 에너지를 적극적으로 활용하는 주택이고, 패시브 하우스는 단열재와 3중 유리창 등을 설치하는 등 집 내부 열의 유출을 억제하여 에너지 사용량을 최소화하는 에너지 절감형 주택이다.

출처: 구글 이미지 - http://blog.naver.com

그림 13.1 **뉴욕 제로하우스(미래주택설계도)**

13.1.2 제로에너지하우스 세계 현황

(1) 영국

영국은 제로에너지 주택건설 기준을 추진하여 2016년까지 모든 신축 주택은 이 기준에 따라 건설의무화를 계기로 점차 확대되는 추세이다.

런던 남단에 세워진 베딩톤 제로에너지단지, 일명 '베드제드'는 영국 최초의 성공적인 친환경 주택단지이다. 베드제드에 들어서면 지붕에 설치된 빨강, 파랑, 노랑 등 닭 볏 모양의 환풍기를 볼 수 있는데, 이 환풍기는 바람의 방향에 따라 회전하면서 신선한 공기를 실내로 공급해주는 역할을 하고, 열 교환기가 부착되어 있어 외부의 찬 공기와 실내의 더운 공기가 섞이면서 따뜻해지도록 설계되었다. 이곳의 주택들은 에너지 손실을 최소화하기 위해 20도 기울어진 남향으로 지어졌으며, 지붕에는 태양광발전 패널이 설치되어 있다. 또 삼중창으로 설치된 베란다는 충분한 채광을 위해 되도록 넓은 창을 사용하고 있다. 건물 지하에도 제로에너지하우스를 지향하는 기술이 구현되어 있는데, 빗물저장 탱크가 설치되어 있어서 빗물과 오폐수를 최대한 재활용해 물 소비량을 줄이도록 했다. 여기에 주민들이 공동으로 이용할 수 있는 전기 자동차 2대를 구비해 탄소배출의 주범인 자동차 사용을 줄이려는 노력도 함께 이루어지고 있다.

출처: 구글 이미지 - http://blog.skenergy.com

그림 13.2 '베딩톤 제로에너지단지(BedZED)'

(2) 네덜란드

암스테르담에서 30여 분 거리에 있는 아메르스포르트 시의 '뉴랜드'는 태양광을 활용한 친환경 주거단지가 있는데, 초기 계획 단계부터 태양광발전 시스템을 적극적으로 반영해 이용하고 있다. 화석연료 대신 학교, 관공서, 일반 주택 지붕에 태양광 집열판을 설치하였고, 태양열, 풍력 등 다양한 신재생 에너지원을 함께 이용하도록 설계되어 있어 충분한 에너지 덕분에 주민 사람들은 전기료 고지서가 따로 필요 없을 정도이다. 또 도로의 폭을 줄이고 자전거 도로를 확장해 자동차 대신 지역 주민들은 자전거를 애용하고 있어 환경오염 문제와 더불어 교통체증도 해결해 나가고 있다.

출처: 구글 이미지 - http://blog.skenergy.com

그림 13.3 네덜란드 '뉴랜드(Nieuwland)'

(3) 독일

독일은 모든 신축 주택에 신재생 에너지 이용을 의무화하고 있으며, 기존 건물의 에너지 합리화 사업도 강력하게 추진하고 있다.

환경보호와 온실가스 감축을 위해 다양한 노력을 하고 있는 독일 베를린의 '아들러스호프'는 환경친화적 건축으로 유명한 세계 최대 규모의 과학단지로, 각 건물에 신재생 에너지와 건축단열재, 환기시스템, 차양장치, 벽면과 옥상 녹화 등의 건축기법을 실현하고 있다.

출처: 구글 이미지 - http://blog.skenergy.com

그림 13.4 **독일 함브르크 마을**

13.1.3 한국

정부는 2014년부터 제로에너지 빌딩을 추진해 왔으며, 올해부터 주택단지 규모인 타운형(지자체 에너지 자립 마을 등)으로 확대하고 있다. 최근 국내 제로에너지 주택사업은 단독주택건설에서 주거단지 형태로 확대되는 추세이며, 지난해 12월 일부 재개발 지역을 제로에너지 시범사업구역으로 지정하고 보조금 및 세제혜택을 지원, 시범사업구역은 서울 장위4구역 주택재개발사업, 천호동 가로정비사업, 아산 중앙도서관 등 3개소이며, 연내 착공할 계획이다. 동시에 노후주택을 정비하는 재개발사업에 용적률 인센티브를 통해 경제성을 확보하고, 단열 및 연교차단 기법을 통해 최대 80%까지 에너지 비용 절감효과를 기대하고 있다. 시범사업구역은 사업종료 후 최소 3년간 에너지 사용량 등을 모니터링, 사업효과 검증 및 향후 제로에너지 정책 개선을 위한 기초 자료로 활용하고 있다.

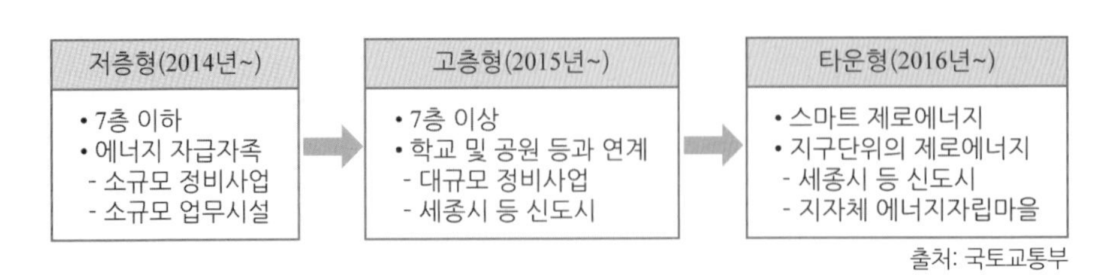

출처: 국토교통부

그림 13.5 **제로에너지하우스 추진 현황**

표 13.1 **우리나라 제로에너지 주택 추진 현황**

대상	사업개요
서울 장위4구역	민간 주도의 주택재개발사업, 지열을 이용한 냉난방시스템 도입 등 대규모 공동주택단지의 에너지 절감기술 구현 지하 3층/지상 31층 건설계획(2,840세대), 2017년 상반기 착공 예정
서울 천호동 가로정비사업	소규모 정비사업으로 중저층 건축물의 에너지절감 기술 구현 지하 1층/지상 7층 건설계획(107세대), 2016년 하반기 착공 예정
아산 중앙도서관	공공건축 모델로 지자체 주도의 녹색 건축물 보급 및 확산 기대 지하 1층/지상 5층의 도서관 건설, 2016년 상반기 착공 예정

출처: 국토교통부

13.2 신재생 에너지와 의무제도

신재생 에너지 산업은 『기존의 화석연료를 변환시켜 이용하거나 햇빛 · 물 · 지열 · 강수 · 생물유기체 등을 포함하여 재생가능한 에너지를 변화시켜 이용하는 에너지』로 정의하고 있다. 우리나라는 신재생 에너지의 보급실적 미흡으로 인한 보급목표 달성을 위한 효과적인 정책 필요성을 절감하고 2030년 신재생 에너지 보급목표 11% 달성을 위한 획기적 정책 전환 필요성을 느끼고 신재생 에너지 공급의무화(RPS)제도를 도입하였다. 2003년 12월 제2차 신재생 에너지 기본계획에 이어 2008년 제3차 신재생 에너지 기본계획을 반영하였으며, 2010년 4~9월 신재생 보급촉진법을 신설하였다.

신재생 에너지 공급의무화제도(RPS)란 발전사업자에게 총 발전량의 일정량 이상을 신재생 에너지로 공급토록 의무화한 제도로서, 해당 제도는 신재생 에너지의 이용, 보급촉진 및 산업 활성화에 크게 기여할 것으로 보인다.

1차 전지는 한 번 사용하고 버리는 알카라인 전지, 수은전지 등 기존의 전지를 뜻하며,

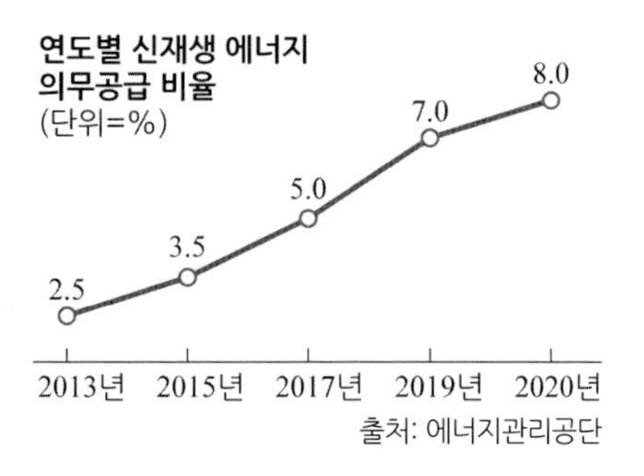

그림 13.6 **신재생 에너지 의무 비율**

2차 전지는 충전과 방전을 반복할 수 있는 전지를 말한다. 2차 전지는 휴대전화, 노트북 등 모바일 단말 기기에서 특히 수요가 많으며, 계속된 연구를 통해 고효율, 소형화 제품 개발에 주력하고 있다.

글로벌 2차 전지 시장은 소형 IT용 전지, 중대형 전지로 분류되는 ESS 및 전기차용 전지로 구분할 수 있다. 이미 성숙기에 접어든 노트북 수요가 빠르게 둔화하고 있지만, 스마트폰 및 테블릿PC의 가파른 성장세로 인해 소형전지는 성장 안정화 단계에 진입할 것으로 보인다. 2013년 소형 IT 전지 시장규모는 약 116억 달러로 2018년까지 시장규모 150억 달러의 완만한 성장세를 보일 것으로 예상되고 있다. 중대형 전지의 ESS 에너지저장시스템은 신재생 에너지나 기존 에너지를 대용량으로 저장하는 전지 장치로서, 에너지 효율 개선에 대한 수요 증가로 최근 선진국을 중심으로 ESS 지원 정책을 보완하고 나섰다. 2020년까지 유럽과 미국의 연비 규제 강화로 인해 전기차 시장은 꾸준히 성장할 전망이기 때문에 2차 전지 산업의 가장 강력한 수요처로서 안정적인 성장의 발판을 마련할 것으로 보인다. 모바일용 소형 전지는 성장이 거의 정체될 것으로 전망되나, 전기차와 ESS용 중/대형 전지는 2020년까지 괄목할만한 성장을 기대하고 있다. RPS제도는 신재생 에너지 공급 의무자(500 MW 이상의 발전사업자)에게 의무적으로 발전량의 의무 비율(2010년 2%에서 2024년 10% 확대)를 부과하고 이에 미치지 못할 경우 과징금을 부과하는 제도이다. 이에 공급의무자는 신재생 에너지 발전설비를 도입하거나 REC(신재생 에너지 공급인증서)를 통해서 그 할당된 비율만큼 채워

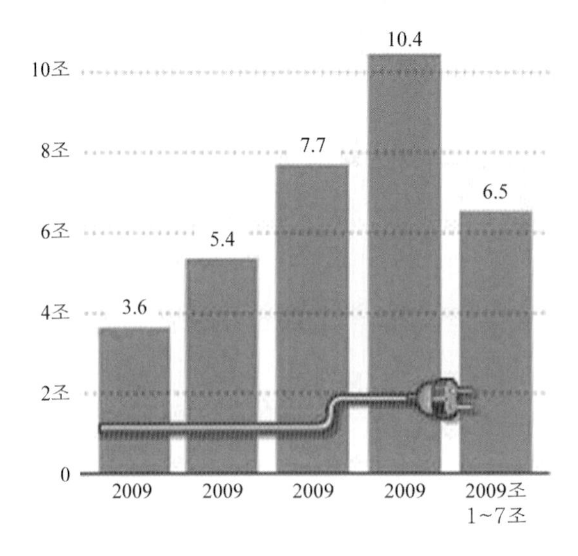

출처: 전력거래소

그림 13.7 **민간발전소 거래추이**

야 한다. 이러한 RPS제도 시행에 따라 정부는 신재생 에너지의 공급률이 상승되고 재정적인 부담감을 줄일 수 있게 되었다.

Chapter

14

에너지 정책

14.1 에너지 정책

14.1.1 에너지 정책

국제사회에도 2020년 이후 모든 국가가 온실가스 감축의무를 지는 신기후변화체제(Post-2020) 논의가 본격화되고 있다. 2016년 12월 페루 리마에서 열린 제20차 기후변화협약 당사국 총회(COP20)에서 모든 국가가 자국 능력을 고려해 2020년 이후 감축목표를 설정하고, 2015년 말까지 제출하기로 합의하였다. 종전에 우리나라는 자발적으로 감축목표를 제출하였으나, 신기후변화체제에서는 모든 국가가 감축목표를 제출하게 되어 구속력이 높아질 것으로 전망되며, 온실가스 감축에 대한 국제적인 압력이 커질 것으로 예상된다.

미국은 석유시장의 경기호황을 누리고 있다. 드릴링과 프랭킹은 지질학자, 엔지니어, 굴착 노동자, 트럭 운전사, 배관 용접공 등을 포함한 수백만 개의 새로운 일자리를 창출해냈다. 그리고 에너지 산업뿐만 아니라 국내 생산 증가에 따른 식당, 수리점, 철물점, 호텔, 식품잡화류 소매점, 자동 세탁 건조기 등 기타 여러 가지 산업의 수요 또한 늘고 있다. 그런데 정부는 기업을 편애하며, 승자와 패자를 결정지으려고 한다. 그리고 그들은 아주 비효율적인 방법으로 이를 실행하고 있다. 신재생 에너지 연료혼잡제도(Renewable Fuel Standard)는 정유회사가 매년 수십억 갤런의 에탄올을 연료로 만들도록 한다. 대부분의 에탄올은 옥수수에서 나온다. 이것은 기름값 인상에 도움이 되겠지만 문제점을 동반한다. 더 큰 비용을 초래한다는 것이다.

에탄올은 비교적 효율성이 떨어지고 작은 엔진에 사용되면 장기손상을 입힌다. 그러나 이보다 더 심각한 사실은 옥수수가 전 세계의 주식이라는 것이다. 이렇게 되면 신재생 에너지 연료혼합제도가 국내외 식량 가격 상승을 모두 주도할 것이다. 현재 많은 국가들은 국가적인 에너지 전략에 따라 신재생 에너지를 지원하고 있다. 그중 대표적인 정책이 유럽에서 주로 시행 중인 발전차액지원제도(FIT)이다. 이는 정부가 정한 기준가격과 실제 거래가격 간의 발전차액을 신재생 에너지를 생산한 기업에게 정부가 지원하는 제도이다. 신재생 에너지는 상대적으로 에너지 생산효율이 낮아 발전에 많은 비용이 들어가기 때문에 아직은 시장성이 낮은데, 이를 보완하기 위한 것이다. 적은 규모로도 신재생 에너지 발전에 나설 수 있어 중소기업도 참여할 수 있고, 다양한 종류의 신재생 에너지 개발을 유도할 수 있다는 장점이 있다. 하지만 정부 재정 부담이 높아 우리나라는 2002년부터 적용하다가 2011년 말에 폐지했다.

다른 정책으로는 우리나라가 2012년부터 시행하고 있는 공급의무화제도(RPS)가 있다. 이 제도는 500 MW 이상의 발전설비를 보유한 발전사업자에게 총 발전량의 일정 비율 이상을 신재생 에너지로 공급하도록 의무화한 것이다. 정부의 재정 부담이 없고 공급량을 예측할 수 있다는 장점이 있지만, 발전 단가가 낮은 신재생 에너지로 쏠리거나 중소기업의 참여가 어렵다는 단점도 존재한다.

일본 경제산업성은 LNG와 석탄석유를 포함한 화력발전의 비율을 후쿠시마 시고 전인 63%에서 2030년 56%까지 삭감하고, 남은 44%는 이산화탄소를 배출하지 않는 신재생 에너지와 원자력으로 공급한다는 구상을 밝혔다. 이 에너지 믹스를 실현한다면 전력에서 유래하는 이산화탄소 배출량을 2013년 대비 34% 감소하고, 에너지 전체에서도 25% 삭감률을 달성할 수 있다는 전망이다. 오는 2030년에 가동되는 원자로가 110기를 넘어설 것으로 전망되는 등 원자력발전을 주요 발전원으로 삼고 있는 중국은 기후변화 대응을 위해 신재생 에너지의 비중을 점차 높여간다는 방침이다. 2050년에는 1차 에너지 수요 대비 재생 에너지의 비중을 60%까지 높이는 것이 목표이다. 이를 통해 온실가스 배출을 점차 감소시킬 수 있을 것으로 예상하고 있다.

14.1.2 탄소배출권 거래제

탄소를 배출할 수 있는 양을 정해놓고, 이런 탄소배출량을 얼마만큼 배출할 수 있을지 그 권리를 탄소배출권이라 하고, 이런 권리들을 사고 파는 시장이 바로 탄소배출권 시장제도이다. 탄소배출권 시장이 열리게 되면 우선적으로 지정된 양을 초과해서 탄소를 배출하게 되는 기업들은 심한 벌금부과 혹은 다른 기업들의 탄소배출권을 구입한다. 이 제도는 생산자로 하여금 탄소배출을 줄이도록 유도하고, 법적 제도 덕분에 점점 탄소배출량이 줄어들고 있다. 환경 관련 산업들이 발전을 하게 되고, 탄소배출을 적게 하는 신에너지 사업에도 장기적으로 많은 투자가 이루어질 수 있다.

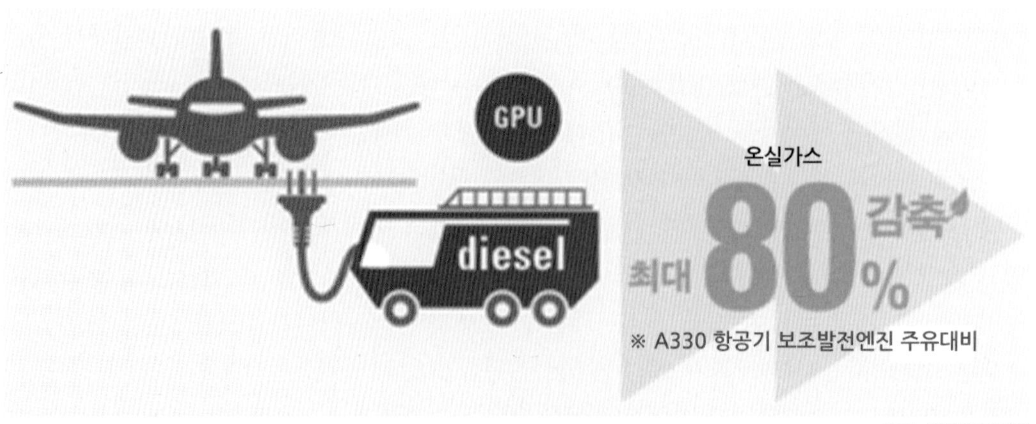

출처: 한국항공공사

그림 14.1 한공 탄소배출 저감

배출권 거래제는 온실가스 배출량 감축목표를 설정하고, 시장메커니즘(배출권 매매)을 활용하여 감축목표를 달성하는 제도이다. 배출권 거래제는 단순히 보면 그림 14.1과 같이 각 개별기업의 잉여배출권과 초과하는 배출량에 대하여 거래하는 제도이다.

배출권 거래제의 목적은 개별기업에게 온실가스 감축에 대한 경제적 동기를 제공함으로써 중장기적으로 녹색기술 개발로 유인하려는 것이다. 결국 기업들을 에너지 절감 및 온실가스 저감으로 유도함으로써 기존의 에너지 다소비, 에너지 저효율의 탄소 의존형 경제구조를 개선하는 효과를 기대하고 있다. 유럽 배출권 거래제에서 독일은 이미 신재생 에너지 및 에너지고효율을 통해 감축목표를 충분히 달성할 것으로 보고 있다. 이산화탄소배출에 대한 가격이 설정되는 것은 결국 화석연료 사용에 대한 가격부담으로 이어진다. 반면 탄소저감, 화석에너지 의존율을 줄이는 재생 에너지 산업은 활성화되고, 설비투자가격이 낮아짐으로써 경쟁력을 확보하게 된다. 2015년부터는 온실가스 · 에너지 목표관리제 관리업체들이 배출권 거래제 대상업체로 넘어가게 된다. 결국 목표관리제의 가벼운 벌금 제도만으로는 계속적으로 증가하는 탄소배출량을 규제하기가 어렵고, 국가 감축 목표를 달성하기가 어렵다는 것 때문에 배출권 거래제로 옮겨가는 것으로 보고 있다. OECD IEA 자료에 의하면 독일은 1990년부터 2005년까지 15년간 이산화탄소배출량이 15.9% 감소했으나, 우리나라는 같은 기간 이산화탄소배출량이 97.6% 증가해 중국(128.9%)에 이어 두 번째로 증가율이 높았다. 에너지경제연구원 등 국책연구기관이 작성한 대한민국 국가보고서에 따르면 우리나라의 온실가스 배출량은 오는 2020년까지 38%까지 증가할 것으로 예상하였다. 우리나라는 교토의정서상 의무감축국이 아니기 때문에 할당량 거래시장은 아직은 없다. 하지만 한국이 감축의무를 부여받게 될 것으로 예상되는 2013년 이후에는 탄소발생량 저감이 기업들의 새로운 비용부담이 될 것이 분명한 상황이다. 이에 따라 기업들은 탄소배출 감축계획을 미리 세우고 이행하여 배출권을 확보하고, 경우에 따라서는 이를 판매하여 새로운 수익원으로 삼기 위한 노력을 펼치고 있다.

14.1.3 탄소배출권 거래의 3가지 기대효과

(1) 생산자로 하여금 탄소배출을 줄이도록 유도

환경오염 행위자로부터 초래되는 사회적 비용을 지불하게 함으로써 생산자로 하여금 탄소배출을 줄일 수 있도록 유인하는 효과가 있다. 즉, 사회 전체적으로 오염방지 비용을 감소시킬 수 있다.

(2) 오염방지 기술 개발 촉진탄소배출량에 따라 사업장이 지불하여야 하는 비용이 높아지므로 오염방지 기술 개발을 촉진시킬 수 있다.

(3) 배출권 판매로 경제적 이익 창출

배출권 거래제도는 자신들에게 할당된 오염배출량에 대하여 자신들의 탄소배출 감축 비용과 배출권의 거래가격 및 초과배출 시의 부과금이나 벌칙을 비교할 수 있다. 따라서 초과하여 배출할 것인지 아니면 배출을 줄이는 노력을 할지 결정하게 되는데, 생산자마다 오염저감 비용이 다르기 때문에 탄소배출 감축 비용이 적은 사업장은 배출권 판매로 일정한 이익을 얻고, 탄소배출 감축 비용이 큰 사업장은 배출권 구매로 일정 이익을 얻어 참여사업장 모두에게 경제적 이익을 주게 된다.

14.2 최근 탄소배출권 거래제 동향

14.2.1 미국

(1) 전국 단위 추진

전국 단위 배출권 거래제 법안 상원 계류 중

(2) 주 단위 추진

(WCI, 북미 서부 주들의 협의체로 2012~2013년부터 배출권 거래제 도입 추진) 미 캘리포니아 주, 캐나다 퀘백 주가 2012년 배출권 거래제 도입 예정, 캐나다 브리티시 컬럼비아, 온타리오 주가 2013년 도입 추진

(3) RGGI ; Regional GHG Initiative

2005년 미북동부 10개주에서 총량제한 배출권 거래제 시행(발전부문 대상 전액 유상경매), WCI 등 타지역과의 연계 모색

14.2.2 중국

(1) 추진 현황

2013년부터 7개 지역에서 에너지 소비총량목표를 기반으로 총량제한 배출권 거래제를 시범시행하고, 2015년에 전국 단위로 도입계획

(2) 지방 단위 추진

베이징, 충칭, 광둥, 허베이, 상하이, 텐진, 선전(중국 GDP의 약 1/4)

14.2.3 유럽(31개국)

(1) EU ETS

2005~2007년 시범사업 성격의 1기 운영 후 2008년부터 EU 27개 회원국과 비회원국 3개국(노르웨이, 리히텐슈타인, 아이슬란드)의 거래제를 연계하여 12,000여개 사업장을 대상으로 시행

(2) 개발 단위

스위스는 2008년부터 총량제한 방식의 배출권 거래제를 운영 중이며 EU ETS와 연계 작업 진행 중

14.2.4 호주

(1) 추진 현황

2012년 7월부터 고정가격 거래제 도입, 2015년부터 배출권 거래제(유동가격)시행
「Clean Energy Bill」 하원(2010.5), 상원(2011.8) 통과

(2) 동 법제정은 녹색당 연정조건

① 배출권 거래제도 도입
② 갈탄화력발전소 폐지
③ 신재생 에너지 촉진 등

14.2.5 일본

(1) 전국 단위

2010. 12월 각료회의에서 탄소세 도입을 결정하고, 전국 단위 배출권 거래제 도입은 잠정연기. 한편 2003년부터 석탄에 대해 기존 소비세 등에 추가하여 과세 중

(2) 지역 단위

도쿄도 2010. 4월부터 의무적 제도를 시행 중이고, 사이타마현이 2011. 4월, 교토부가 2011. 10월 지역단위 배출권 거래제 도입

14.2.6 뉴질렌드

(1) 전국 단위

2008년부터 전국 단위 배출권 거래제 시행 중

(2) 추진상항

산림 · 산업부문 대상 시행 중, 폐기물부문 2013년, 농업부문 2015년 시행

14.2.7 인도

(1) 추진 현황

2011년 3월부터 3개 지역에서 배출권 거래제를 시범시행 중, 2011년 4월부터 전국 단위 에너지 절약 인증서 거래제 도입

(2) 석탄세

2010. 7월부터 국내에서 생산 또는 수입되는 석탄에 대하여 톤당 50루피(약 $1)의 세금을 부과 중

14.2.8 기타

(1) 멕시코

배출권 거래제 기반 등을 규정하고 있는 기후변화기본법(General Law on Climate Change) 상원통과(2011. 12월)

(2) 기타국가

대만, 칠레, 터키, 브라질 등이 배출권 거래제 도입 검토 중

14.3 탄소배출권 내용

(1) 배출권 할당계획

정부는 5년 단위 계획기간별로 배출권의 총 수량, 대상 부문·업종 등을 포함하는 국가 배출권 할당계획수립

(2) 배출권 할당위원회

배출권의 할당 및 거래에 관한 주요 사항을 심의·조정하고 배출권 할당계획을 수립하기 위해 기획재정부장관을 위원장으로 하는 배출권 할당위원회를 설치

(3) 할당 대상업체의 지정

녹색성장 기본법에 따른 관리업체 중 연 12만 5,000 CO_2 t 이상 배출업체 또는 연 2만 5,000 CO_2 t 이상 사업장과 자발적으로 참여를 신청한 업체를 대상으로 지정

(4) 목표관리제 적용배제

할당 대상업체는 녹색성장기본법, 목표관리제를 적용하지 않도록 하여 이중부담의 문제를 해소

(5) 배출권의 할당

할당 대상업체에게 계획기간의 총 배출권과 이행연도별 배출권을 할당하고, 무상으로 할당하는 배출권의 비율(1차~2차 계획기간은 95% 이상)은 국내 산업의 국제경쟁력에 미치는 영향 등을 고려하여 대통령령으로 정함

(6) 할당의 조정 및 취소

계획기간 중 할당계획이 변경된 경우 시설의 신·증설 등으로 할당의 조정이 필요한 경우 또는 할당 대상업체의 전체 시설을 폐쇄한 경우 등에는 배출권을 추가 할당 또는 조정 및 취소할 수 있음

(7) 배출권의 거래

할당된 배출권은 매매 등의 방법으로 거래할 수 있으며, 배출권을 거래하려는 자는 배출권

등록부에 배출권 거래계정을 등록하여야 함

(8) 배출권 거래소

배출권의 공정한 가격 형성과 안정적 거래를 위하여 배출권 거래소를 지정하거나 설치할 수 있으며, 거래소에서 부정거래행위 등에 관하여 자본시장법 관련 규정 준용

(9) 시장안정화 조치

배출권의 가격이 폭등하는 등 긴급한 사유가 있는 경우, 배출권 예비분을 추가 할당하는 방법 등으로 시장안정화 조치를 취할 수 있음

(10) 배출량의 보고 · 검증 · 인증

할당 대상업체는 매 이행연도 종료 후 해당 이행연도의 실제 배출량을 전문 검증기관의 검증을 거쳐 보고하고, 주무관청은 적합성 여부를 평가하여 이를 인증

(11) 배출권의 제출

실제 배출량에 해당하는 배출권을 제출하지 못하는 경우, 부족한 배출권 톤당 10만 원의 범위에서 배출권 평균 시장가격의 3배 이하의 과징금을 부과

(12) 이월 · 차입

배출권은 주무관청의 승인을 받아 다음 연도 또는 다음 계획기간으로 이월할 수 있으며, 제출할 배출권이 부족한 경우 다음 이행연도의 배출권을 차입할 수 있음

(13) 상쇄

할당 대상업체가 자발적으로 실시한 온실가스 감축사업을 통해 발생한 온실가스 감축량 등에 대해서는 주무관청의 인증을 거쳐 배출권으로 전환할 수 있음

(14) 금융 · 세제상 지원

배출권 거래제 도입으로 인한 기업의 경쟁력 감소를 방지하기 위하여 온실가스 감축설비 설치 사업 등에 대하여 금융 · 세제상의 지원을 하거나 보조금을 지급할 수 있음

(15) 제1차~제2차 계획기간

제1차 계획기간은 2015. 1. 1~2017. 12. 31, 제2차 계획기간은 2018. 1. 1~2020. 12. 31로 함(이후에는 5년 단위)

14.4 에너지 효율측정 방법

(1) 에너지효율 측정

① 에너지 측정방법

- 전기냉방기 및 홈 멀티형 전기냉방기의 에너지 소비효율 측정방법은 KS C 9306-2011 부속서 5에 따라 시험하여 표 14.1과 같이 기록한다. 다만 홈 멀티형 전기냉방기의 에너지효율 측정(대기전력은 제외)은 1대의 실외기에 2대의 실내기(스탠드형 실내기 1대 + 벽걸이형 실내기 1대)를 조합한 방법으로 측정한다.
- 특히 전기냉방기 및 홈 멀티형 전기냉방기가 가변용량인 경우 에너지 소비효율 측정을

표 14.1 **소비효율 측정항목, 에너지비용 등**

구분	총 시료 개수	측정항목	측정기준 및 CO_2 배출량, 연간에너지비용 환산기준	불합격 허용개수
전기냉방기	1	냉방기간에너지 소비효율	-	0
		냉방기간월간소비전력량	-	
		정격냉방능력	-	
		냉방표준능력	-	
		냉방표준소비전력	-	
		대기전력	-	
		1시간소비전력량	$\frac{냉방기간\ 월간\ 소비전력량(kWh)\times 4\times 1000}{941시간(h)}$ (고정용량형, 2단압축기형, 가변용량형)	
		1시간 사용시 CO_2 배출량	(ex: 월간소비전력량 388.1 kWh일 경우 $\frac{388.1(kWh)\times 4\times 1000}{941}=1,650\ Wh$)	
		연간소비전력량	1시간 소비전력량(Wh)×0.425	
		월간에너지비용	냉방기간 월간 소비전력량(kWh)×4	
		소비효율등급	냉방기간 월간 소비전력량(kWh)×384 -	

(비고) 1. 측정항목의 단위 및 환산기준은 [별표 1의 2] (측정항목의 단위, 환산기준 등)을 적용한다.

위해서는 제품의 능력을 제어할 수 있는 제어 소프트웨어가 요구되며, 제품의 설치 및 시험준비 시 숙련된 전문가의 참석이 요구된다. 또한 제조사는 최대 능력을 낼 수 있는 조절값(압축기 주파수 조절값, 실내 유닛 풍량 조절값, 실외유닛 풍량 조절값, 냉매팽창기구 조절값 또는 냉매유량 조절값)의 범위 또는 설정값의 범위를 반드시 사전에 제시하여야 하고, 시험기관은 이를 기록해야 한다.

- KS C 9306-2011 부속서 5에 따라 냉방기간 에너지 소비효율을 산출하기 위해 필요한 시험항목 중 냉방저온운전의 경우 보정계수를 사용하거나 직접 시험 데이터를 사용할 수 있으며, 가변용량인 경우 정격운전과 동일한 주파수에서 시험을 하여야 한다. 저온운전의 경우 사후관리 시험에서는 최초 취득 시 사용한 시험방법을 사용한다.
- 냉방기간 에너지 소비효율을 산출하기 위한 건물냉방부하는 외기온도 35℃일 때의 부하로 정격표시 냉방능력과 같은 값이며, 여기서 홈 멀티형 전기냉방기의 경우 정격표시 냉방능력은 각 실내기의 냉방능력 표시치의 합을 말한다.
- 스마트 기능에 대해서는 관련 증빙서류를 검토하고, 기기(부가기기 포함)를 가동하여 어플리케이션, 자체 디스플레이, 제어장치 등의 스마트 기능 구현 여부를 확인해야 한다.

(2) 최저소비효율기준 및 소비효율등급 부여기준

① 최저소비효율기준

표 14.2 **최저소비효율기준**

(단위 : W/W)

구분		최저소비효율기준
		2010년 10월 1일부터
일체형		2.88
분리형	정격냉방능력 4 kW 미만	3.37
	정격냉방능력 4 kW 이상 10 kW 미만	2.97
	정격냉방능력 10 kW 이상 17.5 kW 미만	2.76
	정격냉방능력 17.5 kW 이상 23 kW 미만	2.63

(3) 소비효율등급부여기준

① 소비효율등급부여지표

당해 모델의 냉방능력과 그때의 냉방소비전력과의 비인 냉방효율을 소비효율등급부여지표로 함

표 14.3 **소비효율등급부여지표**

$$R(\text{소비효율등급부여지표}) = \frac{\text{당해 모델의 냉방능력 [W]}}{\text{당해 모델의 냉방소비전력 [W]}}$$

여기서 냉방효율 측정방법은 고정용량형, 2단 가변형 및 가변 용량형 에어컨의 경우 KS C 9306의 규정에 의하여 측정한 냉방기간 에너지 소비효율(CSPF : Cooling Seasonal Performance Factor)을 말한다.

② 소비효율등급부여기준

표 14.4 **일체형인 것으로 일반제품**

R	대기전력 (수동대기모드 소비전력)	등급
$3.94 \le R$	≤ 1.0 W	1
$3.63 \le R < 3.94$	≤ 1.0 W	2
$3.35 \le R < 3.63$	묻지 않음	3
$3.10 \le R < 3.35$	묻지 않음	4
$2.88 \le R < 3.10$	묻지 않음	5

표 14.5 **일체형인 것으로 네트워크제품**

R	대기전력	등급
$3.94 \le R$	≤ 1.0 W(수동대기모드) ≤ 3.0 W(능동대기모드)	1
$3.63 \le R < 3.94$	≤ 1.0 W(수동대기모드) ≤ 3.0 W(능동대기모드)	2
$3.35 \le R < 3.63$	묻지 않음	3
$3.10 \le R < 3.35$	묻지 않음	4
$2.88 \le R < 3.10$	묻지 않음	5

표 14.6 정격냉방능력 4 kW 미만으로서 분리형인 일반제품

R	대기전력 (수동대기모드 소비전력)	등급
5.00 ≤ R	≤1.0 W	1
4.59 ≤ R < 5.00	≤1.0 W	2
4.19 ≤ R < 4.59	묻지 않음	3
3.78 ≤ R < 4.19	묻지 않음	4
3.37 ≤ R < 3.78	묻지 않음	5

표 14.7 정격냉방능력 4 kW 미만으로서 분리형인 네트워크제품

R	대기전력	등급
5.00 ≤ R	≤1.0 W(수동대기모드) ≤3.0 W(능동대기모드)	1
4.59 ≤ R < 5.00	≤1.0 W(수동대기모드) ≤3.0 W(능동대기모드)	2
4.19 ≤ R < 4.59	묻지 않음	3
3.78 ≤ R < 4.19	묻지 않음	4
3.37 ≤ R < 3.78	묻지 않음	5

표 14.8 정격냉방능력 4 kW 이상 10 kW 미만으로서 분리형인 제품

R	R (홈멀티 효율)	대기전력*	스마트기능	등 급
7.20 ≤ R	7.20 ≤ R	≤1.0 W(수동대기모드) ≤3.0 W(능동대기모드)	기능 구현	1
6.14 ≤ R < 7.20	6.14 ≤ R < 7.20	≤1.0 W(수동대기모드) ≤3.0 W(능동대기모드)	묻지 않음	2
4.40 ≤ R < 6.14	4.40 ≤ R < 6.14	묻지 않음	묻지 않음	3
3.50 ≤ R < 4.40	3.50 ≤ R < 4.40	묻지 않음	묻지 않음	4
2.97 ≤ R < 3.50	묻지 않음	묻지 않음	묻지 않음	5

표 14.9 정격냉방능력 10 kW 이상 17.5 kW 미만으로서 분리형인 일반제품

R	대기전력 (수동대기모드 소비전력)	등급
5.80 ≤ R	≤1.0 W	1
5.04 ≤ R < 5.80	≤1.0 W	2
4.28 ≤ R < 5.04	묻지 않음	3
3.52 ≤ R < 4.28	묻지 않음	4
2.76 ≤ R < 3.52	묻지 않음	5

표 14.10 정격냉방능력 10 kW 이상 17.5 kW 미만으로서 분리형인 네트워크제품

R	대기전력	등급
5.80 ≤ R	≤1.0 W(수동대기모드) ≤3.0 W(능동대기모드)	1
5.04 ≤ R < 5.80	≤1.0 W(수동대기모드) ≤3.0 W(능동대기모드)	2
4.28 ≤ R < 5.04	묻지 않음	3
3.52 ≤ R < 4.28	묻지 않음	4
2.76 ≤ R < 3.52	묻지 않음	5

표 14.11 정격냉방능력 17.5 kW 이상 23 kW 미만으로서 분리형인 일반제품

R	대기전력 (수동대기모드 소비전력)	등급
4.11 ≤ R	≤1.0 W	1
3.69 ≤ R < 4.11	≤1.0 W	2
3.30 ≤ R < 3.69	묻지 않음	3
2.95 ≤ R < 3.30	묻지 않음	4
2.63 ≤ R < 2.95	묻지 않음	5

표 14.12 **정격냉방능력 17.5 kW 이상 23 kW 미만으로서 분리형인 네트워크제품**

R	대기전력 (수동대기모드 소비전력)	등급
4.11 ≤ R	≤1.0 W(수동대기모드) ≤3.0 W(능동대기모드)	1
3.69 ≤ R < 4.11	≤1.0 W(수동대기모드) ≤3.0 W (능동대기모드)	2
3.30 ≤ R < 3.69	묻지 않음	3
2.95 ≤ R < 3.30	묻지 않음	4
2.63 ≤ R < 2.95	묻지 않음	5

참고문헌

출처: 「공공부문 온실가스 · 에너지 목표관리 운영 등에 관한 지침」 해설서

부록

1. 에너지 기자재 단위
2. 온실가스 배출산정
3. 신에너지 및 재생 에너지 개발 · 이용보급촉진법
4. 신재생 에너지 용어사전
5. 에너지 공학 단위

1. 에너지 기자재 단위

구분	기재항목	단위
전기냉장고	가. 월간소비전력량	(kWh/월)
	나. 냉장실유효내용적	(L)
	다. 냉동실유효내용적	(L)
	라. 자동제상기능여부	–
	마. 보정유효내용적	(L)
	바. 디스펜서장착여부	–
	사. 냉장실홈바가스켓길이	(cm)
	아. 냉동실홈바가스켓길이	(cm)
	자. KS C IEC 62552에서 요구하는 시험성적서 기재내용	–
	차. 최대소비전력량	(kWh/월)
	카. 1시간소비전력량	(Wh)
	타. 1시간사용시 CO_2배출량	(g/시간)
	파. 연간소비전력량	(kWh)
	하. 연간에너지비용	(원)
	거. 소비효율등급	–
김치냉장고	가. 월간소비전력량	(kWh/월)
	나. 김치저장실유효내용적	(L)
	다. 냉동실유효내용적	(L)
	라. 기타실유효내용적	(L)
	마. 김치저장용기유효내용적	(L)
	바. 보정유효내용적	(L)
	사. 김치저장실홈바가스켓길이	(cm)
	아. 최대소비전력량	(kWh/월)
	자. 김치저장실수	–
	차. 1시간소비전력량	(Wh)
	카. 1시간사용시 CO_2배출량	(g/시간)
	타. 연간소비전력량	(kWh)
	파. 연간에너지비용	(원)
	하. 소비효율등급	–

구분	기재항목	단위
전기세탁기	<전기세탁기>	
	가. 1kg당 소비전력량	(Wh/kg)
	나. 탈수도	(%)
	다. 헹굼비	-
	라. 표준세탁용량	(kg)
	마. 1회세탁소비전력량	(Wh)
	바. 1회세탁시간	(분)
	사. 1회세탁물사용량	(L)
	아. 1kg당 1회세탁물사용량	(L/kg)
	자. 표준수량	(L)
	차. 대기전력	(W)
	카. 1회세탁시CO_2배출량	(g/회)
	타. 연간소비전력량	(kWh)
	파. 연간에너지비용	(원)
	하. 소비효율등급	-
	<전기드럼세탁기>	
	가. 1kg당 소비전력량	(Wh/kg)
	나. 탈수도	(%)
	다. 세탁비	-
	라. 표준세탁용량	(kg)
	마. 1회세탁소비전력량	(Wh)
	바. 1회세탁시간	(분)
	사. 1회세탁물사용량	(L)
	아. 1kg당 1회세탁물사용량	(L/kg)
	자. 대기전력	(W)
	차. 1회세탁시 CO_2배출량	(g/회)
	카. 연간소비전력량	(kWh)
	타. 연간에너지비용	(원)
	파. 소비효율등급	-
소형냉방기	가. 냉방기간에너지 소비효율	(W/W)
	나. 냉방기간월간소비전력량	(kWh/월)
	다. 정격냉방능력	(W)

구분	기재항목	단위
	라. 냉방표준능력	(W)
	마. 냉방표준소비전력	(W)
	바. 대기전력	(W)
	사. 1시간소비전력량	(Wh)
	아. 1시간사용시 CO_2배출량	(g/시간)
	자. 연간소비전력량	(kWh)
	차. 월간에너지비용	(원)
	카. 스마트기능 구현 여부 및 내용	-
	타. 소비효율등급	-
전기밥솥	가. 1인분소비전력량	(Wh/인분)
	나. 정격소비전력	(W)
	다. 분류	-
	라. 1회취사보온소비전력량	(Wh)
	마. 1회취사보온시간	(시간)
	바. 최대취사용량	(인용)
	사. 대기전력	(W)
	아. 1시간소비전력량	(Wh)
	자. 1시간사용시 CO_2배출량	(g/시간)
	차. 연간소비전력량	(kWh)
	카. 연간에너지비용	(원)
	타. 소비효율등급	-
전기진공청소기	가. 청소효율	(%)
	나. 측정소비전력	(W)
	다. 최대흡입일률	(W)
	라. 미세먼지방출량	(mg/m^3)
	마. 1시간소비전력량	(Wh)
	바. 1시간사용시 CO_2배출량	(g/시간)
	사. 연간소비전력량	(kWh)
	아. 연간에너지비용	(원)
	자. 소비효율등급	-
선풍기	가. 풍량효율	($(m^3/min)/W$)
	나. 측정소비전력	(W)

구분	기재항목	단위
	다. 표준풍량 라. 최대풍속 마. 1시간소비전력량 바. 연간소비전력량	(m^3/min) (m/min) (Wh) (kWh)
공기청정기	가. 1m^2당소비전력 나. 측정소비전력 다. 표준사용면적 라. 탈취효율 마. 대기전력 바. 1시간소비전력량 사. 1시간사용시 CO_2배출량 아. 연간소비전력량 자. 연간에너지비용 차. 소비효율등급	(W/m^2) (W) (m^2) (%) (W) (Wh) (g/시간) (kWh) (원) –
백열전구	가. 광효율 나. 광속 다. 전구소비전력 라. 수명 마. 1시간소비전력량 바. 1시간사용시 CO_2배출량	(lm/W) (lm) (W) (시간) (Wh) (g/시간)
형광램프	가. 광효율 나. 전광속 다. 램프소비전력 라. 광원색 마. 1시간소비전력량 바. 1시간사용시 CO_2배출량	(lm/W) (lm) (W) – (Wh) (g/시간)
안정기 내장형램프	가. 광효율 나. 입력전력 다. 광원색 라. 광속 마. 점멸수명 바. 1시간소비전력량	(lm/W) (W) – (lm) 회 (Wh)

구분	기재항목	단위
	사. 1시간사용시 CO_2배출량	(g/시간)
삼상 유도전동기	가. 전부하효율 나. 효율수준 다. 분류 라. 정격출력 마. 극수 바. 정격전압 사. 정격전류 아. 시료중최소값 자. 총시료개수 차. 1시간소비전력량 카. 1시간사용시 CO_2배출량 타. 연간소비전력량 파. 연간에너지비용	(%) – – (kW) – (V) (A) (%) – (Wh) (g/시간) (kWh) (원)
가정용 가스보일러	가. 난방열효율 나. 가스소비량 다. 난방출력(콘덴싱출력) 라. 대기전력 마. 소비효율등급	(%) (kW) (kW) (W) –
어댑터 · 충전기	가. 동작효율 나. 분류 다. 명판표시출력전력 라. 측정입력전력 마. 대기전력	(%) – (W) (W) (W)
전기 냉난방기	가. 냉난방효율 나. 냉방기간에너지 소비효율 다. 난방기간에너지 소비효율 라. 정격냉방능력 마. 정격난방능력 바. 냉방표준능력 사. 난방표준능력 아. 냉방표준소비전력	(W/W) (W/W) (W/W) (W) (W) (W) (W) (W)

구분	기재항목	단위
	자. 난방표준소비전력	(W)
	차. 냉방기간총소비전력량	(kWh)
	카. 난방기간총소비전력량	(kWh)
	타. 냉방기간월간소비전력량	(Wh)
	파. 난방기간월간소비전력량	(Wh)
	하. 보조히터용량	(W)
	거. 1시간소비전력량	(Wh)
	너. 1시간사용시 CO_2배출량	(g/시간)
	더. 연간소비전력량	(kWh)
	러. 월간소비전력량	(kWh)
	머. 월간에너지비용	(원)
	버. 소비효율등급	-
상업용 기냉장고	가. 월간소비전력량	(kWh/월)
	나. 냉장실유효내용적	(L)
	다. 냉동실유효내용적	(L)
	라. 자동제상기능여부	-
	마. 보정유효내용적	(L)
	바. KS C IEC 62552에서 요구하는 시험성적서 기재내용	-
	사. 최대소비전력량	(kWh/월)
	아. 1시간소비전력량	(Wh)
	자. 1시간사용시 CO_2배출량	(g/시간)
	차. 연간소비전력량	(kWh)
	카. 연간에너지비용	(원)
	타. 소비효율등급	-
가스온수기	가. 측정온수열효율	(%)
	나. 가스소비량	(kW)
	다. 대기전력	(W)
	라. 소비효율등급	-
변압기	가. 효율(50% 부하율 기준)	(%)
	나. 효율수준	-
	다. 부하손실	(W)

구분	기재항목	단위
	라. 무부하손실 마. 권선저항 바. 분류(유입식/건식) 사. 절연재료(건식의 경우) 아. 1차전압/2차전압 자. 상수 차. 용량	(W) (Ω) - - (kV)/(V) - (kVA)
창 세트	가. 열관류율 나. 기밀성(통기량, 등급) 다. 프레임재질 라. 유리(유리 두께, 공기층 두께) 마. 충진가스종류 바. 스페이서 재질 사. 소비효율등급	((W/(m^2 · K)) (m^3/h · m^2, 등급) - (mm) - - -
텔레비전 수상기	가. 1$\sqrt{m^2}$ 당소비전력 나. 디스플레이방식 다. 화면대각선길이 라. 화면비율(가로:세로) 마. 화면면적 바. 화면면적의 제곱근 사. 동작모드소비전력 아. 시험모드 휘도 자. 대기전력 차. 1시간소비전력량 카. 1시간사용시 CO_2배출량 타. 연간소비전력량 파. 연간에너지비용 하. 소비효율등급	(W/$\sqrt{m^2}$) - (cm형) - (m^2) ($\sqrt{m^2}$) (W) (%) (W) (Wh) (g/시간) (kWh) (원) -
전기온풍기	가. 난방효율 나. 난방능력 다. 소비전력 라. 1시간소비전력량	(W/W) (W) (W) (Wh)

구분	기재항목	단위
	마. 1시간사용시 CO_2배출량	(g/시간)
	바. 월간소비전력량	(kWh/월)
	사. 월간에너지비용(가정용/일반용)	(원)
전기스토브	가. 대기전력	(W)
	나. 소비전력	(W)
	다. 1시간소비전력량	(Wh)
	라. 1시간사용시 CO_2배출량	(g/시간)
	마. 월간소비전력량	(kWh/월)
	바. 월간에너지비용(가정용/일반용)	(원)
멀티전기 히트펌프 시스템	가. 냉난방효율(EERa)	(W/W)
	나. 통합냉방효율(IEER)	(W/W)
	다. 난방효율(COP)	(W/W)
	라. 표준난방효율(COP1)	(W/W)
	마. 한냉지난방효율(COP2)	(W/W)
	바. 정격냉방용량	(W)
	사. 정격난방용량	(W)
	아. 부분부하냉방용량	(W)
	자. 부분부하냉방소비전력	(W)
	차. 표준난방용량	(W)
	카. 표준난방소비전력	(W)
	타. 한냉지난방용량	(W)
	파. 한냉지난방소비전력	(W)
	하. 보조히터용량	(W)
	거. 냉방용량(실내유닛)	(W)
	너. 냉방소비전력(실내유닛)	(W)
	더. 정격전압	(V)
	러. 1시간소비전력량	(Wh)
	머. 1시간사용시 CO_2배출량	(g/시간)
	버. 스마트기능 구현 여부 및 내용	-
	서. 소비효율등급	-

출처: 산업통상부 에너지관리자제 운영규정

2. 온실가스 배출산정

1. 산정대상 배출활동

○ 각 기관에서는 목표관리 대상시설별로 아래의 산정대상 배출활동에 따른 온실가스 배출량과 에너지 사용량을 산정하여 매년 감축목표를 설정하고 이에 대한 이행계획 및 이행결과를 제출하여야 한다.

구분		배출활동 종류
직접배출	1. 고정 연소시설에서의 에너지 사용에 따른 온실가스 배출	1. 고체연료연소 2. 기체연료연소 3. 액체연료연소
	2. 이동연소시설에서의 에너지 사용에 따른 온실가스 배출	1. 이동연소
간접배출	3. 전기, 열(스팀) 사용에 따른 간접 온실가스 배출	1. 외부에서 공급된 전기 사용 2. 외부에서 공급된 열(스팀) 사용

○ 고정 연소시설에서의 에너지 사용은 건물의 난방, 취사, 온수급탕 등을 위한 연료연소로 하고 건물 내 위치한 발전시설, 소각시설, 장사시설 등의 발전, 폐기물 소각, 화장로 등에 사용되는 연료연소는 제외할 수 있다. 다만 자가용전기설비(자가발전시설)에 사용되는 연료연소는 포함하여야 하고 이에 따른 전기 사용은 대상에서 제외하여 이중산정을 예방한다.

○ 고정연소시설에는 건물 난방을 위해 사용하는 이동형 난방시설(히터, 온풍기 등)의 실내등유 등의 연료사용도 포함하여야 한다.

○ 신재생 에너지(태양열, 지열 등) 설비를 통해 에너지를 사용하는 경우 산정대상 배출활동에서 제외한다. 이는 한전 등에서 공급되는 전기를 사용하는 경우 해당 전기를 생산하기 위해 연료 연소(화력발전 등) 등이 이루어짐을 감안하여 사용량을 간접배출 활동으로 포함시키고 있는바 대상기관에서 태양열, 지열, 풍력 등 신재생 에너지설비를 설치하여 전기 등을 자체적으로 생산하여 사용하는 경우에는 배출량 산정에서 제외하여 감축실적으로 인정받을 수 있다.

○ OO도청 건물은 기존 100% 한전에서 전기를 공급받아 사용하였으나 13년에 태양열발전설비를 설치, 사용전력의 30%를 대체하는 경우 30%는 감축실적으로 인정

○ 전기사용 중 「환경친화적자동차의 개발 및 보급촉진에 관한 법률」에 따른 전기자동차 충전소에서 충전을 위한 전기 사용은 대상에서 제외한다.

2. 배출활동별 산정방법

가. 고체연료 연소

(1) 배출원

○ 건물 난방, 온수 등을 위하여 무연탄, 유연탄, 갈탄과 같은 고체형태의 연료를 연소하는 보일러, 버너, 가열기, 급탕기, 열풍기 등의 시설

(2) 배출량 산정방법

온실가스 배출량(tCO_2eq)
= $\sum$[연료 사용량(kg) × 순발열량(MJ/kg) × 배출계수(kgGHG(CO_2/CH_4/N_2O)/TJ) × 10^{-9} × 지구온난화지수]

에너지 사용량(TJ)
= 연료 사용량(kg) × 총발열량(MJ/kg) × 10^{-6}

○ 연료사용량 : 사업자 혹은 연료공급자에 의해 측정된 연료사용량으로 공급자가 발행하고 구입량이 기입된 요금청구서, 재고량 등을 통하여 연간 사용량을 확인

○ 발열량 : 에너지법 시행규칙 제5조제1항 별표 참고

○ 배출계수 : 온실가스 종합정보센터가 고시하는 국가 고유 배출계수를 사용하되 고시되기 전까지는 IPCC 기본 배출계수를 사용

○ 지구온난화지수 : $CO_2 = 1$, $CH_4 = 21$, $N_2O = 310$

나. 기체연료 연소

(1) 배출원

○ 건물 난방 등을 위하여 LNG, LPG, 프로판 및 기타 부생가스 등 기체형태의 연료를 연소하는 보일러, 버너, 가열기, 급탕기, 열풍기 등의 시설

(2) 배출량 산정방법

> 온실가스 배출량(tCO_2eq)
> = ∑[기체 화석연료 사용량(Nm^3 또는 kg) × 순발열량(MJ/Nm^3 또는 kg) × 배출계수 ($kgGHG$ ($CO_2/CH_4/N_2O$)/TJ) × 10^{-9} × 지구온난화지수]
>
> 에너지 사용량(TJ)
> = 기체 화석연료 사용량(Nm^3 또는 kg) × 총발열량(MJ/Nm^3 또는 kg) × 10^{-6}

○ 연료사용량 : 사업자 혹은 연료공급자에 의해 측정된 연료사용량으로 공급자가 발행하고 구입량이 기입된 요금청구서, 재고량 등을 통하여 연간 사용량을 확인

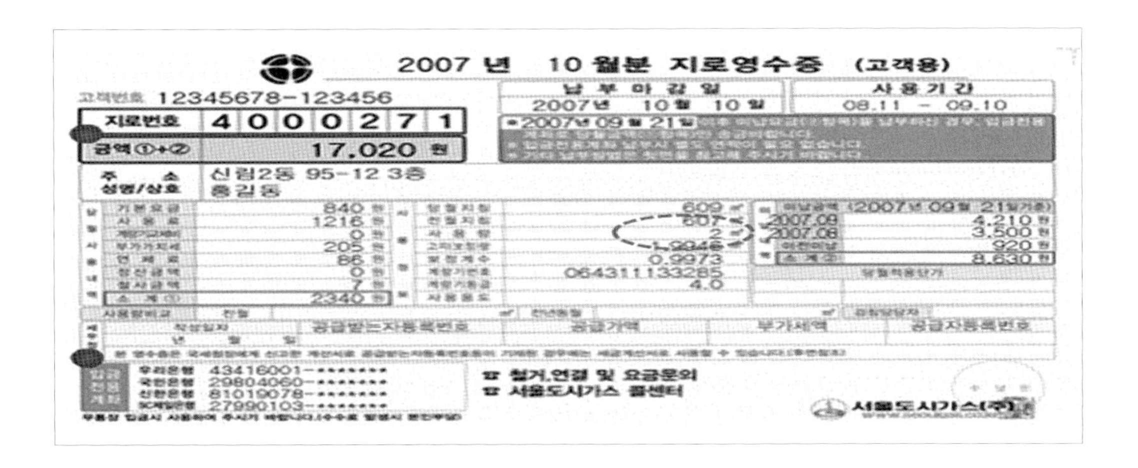

2007 년 10 월분 지로영수증 (고객용)

고객번호 12345678-123456

납부마감일	사용기간
2007년 10월 10일	08.11 - 09.10

지로번호 4000271

금액①+② 17,020 원

주소 신림2동 95-12 3층

성명/상호 홍길동

납부사용내역		사용량		미납금액 (2007년 09월 21일기준)	
기본요금	840 원	당월지침	609 ㎥	2007.09	4,210 원
사용료	1216 원	전월지침	607 ㎥	2007.08	3,500 원
	0 원	사용량	2 ㎥		920 원
부가가치세	205 원		1.9946	소계②	8,630 원
	86 원		0.9973		
	0 원		064311133285		
	7 원		4.0		
소계①	2340 원				

우리은행 43416001-*******
국민은행 29804060-*******
신한은행 81019078-*******
SC제일은행 27990103-*******

☎ 철거,연결 및 요금문의
☎ 서울도시가스 콜센터

서울도시가스(주)

○ 발열량 : 에너지법 시행규칙 제5조제1항 별표 참고

○ 배출계수 : 온실가스 종합정보센터가 고시하는 국가 고유 배출계수를 사용하되 고시되기 전까지는 IPCC 기본 배출계수를 사용

○ 지구온난화지수 : $CO_2 = 1$, $CH_4 = 21$, $N_2O = 310$

다. 액체연료 연소

(1) 배출원

○ 건물 난방 등을 위하여 등유, 경유, B-A/B/C와 같은 액체형태의 연료를 연소하는 보일러, 버너, 가열기, 급탕기, 열풍기 등의 시설

(2) 배출량 산정방법

온실가스 배출량(tCO_2eq) = ∑[액체 화석연료 사용량(ℓ) × 순발열량(MJ/ℓ) × 배출계수(kgGHG(CO_2/CH_4/N_2O)/TJ) × 10^{-9} × 지구온난화지수] 에너지 사용량(TJ) = 액체 화석연료 사용량(ℓ) × 총발열량(MJ/ℓ) × 10^{-6}

○ 연료사용량 : 사업자 혹은 연료공급자에 의해 측정된 연료사용량으로 공급자가 발행하고 구입량이 기입된 요금청구서, 재고량 등을 통하여 연간 사용량을 확인

○ 발열량 : 에너지법 시행규칙 제5조제1항 별표 참고

○ 배출계수 : 온실가스 종합정보센터가 고시하는 국가 고유 배출계수를 사용하되 고시되기 전까지는 IPCC 기본 배출계수를 사용

○ 지구온난화지수 : $CO_2 = 1$, $CH_4 = 21$, $N_2O = 310$

라. 이동연소(도로)

(1) 배출원

○ 휘발유, 경유, LPG 등의 차량 연료 연소 등을 통하여 온실가스를 배출하는 승용자동차, 승합자동차, 화물자동차, 특수자동차 등의 이동연소시설

(2) 배출량 산정방법

온실가스 배출량(tCO_2eq)
= ∑[연료 사용량(ℓ 또는 kg) × 순발열량(MJ/ℓ 또는 kg) × 배출계수(kgGHG(CO_2/CH_4/N_2O)/TJ) × 10^{-9} × 지구온난화지수]

에너지 사용량(TJ) = 연료 사용량(ℓ 또는 kg) × 총발열량(MJ/ℓ 또는 kg) × 10^{-6}

○ 연료사용량 : 사업자 혹은 연료공급자에 의해 측정된 연료사용량으로 주유소 등에서 발행하고 주유량이 기입된 요금청구서, 기관별 차량 운행일지 등을 이용하여 확인
- 기준배출량 산정과 관련하여 과거연도 차량별 연료사용량 확인이 곤란한 경우 차량 연비와 운행거리, 해당연도 지역별 평균 유류가격과 유류비 지출금액 등을 통하여 추정하여 산정할 수 있음(산정 근거자료 제출)

마. 전기의 사용

(1) 배출원

○ 공공부문에서 소유 또는 사용하고 있는 건물의 조명 · 사무기기 · 기계 · 설비(에너지 관리의 연계성, 즉 전기 수전점을 공유하고 있는 다른 건물 및 부대시설 등 포함)의 사용을 위한 전기 사용에 따른 온실가스 배출량과 에너지 사용량을 산정

(2) 배출량 산정방법

온실가스 배출량(tCO_2eq)
= ∑[전력사용량(MWh) × 배출계수(tGHG(CO_2/CH_4/N_2O)/MWh) × 지구온난화지수]

에너지 사용량(TJ)
= 전력사용량(MWh) × 9 × 10^{-3}

○ 배출계수 : 전력간접배출계수는 아래에 제시된 기준연도에 해당하는 2개연도('07~'08년) 평균값을 적용한다. 배출계수는 3년간 고정하여 적용하며 향후 한국전력거래소에서 제공하는 전력간접배출계수를 센터에서 확인 · 공표하면 그 값을 적용한다(과거에 산정된 기준배출량 및 이행결과보고서도 재산정하여야 함).

* 연도별 전력배출계수 적용이 아님에 주의

○ 지구온난화지수 : CO_2 = 1, CH_4 = 21, N_2O = 310

〈국가 고유 전력배출계수〉

년도	CO_2 (tCO_2/MWh)	CH_4 ($kgCH_4/MWh$)	N_2O (kgN_2O/MWh)
2개년 평균 (2007~2008)	0.4653	0.0054	0.0027

바. 열(스팀)의 사용

(1) 배출원

○ 공공부문에서 소유 또는 사용하고 있는 건물의 난방 등을 위한 열(스팀) 사용에 따른 온실가스 배출량과 에너지 사용량을 산정

(2) 배출량 산정방법

온실가스 배출량(tCO_2eq)
= ∑[열(스팀) 사용량(GJ) × 배출계수(tGHG($CO_2/CH_4/N_2O$)/GJ) × 지구온난화지수]

○ 열에너지 사용량 : 적산열량계 등 법정계량기 등으로 측정된 시설별 열(스팀) 사용량으로 공급자가 발행하고 사용량이 기입된 요금청구서 등을 통하여 확인

- 이행계획 및 결과보고서 제출시 열(스팀)사용량의 정확한 확인을 위하여 요금청구서, 기관 내부서류* 등 사용량을 확인할 수 있는 근거서류를 전자파일 또는 우편 등을 통하여 제출하여야 함

○ 배출계수 : 열(스팀) 공급자가 관리업체 「온실가스 · 에너지 목표관리 운영 등에 관한 지침」(환경부 고시)에 따라 개발한 간접배출계수를 사용

○ 지구온난화지수 : CO_2 = 1, CH_4 = 21, N_2O = 310

출처: 환경부 「공공부문 온실가스 · 에너지 목표관리 운영 등에 관한 지침」해설서

3. 신에너지 및 재생 에너지개발 · 이용보급촉진법

제1조(목적) 이 법은 신에너지 및 재생 에너지의 기술개발 · 이용 · 보급촉진과 신에너지 및 재생 에너지산업의 활성화를 통하여 에너지원을 다양화하고, 에너지의 안정적인 공급과 에너지 구조의 환경친화적 전환을 추진함으로써 환경의 보전, 국가경제의 건전하고 지속적인 발전 및 국민복지의 증진에 이바지함을 목적으로 한다.

제2조(정의) 이 법에서 사용하는 용어의 정의는 다음과 같다.

1. "신에너지 및 재생 에너지"(이하 "신 · 재생 에너지"라 한다)라 함은 기존의 화석연료를 변환시켜 이용하거나 햇빛 · 물 · 지열 · 강수 · 생물유기체 등을 포함하는 재생가능한 에너지를 변환시켜 이용하는 에너지로서 다음 각목의 어느 하나에 해당하는 것을 말한다.
   가. 태양 에너지
   나. 생물자원을 변환시켜 이용하는 바이오 에너지로서 대통령령이 정하는 기준 및 범위에 해당하는 에너지
   다. 풍력
   라. 수력
   마. 연료전지
   바. 석탄을 액화가스화한 에너지 및 중질잔사유(重質殘渣油)를 가스화한 에너지로서 대통령령이 정하는 기준 및 범위에 해당하는 에너지
   사. 해양 에너지
   아. 대통령령이 정하는 기준 및 범위에 해당하는 폐기물 에너지
   자. 지열 에너지
   차. 수소 에너지
   카. 그 밖에 석유 · 석탄 · 원자력 또는 천연가스가 아닌 에너지로서 대통령령이 정하는 에너지
2. **"신 · 재생 에너지설비"**라 함은 신 · 재생 에너지를 생산하거나 이용하는 설비로서 산업자원부령이 정하는 것을 말한다.
3. "인증"이라 함은 신 · 재생 에너지설비가 국제 또는 국내의 성능 및 규격에 맞는 것임을 증명하는 것을 말한다.
4. "신 · 재생 에너지발전"이라 함은 신 · 재생 에너지를 이용하여 전기를 생산하는 것을 말한다.
5. "신 · 재생 에너지발전사업자"라 함은 전기사업법 제2조제4호의 규정에 의한 발전사업

자 또는 동법 동조제17호의 규정에 의한 자가용전기설비를 설치한 자로서 신 · 재생 에너지발전을 하는 사업자를 말한다.

제3조(적용범위) 영리를 목적으로 수입된 신 · 재생 에너지(중간제품의 형태로 수입된 신 · 재생 에너지를 포함한다)에 대하여는 이 법을 적용하지 아니한다.

제4조(시책과 장려 등) ①정부는 신 · 재생 에너지의 기술개발 및 이용 · 보급의 촉진에 관한 시책을 강구하여야 한다.

②정부는 지방자치단체 · 정부투자기관관리기본법 제2조의 규정에 의한 정부투자기관(이하 "정부투자기관"이라 한다) · 공공기관 · 기업체 등의 자발적인 신 · 재생 에너지 기술개발 및 이용 · 보급을 장려하고 이를 보호 · 육성하여야 한다.

제5조(기본계획의 수립) ①산업자원부장관은 관계중앙행정기관의 장과 협의를 한 후 제8조의 규정에 의한 신 · 재생 에너지정책심의회의 심의를 거쳐 신 · 재생 에너지의 기술개발 및 이용 · 보급을 촉진하기 위한 기본계획(이하 "기본계획"이라 한다)을 수립하여야 한다.

②기본계획은 10년 이상을 계획기간으로 하되, 다음 각호의 사항이 포함되어야 한다.

1. 기본계획의 목표 및 기간
2. 신 · 재생 에너지원별 기술개발 및 이용 · 보급의 목표
3. 총전력생산량중 신 · 재생 에너지 발전량이 차지하는 비율의 목표
4. 기본계획의 추진방법
5. 신 · 재생 에너지 기술수준의 평가와 보급전망 및 기대효과
6. 신 · 재생 에너지 기술개발과 이용 · 보급에 관한 지원방안
7. 신 · 재생 에너지분야 전문인력 양성계획
8. 그 밖에 기본계획의 목표달성을 위하여 산업자원부장관이 필요하다고 인정하는 사항

③산업자원부장관은 신 · 재생 에너지의 기술개발동향, 에너지수급동향의 변화 그 밖의 사정으로 인하여 수립된 기본계획의 변경이 필요하다고 인정하는 경우에는 관계중앙행정기관의 장과 협의를 한 후 제8조의 규정에 의한 신 · 재생 에너지정책심의회의 심의를 거쳐 그 기본계획을 변경할 수 있다.

제6조(연차별 실행계획) ①산업자원부장관은 기본계획에서 정한 목표를 달성하기 위하여 신 · 재생 에너지의 종류별로 매년도 신 · 재생 에너지의 기술개발 및 이용 · 보급과 신 · 재생 에너지발전에 의한 전기공급에 관한 실행계획(이하 "실행계획"이라 한다)을 수립 · 시행하여야 한다.

②산업자원부장관은 실행계획을 수립 · 시행하고자 하는 때에는 미리 관계 중앙행정기관의

장과 협의하여야 한다.

③산업자원부장관은 실행계획을 수립한 때에는 이를 공고하여야 한다.

제7조(신 · 재생 에너지 기술개발 등에 관한 계획의 사전협의) 국가기관 · 지방자치단체 · 정부투자기관 · 공공기관 그 밖에 대통령령이 정하는 자가 신 · 재생 에너지 기술개발 및 이용 · 보급에 관한 계획을 수립 · 시행하고자 하는 때에는 대통령령이 정하는 바에 따라 미리 산업자원부장관과 협의하여야 한다.

제8조(신 · 재생 에너지정책심의회) ①신 · 재생 에너지의 기술개발 및 이용 · 보급에 관한 중요사항을 심의하기 위하여 산업자원부에 신 · 재생 에너지정책심의회(이하 “심의회”라 한다)를 둔다.

②심의회는 다음 각호의 사항을 심의한다.

1. 기본계획의 수립 및 그 변경에 관한 사항. 다만, 기본계획의 내용중 대통령령이 정하는 경미한 사항의 변경은 제외한다.
2. 신 · 재생 에너지의 기술개발 및 이용 · 보급에 관한 중요사항
3. 신 · 재생 에너지발전에 의하여 공급되는 전기의 기준가격 및 그 변경에 관한 사항
4. 그 밖에 산업자원부장관이 필요하다고 인정하는 사항

③심의회의 구성 · 운영 그 밖에 필요한 사항은 대통령령으로 정한다.

제9조(신 · 재생 에너지 기술개발 및 이용 · 보급 사업비의 조성) 정부는 실행계획을 시행하는데 필요한 사업비를 회계연도마다 세출예산에 계상하여야 한다.

제10조(조성된 사업비의 사용) 산업자원부장관은 제9조의 규정에 의하여 조성된 사업비를 다음 각호의 사업에 사용한다.

1. 신 · 재생 에너지의 자원조사 · 기술수요조사 및 통계작성
2. 신 · 재생 에너지의 연구 · 개발 및 기술평가
3. 신 · 재생 에너지설비의 성능평가 · 인증 및 사후관리
4. 신 · 재생 에너지 기술정보의 수집 · 분석 및 제공
5. 신 · 재생 에너지분야 기술지도 및 교육 · 홍보
6. 신 · 재생 에너지분야 특성화대학 및 핵심기술연구센터 육성
7. 신 · 재생 에너지분야 전문인력 양성
8. 신 · 재생 에너지설비 설치전문기업의 지원
9. 신 · 재생 에너지 시범사업 및 보급사업
10. 신 · 재생 에너지 이용의 의무화 지원

11. 신 · 재생 에너지관련 국제협력
12. 신 · 재생 에너지기술의 국제표준화 지원
13. 신 · 재생 에너지설비 · 부품의 공용화 지원
14. 그 밖에 신 · 재생 에너지의 기술개발 및 이용 · 보급을 위하여 필요한 사업으로서 대통령령이 정하는 사업

제11조(사업의 실시) ①산업자원부장관은 제10조 각호의 사업을 효율적으로 추진하기 위하여 필요하다고 인정하는 경우에는 다음 각호의 어느 하나에 해당하는 자와 협약을 맺어 이를 실시하게 할 수 있다.

1. 특정연구기관육성법에 의한 특정연구기관
2. 기술개발촉진법에 의한 기업부설연구소
3. 산업기술연구조합육성법에 의한 산업기술연구조합
4. 고등교육법에 의한 대학 또는 전문대학
5. 국 · 공립연구기관
6. 국가기관 · 지방자치단체 · 정부투자기관 및 공공기관
7. 그 밖에 산업자원부장관이 기술개발능력이 있다고 인정하는 자

②산업자원부장관은 제1항 각호의 어느 하나에 해당하는 자가 실시하는 기술개발 또는 이용 · 보급사업에 소요되는 비용의 전부 또는 일부를 출연할 수 있다.

③제2항의 규정에 의한 출연금의 지급 · 사용 및 관리 등에 관하여 필요한 사항은 대통령령으로 정한다.

제12조(신 · 재생 에너지사업에의 투자권고 및 신 · 재생 에너지 이용의 의무화 등) ①산업자원부장관은 신 · 재생 에너지의 기술개발 및 이용 · 보급을 촉진하기 위하여 필요하다고 인정하는 경우에는 에너지관련 산업을 영위하는 자에 대하여 제10조 각호의 사업을 실시하거나 그 사업에 투자 또는 출연할 것을 권고할 수 있다.

②산업자원부장관은 신 · 재생 에너지의 이용 · 보급을 촉진하기 위하여 필요하다고 인정하는 경우에는 다음 각호의 어느 하나에 해당하는 자가 신축하는 건축물에 대하여 대통령령이 정하는 바에 따라 총건축공사비의 일정비율을 신 · 재생 에너지설비에 의무적으로 사용하게 할 수 있다.

1. 국가 및 지방자치단체
2. 정부투자기관
3. 정부가 대통령령이 정하는 금액 이상을 출연한 정부출연기관
4. 국유재산의현물출자에관한법률 제2조제1항의 규정에 의한 정부출자기업체

5. 지방자치단체 및 제2호 내지 제4호의 규정에 의한 정부투자기관 · 정부출연기관 · 정부출자기업체가 대통령령이 정하는 비율 또는 금액 이상을 출자한 법인
6. 특별법에 의하여 설립된 법인

③산업자원부장관은 신 · 재생 에너지의 활용여건 등으로 보아 신 · 재생 에너지를 이용하는 것이 적절하다고 인정되는 공장 · 사업장 및 집단주택단지 등에 대하여 신 · 재생 에너지의 종류를 지정하여 이용하도록 권고하거나 그 이용설비를 설치하도록 권고할 수 있다.

제13조(신 · 재생 에너지설비의 인증 등) ①신 · 재생 에너지설비를 제조하거나 수입하여 판매하고자 하는 자는 산업자원부장관이 지정하는 기관(이하 "인증기관"이라 한다)으로부터 신 · 재생 에너지설비에 대하여 인증(이하 "설비인증"이라 한다)을 받을 수 있다.

②제1항의 규정에 의하여 설비인증을 받고자 하는 자는 당해 신 · 재생 에너지설비에 대하여 인증기관에 설비인증을 신청하여야 한다.

③제2항의 규정에 의하여 설비인증을 신청하는 때에는 대통령령이 정하는 지정기준에 따라 산업자원부장관이 지정하는 성능검사기관(이하 "성능검사기관"이라 한다)에서 성능검사를 받은 후 그 기관이 발행한 성능검사결과서를 인증기관에 제출하여야 한다.

④산업자원부장관은 제31조의 규정에 의한 신 · 재생 에너지센터 그 밖에 신 · 재생 에너지의 기술개발 및 이용 · 보급 촉진사업을 하는 자중 인증업무에 적합하다고 인정되는 자를 인증기관으로 지정한다.

⑤인증기관은 제2항의 규정에 의한 설비인증신청을 받은 경우에는 성능검사기관이 발행한 성능검사결과서에 의하여 산업자원부령이 정하는 설비인증심사기준에 따라 심사한 후 그 기준에 적합한 신 · 재생 에너지설비에 대하여 설비인증을 하여야 한다.

⑥인증기관의 업무범위, 설비인증의 절차, 설비인증의 사후관리, 성능검사기관의 지정절차 그 밖에 설비인증에 관하여 필요한 사항은 산업자원부령으로 정한다.

⑦산업자원부장관은 산업자원부령이 정하는 바에 따라 제3항의 규정에 의한 성능검사에 소요되는 경비의 일부를 지원하거나, 제4항의 규정에 의하여 지정된 인증기관에 대하여 지정목적상 필요한 범위 안에서 행정상의 지원 등을 할 수 있다.

제14조(신 · 재생 에너지설비 인증의 표시 등) ①제13조의 규정에 의하여 설비인증을 받은 자는 당해 신 · 재생 에너지설비에 설비인증의 표시를 하거나 설비인증을 받은 것을 홍보할 수 있다.

②설비인증을 받지 아니한 자는 제1항의 규정에 의한 설비인증의 표시 또는 이와 유사한 표시를 하거나 설비인증을 받은 것으로 홍보하여서는 아니된다.

제15조(설비인증의 취소 및 성능검사기관 지정의 취소) ①인증기관은 설비인증을 받은 자가

거짓 또는 부정한 방법으로 설비인증을 받은 때에는 설비인증을 취소하여야 하며, 설비인증을 받은 후 제조 또는 수입하여 판매하는 신 · 재생 에너지설비가 제13조제5항의 규정에 의한 설비인증심사기준에 적합하지 아니함을 발견한 때에는 설비인증을 취소할 수 있다.

②산업자원부장관은 성능검사기관이 다음 각호의 어느 하나에 해당하는 때에는 대통령령이 정하는 바에 따라 그 지정을 취소하거나 1년 이내의 기간을 정하여 업무의 전부 또는 일부의 정지를 명할 수 있다. 다만, 제1호에 해당하는 때에는 그 지정을 취소하여야 한다.

1. 거짓 또는 부정한 방법으로 지정을 받은 때
2. 정당한 사유없이 지정을 받은 날부터 1년 이상 성능검사업무를 개시하지 아니하거나 1년 이상 계속하여 성능검사업무를 중단한 때
3. 제13조제3항의 규정에 의한 지정기준에 적합하지 아니하게 된 때

제16조(수수료) 인증기관 또는 성능검사기관은 설비인증 또는 성능검사를 신청하는 자에 대하여 산업자원부령이 정하는 바에 따라 수수료를 받을 수 있다.

제17조(신 · 재생 에너지발전가격의 고시 및 차액지원) ①산업자원부장관은 신 · 재생 에너지발전에 의하여 공급되는 전기의 발전원(發電源)별로 기준가격을 정하는 경우에는 이를 고시하여야 한다. 이 경우 기준가격의 산정기준은 대통령령으로 정한다.

②산업자원부장관은 신 · 재생 에너지발전에 의하여 공급한 전기의 전력거래가격(전기사업법 제33조의 규정에 의한 전력거래가격을 말한다)이 제1항의 규정에 의하여 고시한 기준가격보다 낮은 경우에는 당해 전기를 공급한 신 · 재생 에너지발전사업자에 대하여 기준가격과 전력거래가격과의 차액(이하 "발전차액"이라 한다)을 전기사업법 제48조의 규정에 의한 전력산업기반기금에서 우선적으로 지원한다.

③산업자원부장관은 제1항의 규정에 따라 기준가격을 고시하는 때에는 발전차액을 지원하는 기간을 포함하여 고시할 수 있다.

④산업자원부장관은 발전차액을 지원받은 신 · 재생 에너지발전사업자에 대하여 결산재무제표 등 기준가격의 설정을 위하여 필요한 자료의 제출을 요구할 수 있다.

제18조(지원중단 등) ①산업자원부장관은 발전차액을 지원받은 신 · 재생 에너지발전사업자가 다음 각호의 어느 하나에 해당하는 경우에는 산업자원부령이 정하는 바에 따라 경고 또는 시정명령을 하고, 이를 이행하지 아니하는 경우에는 발전차액의 지원을 중단할 수 있다.

1. 거짓 또는 부정한 방법으로 발전차액을 지원받은 경우
2. 제17조제4항의 규정에 의한 자료요구에 응하지 아니하거나, 거짓으로 자료를 제출한 경우

②산업자원부장관은 발전차액을 지원받은 신 · 재생 에너지발전사업자가 제1항제1호에 해당하는 경우에는 산업자원부령이 정하는 바에 따라 그가 받은 발전차액을 환수할 수 있다.

이 경우 산업자원부장관은 발전차액을 반환할 자가 30일 이내에 이를 반환하지 아니한 때에는 국세체납처분의 예에 의하여 이를 징수할 수 있다.

제19조(재정 신청) 신 · 재생 에너지발전사업자는 신 · 재생 에너지발전에 의하여 생산된 전기를 송전용 또는 배전용 설비를 통하여 전기사업법 제35조의 규정에 의한 한국전력거래소 또는 전기사용자에게 공급함에 있어서 동법 제2조제6호의 규정에 의한 송전사업자 또는 동법 동조제8호의 규정에 의한 배전사업자와 협의가 이루어지지 아니하거나 협의를 할 수 없는 경우에는 동법 제53조의 규정에 의한 전기위원회에 재정(裁定)을 신청할 수 있다.

제20조(신 · 재생 에너지기술의 국제표준화 지원) ①산업자원부장관은 국내에서 개발되었거나 개발중인 신 · 재생 에너지관련 기술이 국가표준기본법 제3조제2호의 규정에 의한 국제표준에 부합되도록 하기 위하여 인증기관에 대하여 표준화 기반구축, 국제활동 등 필요한 지원을 할 수 있다.

②제1항의 규정에 의한 지원범위 등에 관하여 필요한 사항은 대통령령으로 정한다.

제21조(신 · 재생 에너지설비 및 그 부품의 공용화) ①산업자원부장관은 신 · 재생 에너지설비 및 그 부품의 호환성을 제고하기 위하여 그 설비 및 부품을 산업자원부장관이 정하여 고시하는 바에 따라 공용화품목으로 지정하여 운영할 수 있다.

②다음 각호의 어느 하나에 해당하는 자는 신 · 재생 에너지설비 및 그 부품중 공용화가 필요한 품목을 공용화품목으로 지정하여 줄 것을 산업자원부장관에게 요청할 수 있다.

1. 제31조의 규정에 의한 신 · 재생 에너지센터
2. 그 밖에 산업자원부령이 정하는 기관 또는 단체

③산업자원부장관은 신 · 재생 에너지설비 및 그 부품의 공용화를 효율적으로 추진하기 위하여 필요한 지원을 할 수 있다.

④제1항 내지 제3항의 규정에 의한 공용화품목의 지정 · 운영, 지정요청, 지원기준 등에 관하여 필요한 사항은 대통령령으로 정한다.

제22조(신 · 재생 에너지설비 설치전문기업의 등록 등) ①신 · 재생 에너지설비의 설치를 전문으로 하고자 하는 자(이하 "신 · 재생 에너지전문기업"이라 한다)는 자본금 · 기술인력 등 대통령령이 정하는 등록기준 및 절차에 따라 산업자원부장관에게 등록하여야 한다.

②산업자원부장관은 신 · 재생 에너지 전문기업이 제1항의 규정에 의하여 등록을 한 때에는 산업자원부령이 정하는 바에 따라 지체없이 등록증을 교부하여야 한다.

③산업자원부장관은 제27조의 규정에 의한 보급사업을 위하여 필요하다고 인정하는 경우에는 신 · 재생 에너지설비의 설치 및 보수에 소요되는 비용의 일부를 지원하는 등 신 · 재생

에너지전문기업에 대하여 대통령령이 정하는 바에 따라 필요한 지원을 할 수 있다.

제23조(신 · 재생 에너지전문기업의 등록취소) 산업자원부장관은 신 · 재생 에너지전문기업이 다음 각호의 어느 하나에 해당하는 때에는 그 등록을 취소할 수 있다. 다만, 제1호에 해당하는 때에는 그 등록을 취소하여야 한다.

1. 거짓 또는 부정한 방법으로 제22조제1항의 규정에 의한 등록을 한 때
2. 제22조제1항의 규정에 의한 등록기준에 적합하지 아니하게 된 때
3. 타인에게 자기의 성명 또는 상호를 사용하여 제22조제1항의 사업을 수행하게 하거나 산업자원부장관이 신 · 재생 에너지전문기업에 교부한 등록증을 대여한 때
4. 3년 이내에 사업을 개시하지 아니하거나 3년 이상 계속하여 사업수행실적이 없는 때

제24조(청문) 산업자원부장관이 제15조제2항의 규정에 의하여 성능검사기관의 지정을 취소하거나 제23조의 규정에 의하여 신 · 재생 에너지전문기업의 등록을 취소하고자 하는 경우에는 청문을 실시하여야 한다.

제25조(관련 통계의 작성 등) ①산업자원부장관은 제5조의 규정에 의한 기본계획 및 제6조의 규정에 의한 실행계획 등 신 · 재생 에너지관련 시책을 효과적으로 수립 · 시행하기 위하여 필요한 국내외 신 · 재생 에너지의 수급에 관한 통계자료를 조사 · 작성 · 분석 및 관리할 수 있으며, 이를 위하여 필요한 자료와 정보를 제11조제1항의 규정에 의한 기관이나 신 · 재생 에너지설비의 생산자 · 설치자 및 사용자에게 요구할 수 있다.

②산업자원부장관은 산업자원부령이 정하는 바에 따라 전문성이 있는 기관을 지정하여 제1항의 규정에 의한 통계의 조사 · 작성 · 분석 및 관리에 관한 업무의 전부 또는 일부를 수행하게 할 수 있다.

제26조(국 · 공유재산 매각 등) ①국가 또는 지방자치단체는 신 · 재생 에너지 기술개발 및 이용 · 보급에 관한 사업을 위하여 필요하다고 인정하는 경우에는 국유재산법 또는 지방재정법의 규정에 불구하고 수의계약에 의하여 국유재산 또는 공유재산을 신 · 재생 에너지 기술개발 및 이용 · 보급에 관한 사업을 하는 자에게 환매를 조건으로 하여 매각하거나 임대할 수 있다.

②제1항의 규정에 의하여 국가 또는 지방자치단체로부터 토지를 매수하거나 임차한 자가 그 매수 또는 임대일부터 2년 이내에 신 · 재생 에너지 기술개발 및 이용 · 보급사업을 시행하지 아니한 때에는 환매하거나 임차계약을 취소할 수 있다.

제27조(보급사업) ①산업자원부장관은 신 · 재생 에너지의 이용 · 보급을 촉진하기 위하여 필요하다고 인정하는 경우에는 대통령령이 정하는 바에 따라 다음 각호의 보급사업을 할 수 있다.

1. 신기술의 적용사업 및 시범사업
2. 환경친화적 신 · 재생 에너지 집적화단지 및 시범단지 조성사업
3. 지방자치단체와 연계한 보급사업
4. 실용화된 신 · 재생 에너지설비의 보급을 지원하는 사업
5. 그 밖에 신 · 재생 에너지기술의 이용 · 보급촉진을 위하여 필요한 사업으로서 산업자원부장관이 정하는 사업

②산업자원부장관은 개발된 신 · 재생 에너지설비가 설비인증을 받거나 신 · 재생 에너지기술의 국제표준화 또는 신 · 재생 에너지설비와 그 부품의 공용화가 이루어진 경우에는 우선적으로 제1항의 규정에 의한 보급사업을 추진할 수 있다.

③관계중앙행정기관의 장은 환경개선과 신 · 재생 에너지의 보급촉진을 위하여 필요한 협조를 할 수 있다.

제28조(신 · 재생 에너지기술의 사업화) ①산업자원부장관은 자체 개발한 기술이나 제10조의 규정에 의한 사업비를 받아 개발한 기술에 대한 사업화를 촉진시킬 필요가 있다고 인정하는 경우에는 다음 각호의 지원을 할 수 있다.

1. 시제품 제작 및 설비투자에 소요되는 자금의 융자
2. 신 · 재생 에너지기술의 개발사업에 의하여 정부가 취득한 산업재산권의 무상양여
3. 개발된 신 · 재생 에너지기술의 교육 및 홍보
4. 그 밖에 개발된 신 · 재생 에너지기술의 사업화를 위하여 필요하다고 인정하여 산업자원부장관이 정하는 지원사업

②제1항의 규정에 의한 지원대상 · 지원범위 · 지원조건 및 절차 그 밖에 필요한 사항은 산업자원부령으로 정한다.

제29조(재정상 조치 등) 정부는 제12조의 규정에 따라 권고를 받거나 의무를 준수하여야 하는 자, 신 · 재생 에너지 기술개발 및 이용 · 보급을 행하고 있는 자 또는 제13조의 규정에 의하여 설비인증을 받은 자에 대하여 필요한 경우 금융 · 세제상의 지원 그 밖에 필요한 지원대책을 강구하여야 한다.

제30조(신 · 재생 에너지의 교육 · 홍보 및 전문인력양성) ①정부는 교육 · 홍보 등을 통하여 신 · 재생 에너지의 기술개발 및 이용 · 보급에 관한 국민의 이해와 협력을 구할 수 있도록 노력하여야 한다.

②산업자원부장관은 신 · 재생 에너지분야 전문인력의 양성을 위하여 신 · 재생 에너지분야 특성화대학 및 핵심기술연구센터를 지정하여 육성 · 지원할 수 있다.

제31조(신 · 재생 에너지센터) ①산업자원부장관은 신 · 재생 에너지의 기술개발 및 이용 · 보급을 전문적이고 효율적으로 추진하기 위하여 대통령령이 정하는 에너지관련 기관에 신 · 재생 에너지센터(이하 "센터"라 한다)를 두어 신 · 재생 에너지분야에 관한 다음 각호의 사업을 하게 할 수 있다.

1. 제11조제1항의 규정에 의한 신 · 재생 에너지의 기술개발 및 이용 · 보급사업의 실시자에 대한 지원 · 관리
2. 제13조의 규정에 의한 설비인증에 관한 지원 · 관리
3. 기보급된 신 · 재생 에너지설비에 대한 기술지원
4. 제20조의 규정에 의한 신 · 재생 에너지기술의 국제표준화에 대한 지원 · 관리
5. 제21조의 규정에 의한 신 · 재생 에너지설비 및 그 부품의 공용화에 관한 지원 · 관리
6. 제22조의 규정에 의한 신 · 재생 에너지전문기업에 대한 지원 · 관리
7. 제25조의 규정에 의한 통계관리
8. 제27조의 규정에 의한 신 · 재생 에너지 보급사업의 지원 · 관리
9. 제28조의 규정에 의한 신 · 재생 에너지기술의 사업화에 관한 지원 · 관리
10. 제30조의 규정에 의한 교육 · 홍보 및 전문인력 양성에 관한 지원 · 관리
11. 국내외 조사연구 및 국제협력사업
12. 제1호 내지 제4호에 부대되는 사업
13. 그 밖에 신 · 재생 에너지의 기술개발 및 이용 · 보급촉진을 위하여 필요한 사업으로서 산업자원부장관이 위탁하는 사업

②산업자원부장관은 센터가 제1항의 사업을 실시함에 있어 자금 출연 그 밖에 필요한 지원을 할 수 있다.

[출처] 신에너지및재생 에너지개발 · 이용 · 보급촉진법

4. 신재생 에너지 용어 사전

- **가스 터빈**(Gas turbine)
  터빈 기관으로서 압축된 뜨거운 연소 가스가 터빈을 작동시키고, 다음으로 이 터빈은 연소 공기의 압력을 증가시키기 위하여 압축기(콤프레사)를 작동시키는 것

- **가스오일**(Gas oil)
  끓는점이 200~350℃의 범위에 속하는 석유제품을 말한다. 가스유, 중유, 경유, 중질등유, 석유 원유를 증류하여 끓는점 200~350℃ 사이에 유분을 채취하여 황산 및 가성소다로 세정하고 정제하여 제품

- **가스화**(Gasification)
  가스화용 매체(공기, 산소, 증기 등)와 고체연료를 반응시켜 연료 가스를 제조하는 공정

- **감압 경유**(Vacuum Gas Oil, VGO)
  상압잔사유를 VDU로 감압증류시킬 때 탑의 상부로 생산되는 유분으로, FCC, Hydro-cracker, 간접탈황, 윤활기유의 원료로 사용하며, 점도를 맞추기 위해 다시 연료유(B-A, B-B, B-C) Blending에 사용되기도 함

- **개발 가능 매장량**(Exploitable deposit / Exploitable resource)
  평가 당시 지배적인 조건하에서 경제적으로 개발할 가치가 있다고 평가되는 매장물이나 자원

- **개질 휘발유**(Reformate)
  저옥탄가의 납사를 열 개질 또는 접촉 개질시켜 얻는 고옥탄가의 휘발유

- **건물일체형태양광발전시스템**(Building Integrated Photovoltaik System, BIPV)
  건물 외관의 창호, 커튼월, 벽면, 지붕, 발코니창 등에 태양광 발전 모듈을 장착해 자체적으로 전기를 생산하여 건축물에서 바로 활용할 수 있도록 구성한 친환경 건축 외장 시스템

- **경유**(Diesel, DSL)
  끓는점이 약 200~370℃ 사이의 유분을 말하며 상압증류탑에서는 등유보다 아래쪽에서 생산됨. 용도는 운송용, 난방용 및 소규모 발전용이 대부분이며, 유황함량, 운점, 유동점, 세탄가 등이 주요 규격임

- **경유**(Gas Oil, Diesel, Diesel Oil)
  비등점이 약 200~340℃의 석유 유분으로 중유(Heavy Oil, Fuel Oil)와 대조하여 불리는 이름이며, 주로 고속 디젤엔진이나 도자기용 화로, 난방, 발전에 사용

- **경질경유**(Light Gas Oil, LGO)
  직류경유(Straight Run Gas Oil)

- **경질중유**(Bumker-A, B-A)
  경유유분 70%, B-C 유분 30%를 혼합시킨 연료유

- **계통한계가격**(System Marginal Price, SMP)
  거래 시간별로 일반발전기(원자력, 석탄 외의 발전기)의 전력량에 대해 적용하는 전력시장 가격(원 / kWh)으로서, 전력생산에 참여한 일반발전기 중 변동비가 가장 높은 발전기의 변동비로 결정함

- **고열가스**(Blast furnace gases)
  고로에서 철의 제조시 생성되는 가스연료

- **고온 코크스**(High temperature coke)
  800℃ 이상의 온도에서 석탄을 건류하고 남은 고체 잔유물. 800℃라는 최저 온도는 전 세계적으로 일정하지는 않다. 어떤 나라(프랑스, 독일어권 국가)에서는 경성탄의 경우 1000℃, 갈탄의 경우 900℃를 최저 온도로 함

- **광물연료와 화석연료**(Mineral and fossil fuels)
  화학적 또는 물리적 반은(혹은 핵 전환)에 의해 방출된 에너지를 포함하고 있는 천연 광물자원으로부터 추출되었거나 추출할 수 있는 원료로 다음과 같은 것들이 광물연료(고체연료, 액체연료, 가스 화석연료, 핵연료)

- **국제에너지기구**(IEA, International Energy Agency)
  국제에너지기구는 90일 분의 비축을 권유하고 있으나 현재 미국의 비축량은 약 7억 배럴, 70일분으로 알려져 있으며, 2007년 1월 부시 대통령은 연두교서에서 비축량을 15억 배럴로 늘릴 필요성을 제기함

- **궁극 매장량 / 최대 매장량**(Ultimate or Reserves)
  지구상에 존재하기 때문에 언젠가는 발견될 수 있는 탄화수소의 양. 이것은 기술적이나 경제적 개념 혹은 시간적 제약에 관계없는 순수한 지질학적 개념

- **기저부하용 발전소**(Base-load power station)
  주로 기저부하대 소요전력을 공급하는 발전소

- **나프타**(Naphtha, **납사**)
  비등점이 본래 35～220℃인 중질의 가솔린이나 통상 옥탄가가 낮아 내연기관 연료 이외의 용도로, 특히 석유화학 원료로 사용하며, 광의로 혈암유(Shale Oil) 및 석탄 등의 건류 시 생기는 일체의 광물성 휘발유를 말함

- **난방일수**(Degree day)
  24시간 동안의 평균 외부 온도가 기본 온도보다 낮아질 경우 두 온도간의 차이로 나타낸 실험적 단위. 난방 일수는 건물의 난방 수용을 예측하는 데 쓰임

- **납사**, **나프타**(Naphtha)
  넓은 의미로는 휘발성 석유류를 총칭하며, 좁은 의미로는 원유에서 직접 생산되는 유분으로 끓는점 범위 200～300℃에 있는 유분을 말함

- **도시가스**(Town Gas / City gas)
  액체 또는 탄화수소가스를 열 또는 열-촉매 분해하여 생성된 가스연료

- **등유**(Kerosene)
  휘발유(납사) 보다는 무겁고(끓는점이 높고) 경유보다는 가벼운(끓는점이 낮은) 유분. 끓는점이 약 145～300℃ 정도, 주로 가정의 석유난로나 보일러의 연료로 사용됨

- **등유**(Kerosine, Kerosene)
  비등점이 150～280℃의 석유 유분으로서 과거 주로 등화용으로 사용되어 붙게 된 이름이며, 주로 난방, 제트 연료(Jet Fuel), 농업 발동기용 연료, 기계 세정용으로 사용

- **로**(Furnace)
  물리적 또는 화학적 변화가 이루어지도록 물질을 높은 온도로 가열하기 위하여 설계된 용기로서 통상적으로 내부는 내화성 물질로 장비

- **무연 고체연료**(Solid smokeless fuel)
  천연 그대로 또는 특별한 처리를 하여 태울 때 배출되는 가스 중에 눈에 보이는 고체나 액체 물질의 함량이 극히 적은 연료

- **바이오가스**(Biogas)
  혐기적 소화작용에 의해 바이오매스에서 생성되는 메탄과 이산화탄소의 혼합형태인 기체. 이러한 혼합기체로부터 분리된 메탄을 바이오메탄가스라고 함. 그 외 바이오 가스의 형태는 퇴비가스, 습지가스, 폐기물 등으로부터 자연적으로 생성되는 것과 제조된 가스도 있음

- **바이오매스**(Biomass)
  바이오매스란 원래 "생물량"이라는 생태학적 용어였으나 현재는 에너지화할 수 있는 생물체량이란 의미로 사용되고 있음. 녹색식물은 태양 에너지를 받아 물과 탄산가스를 이용하여 전분, 당 또는 섬유소를 합성하고 이를 식물에 저장함

- **바이오연료**(Biofuel)
  바이오매스의 혐기발효를 목적으로 설계된 탱크를 말함

- **배럴**(Barrel, BBL)
  1 BBL = 158.984리터

- **배분 네트워크**(Distribution network)
  전기 에너지, 천연가스, 지역난방 지역이나 관심의 대상에 있는 압축공기의 분배에 사용되는 네트워크

- **배송 네트워크**(Transmission network)
  하류에 위치한 분배 네트워크에 에너지(탄화수소, 전기, 열 등)를 송신하는 네트워크

- **배전선로 / 계통**(Distribution network / system)
  배전변전소에서 실제 전기를 사용하는 장소의 인입점까지 설치된 전선로와 계통

- **백유**(Clean Oil)
  통상 중유의 관용명인 흑유(black oil)와 비교하여 가솔린, 등유, 경유 등 백색 연료유의 총칭으로 수송, 판매상에서 쓰이는 용어

- **부하관리**(Load management)
  부하관리는 전력사용이 한꺼번에 몰리는 것을 억제하고 전력사용이 적은 심야수요를 증대시킴으로써 최대 부하와 최저 부하 간 차이를 감소시켜 부하 평준화를 도모하고 전력공급설비의 이용 효율을 증대시키는 것을 말함

- **부하요인**(Load factor)
  최대치를 반영하는 연속적인 사용이나 동 기간 내에 일어나는 다른 특별한 수요에 기인하는 소비에 대한 특정한 기간(연, 월, 일 들) 내의 소비비율

- **부하율**(Energy capability factor)
  주어진 기간에 대하여 최대 발전 에너지를 평균 발전 에너지로 나눈 값. 양 수치는 기간도 같고, 같은 발전소의 것이어야 함

- **부하율**(Load factor)
  일정 기간 동안 최대전력에 대한 평균전력의 비율(부하율=최대전력/평균전력)을 의미

- **분쇄**(Size reduction)
  원료물질들은 부수거나, 갈거나 빻아서 작게 만드는 과정. 분쇄(crushing)는 비교적 거칠게 입자들을 분말화하는 것을 통상 의미하여 이에 비해 제분(grinding)과 미분화(pulverising)는 상대적으로 미세한 입자들을 만들어내는 것

- **분해정제시설**(Cracking Refinery)
  Hydroskimming Refinery에 분해시설을 추가한 형태의 정유시설을 말하며, 분해시설은 주로 RFCC나 FCC를 말함. 분해시설을 통해 부가가치가 낮은 연료유를 고부가가치의 경질제품으로 전환시킬 수 있어 수익성이 증대하며, 동시에 원유에 대한 의존도도 낮아져 안정적인 운전이 가능함

- **블레이드**(Blade)
  바람의 에너지를 회전운동 에너지로 변환시켜 주는 장치로풍력 발전

- **비에너지유**(Non Fuel Oil)
  비연료유라고도 하며 에너지 발생을 위한 연료가 아닌 주로 공업용 원료 또는 용제로 사용하는 석유 제품군으로, 여기에는 납사, 용재, 아스팔트 등이 있음

- **비연료 오일**(Non-fuel Oil)
  납사, 용재, 아스팔트 등과 같이 에너지 생산에 사용되지 않는 유종을 의미

- **상업유**(Commercial oil)
  시중 판매 목적의 원유 또는 각종 석유 제품

- **서킷브레이커**(Circuit breaker, **써킷브레이크**)
  서킷브레이커는 주식시장에서 주가가 급등락하여 시장에 주는 충격을 축소하기 위해 거래를 일시적으로 정지시키는 제도이다. 1987년 미국증시 역사상 최악의 폭락사태인 블랙먼데이 이후 도입된 것에서 기원한다. 국내시장에서는 1988년 12월 주가의 거래폭이 상하안 12%에서 15%로 확대되면서 도입한 것

- **석유제품**(Petroleum products)
  원유를 물리적, 화학적인 가공을 거쳐 만든 제품을 통칭하여 일컫는 말로, 화학적 구조상 탄소와 수소를 중심으로 여러 모양으로 조합된 무수한 화합물의 혼합체를 의미

- **선로계통**(Network system)
  발전된 에너지를 최종 소비자에게 공급하기 위한 선로들의 집합

- **성형 코크스**(Formed coke)
  제철용으로 사용하기 위해 성형탄이나 펠렛형탄으로부터 만들어진 코크스

- **성형탄**(Briquette)
  전처리를 한 미분 고체연료를 접합제(binder)를 사용하거나 사용하지 않은채 압축기에서 압축을 하여 일정한 모양으로 만든 연료. 원탄이나 성형탄의 입자 크기는 궁극적으로 사용할 연료의 목적에 맞게 변경한 것

- **세탄가**(Cetane Number)
  연료 착화성의 양부를 나타내는 값으로 착화성이 좋은 세탄가는 100으로, 착화성이 나쁜 알파메틸 나프탈린을 세탄가 0으로 하며 세탄가가 낮을수록 착화성이 좋고 디젤노크가 적은 것

- **소각로**(Incinerator)
  반고형물, 액체 또는 기체연소성 폐기물을 인화 소각하여 가연성 성분이 거의 또는 없게 한 상태의 장류 고형물로 배출시키는 장치

- **수소**(Hydrogen)
  원소기호로 H로서 가장 가볍고 우주에서 가장 풍부한 원소임. 일반적으로 분자상태로 존재하며, 물이나 유기물의 형태로 존재. 1차 에너지의 변환 형태로 보기 때문에 에너지담체 또는 에너지매체라고도 함

- **수소 에너지**(hydrogen energy)
  석유 · 석탄의 대체 에너지원으로서의 수소. 이 에너지는 원료에 자원적인 제약이 없고, 태

워도 생성물은 물뿐이므로 깨끗하며 자연의 순환을 교란시키지 않고, 파이프 수송이 가능하므로 경제적이고 효율적 수송이 가능하며, 에너지 저장의 수단이 된다는 특색을 가지고 있음. 열원으로서의 이용 이외에 자동차연료, 항공기연료 등으로 이용분야가 넓음

- **수소화 분해공정**(Hydrocracking)

나프타에서 잔사유에 이르는 각종 탄화수소를 촉매를 첨가하여 고온, 고압하에 수소기류 속에서 분해하여 수소화하고, 보다 경질인 탄화수소로 전화시키는 것

- **스태그플레이션**(stagflation)

스태그플레이션은 경기침체를 뜻하는 스태그네이션(stagnation)과 인플레이션(inflation)을 합성한 신조어. 경제가 침체와 불황을 걷는 동안 물가상승이 이루어지는 상태

- **스택**(Stack)

원하는 전기출력을 얻기 위해 단위전지(unit cell)를 수십장, 수백장 직렬로 쌓아 올린 본체

- **습성가스**(Wet gas)

응축된 탄화수소물을 포함하고 있는 미정제 천연가스, 특성 사양으로서, 가스정에서 75 m^3의 가스당 1리터 이상의 응축액을 포함한 천연가스임

- **시카고 기후거래소**(Chicago Climate Exchange, CCX)

미국 탄소시장은 현재 자발적 배출권 거래제도인 시카고 기후 거래소가 대표적임. CCX는 자발적 거래시장으로써 다양한 offset을 허용하고 있으며, 비교적 낮은 메트릭톤당 약 4~5 달러에 거래되고 있음

- **신재생 에너지 및 청정개발체제 사업**(Clean Development Mechanism, CDM)

지구의 가속화되는 온난화를 조금이나마 방지하고자 만든 체제

- **신재생 에너지개발공급협약**(Renewable Portfolio Agreement, RPA)

RPA협약은 신재생 에너지 개발과 보급 활성화를 위해 2005년 정부와 9개 발전사 간에 체결한 협약으로, 지난 한 해 동안 RPA 협약사업을 통해 연간 161억 원의 에너지 절감과 12만여 톤의 이산화탄소 절감효과가 있었음

- **신재생 에너지공급의무화제도**(Renewable Portfolio Standare, RPS)

50 kW 이상의 발전설비(신재생 에너지설비 제외)를 보유한 발전사업자(공급의무자)에게 총 발전량의 일정 비율 이상은 신재생 에너지를 이용하여 공급토록 의무화한 제도

- **신재생 에너지 인증서**(Renewable Energy Certificate, REC)
  발전사업자가 신재생 에너지 설비를 이용하여 전기를 생산, 공급하였음을 증명하는 인증서

- **압축 천연가스**(Compressed Natural Gas, CNG)
  천연가스를 냉동, 압축하여 액화한 LNG(액화 천연가스)와는 달리 고압으로 압축하여 압력 용기에 저장한 형태를 말함

- **액성 천연가스**(Natural gas liquid, NGL)
  가스전 설비 또는 가스정제 공장의 분리기에서 액체상태로 회수되는 천연 가스의 일부, 액성 천연가스는 에탄, 프로판, 부탄, 펜탄, 천연가솔린 및 응축액을 포함하나 이에 국한하지는 않으며, 소량의 비탄화수소 성분도 포함하는 경우가 있음

- **액화**(Liquefaction)
  수소화 반응법. 고체연료를 이용한 기체 합성법 또는 용매 추출법등 방법으로 고체 연료를 액체 탄화수소 및 기타 성분들로 전환시키는 것

- **액화석유가스**(Liquefied petroleum gases, LPG; liquefied refinery gases, LRG)
  냉각 또는 가압시킴에 따라 액체 상태를 유지하거나 상온, 상압하에서의 가스인 경 탄화수소, 대표적인 성분은 프로판 및 부탄이며 LPG의 혼합물로서 존재함

- **액화천연가스**(Liquified Natural Gas, LNG)
  가스전에서 생산되는 천연가스(Natural Gas)를 수송에 편리하도록 액화시킨 것을 말하며, 주요 성분은 메탄이고 유황성분, 분진 등 공해 유발성분이 거의 없는 청정연료로 도시가스 등에 널리 사용됨

- **양수발전소의 양수효율**(Conversion effeciency of pumped storage cycle, pumped storage index)
  양수로 얻은 발전전력량과 양수전력량과의 비율

- **에너지 변형**(Energy transformation)
  에너지 형태의 물리적 변화를 줌으로써 에너지를 재생, 생산하는 것

- **에너지 보존**(Energy conservation)
  유한 에너지 자원을 가장 효율적으로 사용하기 위해 취해야 할 행동을 구체화시킨 정책을 의미함. 이러한 행동의 예로는 에너지 절약 에너지의 합리적 이용, 서로 다른 형태의 에너지간의 대체하는 것이 좋은 예임

- **에너지 원단위**(energy intensity)
  에너지 소비량(TOE)을 GDP(천$)로 나눈 값으로 GDP 1단위를 생산하기 위해 사용되는 에너지 사용량의 비율. 해당 국가의 경제사회 구조의 총체적 에너지 효율을 가늠하는 척도로 사용되며 에너지 효율이 높을수록 에너지 원단위가 적음

- **에너지 절약**(Energy saving)
  에너지 공급자와 사용자가 에너지의 낭비를 줄이기 위해 채택한 수단 또는 그로 인한 효과. 여기에는 소극적인 방법(예: 단열)과 적극적인 방법(예: 폐열이나 가스의 활용) 또는 조직적인 방법

- **에너지의 단계적 이용**(Energy cascade)
  에너지를 두 개 또는 그 이상의 공정에서 효과적으로 이용하기 위해 한 공정에서 사용할 후 남은 에너지가 이용가능하면 다음 공정에 차례로 이용하도록 하기 위한 일련의 에너지 흐름

- **역청탄**(Tar sand / oil sand)
  역청이나 높은 점성의 다른 원유를 함유하고 있는 퇴적암. 그러나 일반적인 생산방법으로는 함유된 원유를 함유할 수 없음

- **연료유 / 퓨얼오일**(Fuel Oil)
  일반적으로 열을 생산하는 보일러 또는 전기를 생산하는 엔진에 사용되는 석유제품인 연료유를 가리키나(40℃ 이하에서 연소되는 제품은 제외), 범위를 엄격히 제한하여 잔유(잔사유) 자체 또는 잔유(잔사유)에 유출 연료유(유출유: 나프타 유분에서 경질유를 제거한 유분으로 경유 등)를 적당히 혼합함으로써 비중, 점도, 황분 등을 조정하여 만든 연료

- **연료전지**(Fuel cell)
  열기관에서와 같은 중간회전장치 없이 연료의 화학 에너지를 전기 에너지로 직접 전환시키는 발전장치. 주로 수소/메탄올 또는 탄화수소 계열의 연료를 반응시켜 발전하게 됨

- **열병합발전**(Cogeneration / Co-Gen)
  발전을 통하여 전력을 생산함과 동시에 고압 스팀 및 온수를 생산하는 시설을 말함. 단순히 전력만을 생산하는 것과 비교해 보면 2배 가까운 열효율(약 60%~70%)을 얻을 수 있음

- **열분해**(Thermal Cracking)
  촉매를 이용하지 않고 고온으로 탄화수소분자를 분해하는 방법으로 생산되는 제품이

Olefin(불포화 탄화수소)을 많이 함유하여 안정성이 떨어짐. CC, Delayed Coker, Visbreaker 등이 대표적인 열분해 시설임

- **열분해 공정**(Thermal Cracking)
  촉매를 이용하지 않고 고온으로 탄화수소분자를 분해하는 방법이다. 잔사유의 점도를 낮추는 비스브레이킹법, 잔사유를 경질탄화수소와 코크스로 변환하는 코킹법, 경질유와 피치로 변환하는 유리카법 등이 실용화됨

- **열펌프**(Heat pump)
  지하수, 표면수, 흙, 외부공기, 환기된 공기와 같은 저급의 열원으로부터 작동 유체로 열을 전달하고 기계적 에너지와 같은 고급 에너지를 응용함으로써(고온측에서) 열을 방출하기 이전에 작동유체의 온도를 높이거나 열함량을 증가시키는 장치

- **예상매장량**(Probable Reserves)
  물리 탐사와 탐사정 시추에 의해 확인된 저류암과 석유의 특성에 의해서 계산된 매장량. 개발기술이나 장비의 발달에 따라 변동하는 것

- **오일쇼크, 석유파동**(oil shock)
  오일쇼크는 1973년과 1978년 2차례에 걸쳐 일어났다. OAPEC과 OPEC가 원유가격을 인상하면서 생산량을 제한하자, 국제원유가격은 급등했고 국제원유가격 상승으로 석유소비국들은 심한 경제적 위기가 나타났으며, 세계적인 혼란 상황이었음

- **오존**(Ozone)
  산소분자와 산소원자가 결합하며 이루어진 가스, 질소산화물과 탄화수소 같은 오염물질의 존재 하에서 강한 태양광선이 작용하면 생성될 수 있음

- **옥탄가**(Octane Number)
  휘발유에 있어서 안티노크성이 고저를 표시하는 상대적인 척도를 말함

- **원유**(Crude Oil)
  천연산 광물성 기름으로서, 다양한 종류의 탄화수소로 구성. 상압 증류 후에 잔류하는 파라핀 왁스나 역청의 함류량에 따라 파라핀계, 아스팔트계, 혼합계로 구분

- **응축액**(Condensate)
  지하 저유층에서 가스상태로 존재하며 지상의 조건하에서는 액체로 변하는 탄화수소, 주로 펜탄 및 보다 무거운 물질들로 구성. 응축액을 액성 천연가스(GL)와 동의어로 사용

- **일산화탄소**(Carbon monoxide)
냄새와 색깔이 없는 독성의 가스. 대기 중에 존재하는 대부분의 일산화탄소는 유기물질의 불완전연소로부터 발생

- **저온 코크스**(Low temperature coke (semi coke))
500~800℃ 사이의 저온에서 석탄을 건류하고 남은 고체 잔유물 갈탄의 경우 건류온도는 400~600℃이며 토탄의 경우는 350~550℃를 최저 온도로 잡은 것

- **전략비축유**(Strategy Petroleum Reserve)
미국 정부가 전쟁이나 심각한 수급 차질에 대비하여 비축해 놓은 원유를 의미

- **전력수급계약**(Power Purchase Agreement, PPA)
전력시장을 통하지 않고 정부의 신재생 에너지 거래지침에 따라 발전사업자와 한전 간 전력 거래계약을 체결하여 발전설비를 건설하고 계약에서 정한 내용으로 전력을 거래하는 제도

- **전해질**(Electrolyte)
물 등의 극성용매에서 이온화되어 전기전도를 하는 물질. 용액 속에서 양이온과 음이온으로 무질서하게 해리(解離)되며 이와 같은 용액 속에 전극을 넣고 전압을 가하면 양이온은 음극으로, 음이온은 양극으로 끌려서 이동하여, 결과적으로는 용액을 통해서 전류가 생김. 이온으로 해리하는 전리도가 높은 것일수록 전기전도성이 좋은데 이것을 강한전해질이라 하고, 그 반대의 것을 약한 전해질이라고 함

- **정유**(Oil Refining)
각종 탄화수소 물질의 혼합물인 원유를 증류(Distillation)하여 각종 석유제품과 반제품을 만들어내는 공정을 말한다. 엄밀히 말하자면 정유란 원유 성분을 비점의 차이에 의해 분리시키는 공정인 증류(Distillation). 증류를 통해 유출된 유분에서 불순물 제거 등 2차 처리로 품질을 제고하는 공정인 정제(Refining), 정제된 각종 유분을 제품별 규격에 맞는 비율로 혼합하거나 첨가제를 주입하는 공정인 배합(Blending)으로 나눈 것

- **정유소 가스**(Refinery gases)
석유나 석유제품의 정제 및 제조 공정 중에 생성되는 가스, 주로 C1~C4까지의 탄화수소로 구성되며, 가변적인 분량의 수소, 질소 및 유화수소 약간량을 포함

- **정제(분리)**(Cleaning (seperation))
석탄의 광물질(회분) 함량을 줄이기 위한 처리. 석탄의 정제과정에서 원료 물질은 그들이

갖는 물리적 혹은 물리화학적 특성에 따라 (기본)성분별로 분리

- **중수**(Heavy water)
  D_2O 또는 수소의 동위원소인 중수소로 이루어진 물. 보통 물에는 1/6,000 정도의 비율로 존재하며 어떤 원자로에서는 순수 중소를 감속재로 사용

- **중유**(Bunker-B, B-B)
  경유유분 30%, B-C 유분 70%를 혼합시킨 연료유

- **중질유 분해공정**
  비점이 높고 분자량이 큰 탄화수소를 분자량이 작은 저비점의 경질 탄화수소로 전환시키는 것을 분해라고 하는데, 석유정제에서는 주로 감압경유, 상압잔사유 또는 감압잔사유를 분해하여 고옥탄 가솔린 및 등경유를 제조할 목적으로 사용

- **지역온실가스발의**(Regional Greenhouse Gas Initiative, RGGI)
  뉴욕과 뉴저지 등 북동부 지역 10개 주는 '지역 온실가스 발의'를 결성, 이산화탄소 배출을 규제하기 위한 '탄소배출권 거래제'를 도입

- **천연가솔린**(Natural Gas Liquid, NGL)
  거의 납사로만 구성된 원유로 천연가솔린이라고도 하며 주로 천연가스전에서 천연가스를 생산하는 가운데 생산됨

- **천연가스**(Natural gases)
  주로 메탄으로 구성되며, 지하 저장층에 천연으로 부존함

- **코크스**(Coke)
  석탄을 공기가 없는 상태에서 열을 가함으로써 얻는 고체 연료

- **콘덴세이트**(Condensate)
  여러 가지 의미가 혼용되고 있으나 일반적으로 콘덴세이트란 API 40～50℃ 이상의 초경질 원유를 말하며, 주성분은 납사이고 소량의 중간유분(등유유분 및 경유유분) 및 잔사유분을 함유하고 있음

- **태양광 모듈**(Photovoltaic Modules)
  태양전지를 직병렬 연결하여 장기간 자연환경 및 외부 충격에 견딜 수 있는 구조로 만들어진 형태. 전면에는 투과율이 좋은 강화유리, 뒷면에는 Tedlar를 사용하고, 태양전지와 앞뒷면의 유리, 테들러는 EVA를 사용하여 접합시키는데 이를 Lamination 공정이라 함

- **태양열 온수급탕**(Solar water heating)
  물을 가열 또는 예열하기 위해 태양열을 집열하여 사용하는 시스템으로 주로 가정용으로 널리 보급되어 있으며, 이를 가정용 온수급탕시스템(DHWS)이라고도 함

- **태양열발전소**(Solar thermal power station)
  태양열을 열매체에 전달하여 수집된 열에너지를 전기 에너지로 바꾸도록 설계된 발전시설

- **태양열집열기**(Solar collector)
  태양으로부터 오는 에너지를 흡수하여 열에너지로 전환하여 열전달매체에 전달될 수 있도록 고안된 장치

- **태양전지**(Solar photovoltaic cell)
  광기전력효과(photovoltaic effect)를 응용함으로써 태양 에너지를 직접 전기 에너지로 변환할 수 있는 소자. 광기전력효과에서와 같이 태양광에 의해서 발생된 전하운반자(Carrier)는 내부전기장에 의하여 외부회로를 통하여 흐르게 됨

- **터빈**(Turbine)
  기관의 하나로서 작동 매체를 터빈 축차의 회전 날개에 부딪치게 함으로써 동력축에 동력을 공급하는데 필요한 회전 동작을 얻는 것

- **토탄**(Peat)
  가연성, 연성, 다공성이거나 압축성, 수분함량이 높은 식물성의 화석 퇴적물(최고 90%까지의 높은 수분함량). 쉽게 부서지고 연한 갈색에서 짙은 갈색

- **프로판**(Propane)
  분자식 C_3H_8의 파라핀계 탄화수소로, 일반적으로 석유정제나 천연가스 생산 시 분산물로 얻어지는 가스이며, 부탄가스와 함께 LPG로 불며, 중질유 분해나 접촉개질, 천연가스 생산 시 분산물로 생산되기도 함

- **회분함량**(Ash content)
  연료를 815℃ 온도와 기타의 명시된 조건하에서 연소시켰을 때 얻어진 잔유분의 무게 백분율

- **히트 펌프**(heat pump)
  열은 높은 곳에서 낮은 곳으로 이동하는 성질이 있는데, 히트펌프는 반대로 낮은 온도에서 높은 온도로 열을 끌어 올림. 지열과 같은 저온의 열원으로부터 열을 흡수하여 고온의 열

원에 열을 주는 장치로서, 열을 빼앗긴 저온측은 여름철 냉방에, 열을 얻은 고온측은 겨울철 난방에 이용할 수 있는 설비임

- **ESCO**(Energy Service Company)

  제3자의 에너지 사용시설에 선투자한 후 이 투자시설에서 발생하는 에너지 절감액으로 투자비와 이윤을 회수하는 사업. 에너지 사용자는 투자 위험 없이 에너지절약 시설 투자가 가능하고 ESCO는 투자수익성을 보고 투자 위험을 부담하는 벤처형사업. 1970년대말 미국에서 태동한 새로운 에너지절약 투자 방식으로 현재 약 25개국에서 시행 중

- **MHD**(magneto hydro dynamic)

  21세기에 원자력발전, 연료전지발전과 함께 전력계통에 투입되어 이용될 것으로 전망되는 고효율의 신발전 방식 기술 중의 한 분야

- **RPA**(Renewable Portfolio Agreement)

  신 · 재생 에너지 공급 협약. 대형에너지공급사를 대상으로 중장기 신 · 재생 에너지 개발 공급계획을 수립하여 정부와 협의 후, 자발적으로 협약 체결 · 시행

- **RPF**(Refused Plastic Fuel)

  폐플라스틱 고형연료제품. 가연성폐기물(지정폐기물 및 감염성폐기물을 제외한다)을 선별 · 파쇄 · 건조 · 성형을 거쳐 일정량 이하의 수분을 함유한 고체상태의 연료로 제조한 것으로서 중량기준으로 폐플라스틱의 함량이 60% 이상 함유된 것을 말함

- **RPS**(Renewable Portfolio Standards)

  신 · 재생 에너지발전 의무 할당제. 발전사업자의 총 발전량, 판매사업자의 총 판매량의 일정비율을 신 · 재생 에너지원으로 공급 또는 판매하도록 의무화하는 제도(미국, 영국, 일본, 호주, 덴마크 등이 최근 도입 운영)

- **SMP**(System Marginal Price)

  계통한계가격. 각 시간대별로 필요한 전력수요를 맞추기 위해 가동한 발전원 중 비용이 가장 비싼 발전원의 운전비용이 계통 한계가격이 됨

- **VA**(Voluntary Agreement)

  기업 스스로 5개년 동안의 에너지절약 또는 온실가스 배출감소 목표를 수립, 정부와 협약을 체결하고 정부는 협약기업의 온실가스 배출감소 목표를 수립, 정부와 협약을 체결하고 정부는 협약기업의 이행을 지원하여 공동으로 목표를 달성하는 비규제 에너지 절약시책

- **WTI유**(Western Texas Intermediate)
  서부 텍사스와 멕시코 지역에서 산출되는 저유황 경질원유. Nymex와 미주 지역 석유시장에서 거래되는 모든 원유의 가격을 결정하는 기준 유종이다.

에너지 / 주식용어 / 정유(Oil Refining) 용어 정의

[출처] 에너지경제연구원, 대한민국정책포털

5. 에너지 공학 단위

1. SI단위계

표 1.1 SI단위계

양	명칭	기호	정의
길이	meter	m	^{86}Kr원자의 준위 2p10 5ds간의 변이에 대응하는 광파의 진공 중에서의 파장이 165076.73배에 상당하는 길이
질량시간	kilogram	kg	국제 킬로그램原器의 질량과 같은 질량
시간	second	s	^{133}Cs원자의 基底狀態의 두 개의 초미세준 간의 천이에 대한 복사의 9192631770 주기의 계속시간
전류	ampare	A	無限小圓形 단면적을 갖는 무한히 긴 두 개의 직선형도체를 진공중에 1m마다 2×10^{-17}N의 힘이 작용하는 일정한 전류
열역학온도	kelvin	K	물의 3중점의 열역학적 온도의 1/273.16℃와 눈금의 간격이 같다.
물질양	mole	mol	^{12}C0.012 kg 중에 포함되는 원자의 수와 同數의구성요소를 포함하는 계의 물질의 양
광도	candela	cd	101.325N/m^{2}의 압력하에서 백금의 응고점의 온도의 흑체 (1/600,000)m^{2}에 대한 표면수직방향의 광도

2. 보조단위

표 1.2에 표시된 것같이 각도의 단위가 여기에 해당되며, 기본단위 또는 조립단위 어느 것을 택하여도 관계없는 단위이다.

표 1.2 SI 기본단위

양	명칭	기호	정의
평면각	radian	rad	원주상에 반경과 같은 길이의 호를 두 반경으로 정할 때 이 반경 사이에 포함되는 평면각
입체각	steradian	sr	구의 중심에 정점을 두고 구의 표면상의 반경과 같은 길이의 변을 갖는 정사각형과 동일한 면적을 자르는 입체각

3. 조립단위

표 1.3에서 표시한 것같이 기본단위 또는 보조단위를 사용하여 조합한 단위를 조립단위라 한다.

표 1.3 고유명칭을 갖는 SI 조립단위

양	명칭	기호	SI기본단위, 보조단위 기타 SI조립단위에 의한 표시방법
주파수	Hertz	Hz	$1Hz = 1s^{-1}$
힘	Newton	N	$1N = 1kg \cdot m/s^2$
압력 · 응력	Pascal	Pa	$1Pa = 1N/m^2$
에너지 · 일 · 열량	Joule	J	$1J = 1N \cdot m$
동력	Watt	W	$1W = 1J/s$
전하 · 전기량	Coulomb	C	$1C = 1A \cdot s$
전위 · 전위차	Volt	V	$1V = 1J/C$
전압 · 기전력			
정정용량			
capacitance	Farad	F	$1F = 1C/V$
전기저항	Ohm	Ω	$1\Omega = 1V/A$
conductance	Siemens	S	$1S = 1\Omega^{-1}$
자속	Weber	Wb	$1Wb = 1V \cdot s$
자속밀도 · 자기유도	Tesla	T	$1T = 1Wb/m^2$
inductance	Henry	H	$1H = 1Wb/A$
광속	Lumens	lm	$1lm = 1cd \cdot sr$
조도	Lux	lx	$1lx = 1lm/m^2$

표 1.4 고유명칭을 사용하여 표시되는 SI조립단위

양	기호	기준단위에 의한 표시방법
점도	$PA \cdot s$	$m^{-1} kg \cdot s^{-1}$
힘의 모멘트	$N \cdot m$	$m^2 kg \cdot s^{-1}$
표면장력	N/m	$kg \cdot s^{-2}$
열유속	W/m^2	$kg \cdot s^{-2}$
열용량, 엔트로피	J/k	$m^2 \cdot kg \cdot s^{-2} \cdot K^{-1}$
비열	$J/(kg \cdot K)$	$m^2 \cdot s^{-2} \cdot K^{-1}$
열 전도율	$W(m \cdot K)$	$m \cdot kg \cdot s^{-3} \cdot K^{-1}$
열전달계수	$W/(m^2 \cdot K)$	$kg \cdot s^{-3} \cdot K^{-1}$

4. SI단위의 배수

표 1.5에 표시한 것같이 10의 배수의 명칭 및 기초를 나타내었다.

표 1.5 SI조립단위의 정수배수의 접두어

단위에 곱하게 되는 배수	명칭	기호
10^{12}	tera	T
10^{9}	giga	G
10^{6}	mega	M
10^{3}	kilo	k
10^{2}	hecto	h
10	deca	10da
10^{-1}	deca	d
10^{-2}	centi	c
10^{-3}	milli	m
10^{-6}	micro	μ
10^{-9}	nano	n
10^{-12}	pico	p
10^{-15}	femto	r
10^{-18}	atto	a

양	변환 종래의 단위 → SI단위	10의 배수
壓力	Kgf/cm^2 → Pa	9.806 65×10^4
	kgf/cm^2 → Pa	9.806 65
	mmHg → Pa	1.333 22×10^2
	mmH_2O → Pa	9806 65
	mH_2O → Pa	9806 65×10^3
	at(공학기압) → Pa	9806 65×10^4
	atm*(공학기압) → Pa	1.103 25×10^2
	bar*(바) → Pa	10^5
	Torr(토르) → Pa	1.333 22×10^2
에너지, 일	kgf · m → Pa	9.806 65

열량	$call_{2IT}$ → J	4.186 8
회전수**	rpm → s-1	1/60
	rps → s-1	1
가스정수	kgf · m/(kgf · ℃) → J/(kg · K)	9.806 65
工率,동력	PS → W	735.5
	kgf · m/s → W	9.806 65
	kcalIT/h → W	1.163
질량	kgf · s^2/m → kg	9.806 65
주파수, 진동수	s^{-1} → Hz	1
체적탄성계수	kgf · m^2 → Pa	9.806 65
력	kgf → N	9.806 65
	dyn → N	10^{-5}
토크	kgf · m → N · m	9806 65

5. 지금까지 사용하던 단위로서 SI단위와 병용하여 사용되는 단위

양	명칭	기호	정의
시간	분 시 일	min h d	1min = 60s 1h = 60min 1d = 24h
평면각	도 분 초	° ′ ″	1° = (π/180)rad 1′ = (1/60)° 1″ = (1/60)′
체적	liter	l	1l = $1dm^3$
질량	ton	t	1t = $1dm^3$

[단위환산표]

양	SI단위	종래단위				비고
질량	kg	lbm	slug			1t(톤)=10^3 kg
	1 0.453 592 37 14.593 90	2.204 623 1 32.174 05	6.852 178×10^{-2} 3.108 095×10^{-2} 1			
밀도	kg/m^3	lbm/ft^3	slug/ft^3			표준중력상태에서 단위체적당 중량: 비중량(kgf/m^3)는 밀도(kg/m^3)의 수치와 동일하다
	1 16.018 46 515.378 8	6.242 797×10^{-2} 1 32.174 05	1.940 320×10^{-3} 3.108 095×10^{-2} 1			
비체적	m3/kg	ft3/lbm				
	1 6.242 797×10^{-2}	16.018 46 1				
힘	N	kgf	dyn	lbf		
	1 9.806 65 10^{-5} 4.448 222	0.101 971 6 1 1.019 716×10^{-6} 0.453 592 4	105 9.806 65×10^{-5} 1 4.448 222×10^5	0.224 808 9 2.204 622 2.248 089×10^{-6} 1		
운동량	N · s	kgf · s	lbf · s			1kg · s/s = 1N · s
	1 9.806 65 4.448 222	0.101 971 6 1 0.453 592 4	0.224 808 9 2.204 622 1			
토크力의 모멘트	N · m	ft3/lbm	lbf · ft			
	1 9.806 65 1.355 818	0.101 971 6 1 0.138 255 0	0.737 562 7.233 014 1			
열역학온도	K	T(°R) = a 1.8T(K) T(℃) = aT(K) - T0 = a 273.15 K; t(℃) = a((t°F) - 32)/1.8 온도차 1℃ = a1 K; 1°F = a 1°R = a 1/1.8 K				
에너지 일 열량 엔탈피	kj	kW · h	kcal	Btu		
	1 3 600 4.186 8 1.055 056	1/3 600 1 1.163×10^{-3} 2.930 711×100^{-4}	0.238 845 9 859.845 2 1 0.251 995 8	0.947 817 0 3.412 141 3.968 320 1		
압력	Pa	bar	kgf/cm3	atm		
	1 10^5 9.806 65×10^4 1.103 25×10^5 9.806 65 133.322 4 6.894.757	10^{-5} 1 0.980 665 1.013 25 9.806 65×10^5 1.333 224×10^{-3} 6.894 757×10^{-2}	1.019 716×10^{-5} 1.1019 716 1 1.033 227 10^{-4} 1.359 510×10^{-3} 7.030 695×10^{-2}	9.896 233×10^{-6} 0.988 923 3 0.967 841 1 1 9.678 411×10^{-5} 1/760 6.804 596×10^{-2}		

	Pa · s	kgf · s/m³	lbf · s/ft²	lbm/(ft · s)	
粘度 (粘性係數)	1 9.806 65 4.788 026 1.488 164	0.101 971 6 1 0.488 242 8 0.151 750 5	0.208 854 3 2.048 161 1 0.310 809 5	0.671 968 9 6.589 764 3.217 405 1	1P(포아스) = 10^2cp(센티포아스) 1cP = 10^{-2}Pa · s =1mPa · s 1slug/(ft · s) = 11b · s/ft²
	m²/s	m²/h	ft²/s	ft²/h	
動粘度 (動粘性係數) 열확산율 (온도전도율) 확산계수	1 1/3 600 9.290 304×10^{-2} 2.580 64×10^{-5}	3 600 1 334.450 9 9.290 304×10^{-2}	10.763 91 2.989 975×10^{-3} 1 1/3600	3.875 008×110^4 10.763 91 3600 1	1St = 10^2cSt 1cS = 10^{-6}m²/s =1mm²/s

[환산계수]

양	변환 종래의 단위 → SI단위	10의 배수
粘度	kgf · s/m² → Pa · s	9.806 65
	P(포아즈) → Pa · s	10^{-1}
	cP(센티포아즈) → Pa · s	10^{-3}
動粘度	St(스토크) → m²/s	10^{-4}
	cSt(센티스토크) → m²/s	10^{-6}
열전도율	kcalIT/(m · h · ℃)→ J/(m · K)	1.163
비열	kcalIT/(kgf · ℃)→ J/(kg · m³)	4.186 8×10^3
	kgf · m/(kgf · ℃)→ J/(kg · K)	9.806 65
밀도	kgf · s³/m⁴ → kg/m³	9.806 65
표면장력	kgf/cm → N/m	9.806 65×10^2
	kgf/m → N/m	9.806 65
각도(평면각)**	° → rad	π/180
온도***	℃ → K	t℃ = (t + 273.15)K
온도간격***	℃ → K	1℃ = 1K

양	SI단위	종래의 단위			비고
	W	kg · m/s	PS	ft · 1bf/s	
동력 공률(工率) 출력 열유량	1 9.806 65 735.498 8 1.355 818	0.101 971 6 1 75 0.138 255 0	1.359 622×10^{-3} 1/75 1 1.843 399×10^{-3}	0.737 562 1 7.233 014 542.476 0 1	
	kJ/K	kcal/°K	Btu/°R		
열용량 엔트로피	1 4.186 8 1.899 101	0.238 845 9 1 0.453 592 37	0.526 565 1 2.204 623 1		

구분					
비내부 에너지 비엔탈피 짐장잠열 (잠열)	kJ/kg	kcal/kgf	Btu/lbm		
	1	0.238 845 9	0.427 922 6		
	4.186 8	1	1.8		
	2.326	1/1.8	1		
비열 비엔트로피 (질량 엔트로피)	kJ/(kg · K)	kcal/(kgf · °K)	(Btu/lbm · °R)		
	1	0.238 845 9	0.238 845 9		
	4.186 8	1	1		
가스정수	J/(kg · K)	kgf · m/(kgf · °K)	ft · lbf/(lbm · °R)		
	1	0.101 971 6	0.185 862 5		
	9.806 65	1	1.822 689		
	5.380 320	0.548 640 0	1		

[물성치 목록]

1 atm에서의 밀도, 점도, 동점도, 열전도율 및 열확산율

온도 ℃	밀도 ρ kg/m³	점도 η mPa · s	중점도 v mm²/s	열전도율 λ W/(m · K)	열확산율 α mn²/s
0	999.840	1.791 9	1.792 1	0.562 0	0.133 3
5	999.964	1.519 2	1.519 2	0.572 1	0.136 2
10	999.700	1.306 9	1.307 2	0.581 9	0.138 9
15	999.100	1.138 3	1.139 3	0.591 0	0.141 3
20	998.204	1.002 0	1.003 8	0.599 6	0.143 6
25	997.045	0.890 2	0.892 8	0.607 7	0.145 8
30	995.648	0.797 3	0.800 8	0.615 1	0.147 9
40	992.215	0.652 9	0.658 0	0.628 6	0.151 6
50	988.033	0.547 0	0.553 6	0.640 5	0.155 1
60	983.193	0.466 7	0.474 7	0.650 8	0.158 2
70	971.761	0.404 4	0.413 6	0.659 5	0.161 0
80	971.788	0.355 0	0.365 3	0.666 8	0.163 5
90	965.311	0.315 0	0.326 3	0.672 8	0.165 8
100	958.357	0.282 2	0.294 5	0.677 5	0.167 7

건조공기의 밀도, 점도, 동점도, 열전도율 및 열확산율(*행 압력 mmHg 표시)

온도 ℃	밀도 ρ kg/m³			
	720*	740	760	780
-10	1.270 9	1.306 2	1.341 6	1.376 9
0	1.224 2	1.258 3	1.292 3	1.326 3
10	1.180 9	1.213 7	1.246 5	1.279 3
20	1.140 5	1.172 2	1.203 9	1.235 5
30	1.102 8	1.133 4	1.164 0	1.194 7
40	1.067 5	1.097 1	1.126 8	1.156 4

온도 ℃	점도 ρ μ Pa · s			
	720*	740	760	780
-10	16.74	16.74	16.74	16.74
0	17.24	17.24	17.24	17.24
10	17.24	17.74	17.24	17.24
20	18.24	18.24	18.24	18.24
30	18.72	18.72	18.72	18.72
40	19.20	19.20	19.20	19.20

온도 ℃	동점도 υ mm²/s			
	720*	740	760	780
-10	13.17	12.82	12.48	12.16
0	14.08	13.70	13.34	13.00
10	15.02	14.62	14.23	13.87
20	15.99	15.56	15.15	14.76
30	16.79	16.52	16.08	15.67
40	17.99	17.50	17.04	16.60

온도 ℃	열전도율 λ mW/(m · K)			
	720*	740	760	780
-10	23.43	23.44	23.44	23.44
0	24.40	24.21	24.21	24.21
10	24.97	24.97	24.97	24.97
20	25.72	25.72	25.72	25.72
30	26.46	26.46	26.47	26.47
40	27.20	27.20	27.20	27.20

온도 ℃	열확산율 α mm²/s			
	720*	740	760	780
-10	18.33	17.84	17.37	16.52
0	19.65	19.13	18.62	18.14
10	21.02	20.45	19.91	19.40
20	22.42	21.81	21.24	20.69
30	23.83	23.18	22.58	22.00
40	25.30	24.62	23.97	23.36

주요한 기체의 밀도 및 비열

기체	분자기호	표준상태(25℃, 1 atm)에서의 물성치		
		밀도 ρ kg/m³	비열 C_p kJ/(kg · K)	비열비 k
헬륨	He	0.163	5.197	1.658
아르곤	Ar	1.634	0.522	1.331
수소	H_2	0.082 4	14.317	1.403
질소	N_2	1.146	1.040 4	1.399
탄소	O_2	1.310	0.919 4	1.401
공기	-	1.184	1.006 1	1.395
일산화탄소	CO	1.145	1.043	1.407
이산화탄소	CO_2	1.811	0.850	1.285
일산화질소	NO	1.228	0.995	1.425
이산화질소	N_2O	-	0.875*	-
일산화이질소	SO_2	2.679	0.622*	-
이산화유황	HCI	1.502	0.798*	-
염화수소	NH_3	0.60	2.156	1.331
암모니아	CH_4	0.657	2.232	1.303
메탄	C_2H_2	1.077	1.704	1.237
아세틸렌	C_2H_4	1.155	1.566	1.259
에탄	C_2H_6	1.243	1.767	1.260
염화메틸	CH_3CI	-	0.808	

참고문헌

1. Canadian Solar annual report, Canadian Solar의 모듈 생산단가
2. New Energy Finance, 중국 태양광 모듈 업체들의 선적량 및 공장가동률 3. 한국
3. 한국태양 에너지학회 태양 에너지핸드북, 1991
4. 신기술 해양 에너지 공학, 2006
5. 에너지관리공단 신 · 재생 에너지센터, 전략2030 시리즈.1, 2008
6. 에너지관리공단 신 · 재생 에너지센터, 전략2030 시리즈.2, 2008
7. 에너지관리공단 신 · 재생 에너지센터, 전략2030 시리즈.3, 2008
8. 에너지관리공단 신 · 재생 에너지센터, 전략2030 시리즈.4, 2008
9. 에너지관리공단 신 · 재생 에너지센터, 전략2030 시리즈.5, 2008
10. 에너지관리공단 신 · 재생 에너지센터, 전략2030 시리즈.6, 2008
11. 에너지관리공단 신 · 재생 에너지센터, 전략2030 시리즈.7, 2008
12. 에너지관리공단 신 · 재생 에너지센터, 전략2030 시리즈.8, 2008
13. 에너지관리공단 신 · 재생 에너지센터, 전략2030 시리즈.9, 2008
14. 에너지관리공단 신 · 재생 에너지센터, 전략2030 시리즈.10, 2008
15. 에너지관리공단 신 · 재생 에너지센터, 전략2030 시리즈.11, 2008
16. 에너지관리공단 신 · 재생 에너지센터, 전략2030 시리즈.12, 2008
17. 하백현, 에너지공학 개론, 청문각, 2007
18. 에너지경제연구원, 중기에너지 수요전망, 2013
19. 환경부 저탄소 녹성장 기본법, 2009
20. 환경부 기후감시 예측 및 영향평가 기술, 2002
21. 지식경제부,에너지기본법 시행규칙, 2006
22. 환경부 환경포인트제 안내서, 2009
23. 에너지관리공단 신 · 재생 에너지센터,신재생 에너지 가이드, 2012
24. 에너지관리공단 신 · 재생 에너지센터,신재생 에너지의 이해, 2006
25. 에너지경제연구원, 중기에너지수요 전망, 2013
26. 에너지관리공단,에너지절약 통계핸드북, 2012
27. 류창국,영국의 신재생 에너지 정책, 2008
28. 윤천석,대체 에너지,인터비젼, 2004
29. 지식경제부, 2009년 신재생기술개발 및 이용보급 실행계획, 2009
30. 한국환경공단 홈페이지

31. 한국에너지기술연구원 홈페이지
32. 에너지관리공단 신 · 재생 에너지센터 홈페이지
33. 한국표준연구원 홈페이지
34. http://blog.naver.com
35. http://www.envitop.co.kr
36. http://www.knrec.or.kr - 2011년 신재생 에너지 보급통계
37. http://blog.daum.net/mountains/13736559
38. Michael D. Ward, Science, 2003
39. ANDRITZ HYDRO - 펌프 수차 자동제어
40. Ritter J. A., Ebner A. D., Wang J., and Zidan R., Materials Today 2003
41. ANDRITZ HYDRO, 2003
42. 에너지관리공단 신 · 재생 에너지센터, - 풍력생산기업 현황, 2008
43. DNV G, 2014
44. KISTI 미리안 『글로벌동향브리핑』 2015 일본
45. http://blog.skenergy.com
46. 석탄액화 에너지 - 한국전력기술(2016)
47. IGCC공정도 - 신재생 에너지센터, 2013
48. 2015년까지 총 40조원 투자, 세계 5대 신재생 에너지 강국 도약(한국무역협회)
49. 미국 신재생 에너지 시장동향과 진출전략(한국무역협회), 2013
50. GreenTech Malaysia, The Star, Free Malaysia Todday, IGEM 2015,
51. 말레이시아, 신재생 에너지 개발 박차(한국무역협회)
52. KOTRA 쿠알라룸푸르 무역관 촬영(한국무역협회)
53. 신생에너지 산업 동향 및 전망 (한국수출입은행)
54. 지역별 및 기술별 세계 폐기물 에너지 시장 현황, New Energy 2011
55. NEDO 수소 에너지 백서 2014
56. 에너지관리공단 신 · 재생 에너지센터, 태양열 현황, 2012
57. 한국에너지공단 신재생센터 - 태양광발전 취득 시스템, 2014
58. 기상청 국가기후센터
59. 수출입은행-상위 10개사 모듈 생산량 현황, 2015
60. http://blog.naver.com
61. 신에너지 및 재생 에너지개발 · 이용 · 보급촉진법
62. http://kempia.kemco.or.kr

63. 산업통상부 에너지관리자제 운영규정. 2015
64.환경부 「공공부문 온실가스 · 에너지 목표관리 운영 등에 관한 지침」
65. 에너지공학개론, 하백현, 청문각, 2004
66. 원자력 발전백서, 산업자원부, 한국수력원자력, 2006
67. 한국에너지경제연구원, 에너지통계연보, 2006
68. World Energy Oitlook(2002), IEA, Report
69. World Nuclear Association(2011)
70. World Coal Association(2010)
71. 에너지, 박이동, 대영사, 2000
72. 석유사전, 한국석유개발공사, 2012
73. 태양에너지핸드북, 한국태양에너지학회, 1991
74. 에너지와 환경, 이병규 외 역, 녹문당, 2005
75. International Energy Annual, 2009
76. 최신에너지공학개론, 하백현 외, 2012
77, Fluid Mechanics, Yunus A, Cengel, Mcgraw Hill, 2013
78. Gas dynamic, James John, Prentice Hall, 2014
79. Alternative Energy, M.E. Hazen, Prompt Publ., 2012

찾아보기

디딤돌 에너지공학

2016년 08월 25일 제1판 1쇄 인쇄 | 2016년 08월 31일 제1판 1쇄 펴냄
지은이 이원섭 | 펴낸이 류원식 | 펴낸곳 **청문각출판**

편집팀장 우종현 | 본문편집 이혜숙 | 표지디자인 블루
제작 김선형 | 홍보 김은주 | 영업 함승형 · 이훈섭 | 인쇄 교보피앤비 | 제본 한진제본
주소 (10881) 경기도 파주시 문발로 116(문발동 536-2) | 전화 1644-0965(대표)
팩스 070-8650-0965 | 등록 2015. 01. 08. 제406-2015-000005호
홈페이지 www.cmgpg.co.kr | E-mail cmg@cmgpg.co.kr
ISBN 978-89-6364-289-5 (93570) | 값 16,000원

* 잘못된 책은 바꿔 드립니다. * 저자와의 협의 하에 인지를 생략합니다.